Gerhard Leder

Hochbau-konstruktionen

Band I: Tragwerke

Springer-Verlag
Berlin Heidelberg GmbH
1985

Dipl.-Ing. Dr. techn. Gerhard Leder, Architekt
Professor an der Fachhochschule Rosenheim
Fachbereich Innenarchitektur

CIP-Kurztitelaufnahme der Deutschen Bibliothek:
Leder, Gerhard:
Hochbaukonstruktionen / G. Leder.
– Berlin; Heidelberg; New York; Tokyo: Springer
Bd. 1. Tragwerke. – 1985.

ISBN 978-3-540-13962-1   ISBN 978-3-642-87005-7 (eBook)
DOI 10.1007/978-3-642-87005-7

Das Werk ist urheberrechtlich geschützt. Die dadurch begründeten Rechte, insbesondere die der Übersetzung, des Nachdrucks, der Entnahme von Abbildungen, der Funksendung, der Wiedergabe auf photomechanischem oder ähnlichem Wege und der Speicherung in Datenverarbeitungsanlagen bleiben, auch bei nur auszugsweiser Verwertung, vorbehalten.

Die Vergütungsansprüche des §54, Abs. 2 UrhG werden durch die »Verwertungsgesellschaft Wort«, München, wahrgenommen.

© Springer-Verlag Berlin Heidelberg 1985.

Die Wiedergabe von Gebrauchsnamen, Handelsnamen, Warenbezeichnungen usw. in diesem Werk berechtigt auch ohne besondere Kennzeichnung nicht zu der Annahme, daß solche Namen im Sinne der Warenzeichen- und Markenschutz-Gesetzgebung als frei zu betrachten wären und daher von jedermann benutzt werden dürften.

2362/3020-543210

Vorwort

Tragwerkslehre – für Architekten – unterscheidet sich gewiß nicht von der Lehre über die verschiedenen Tragwerke, die dem Bauingenieur zuteil wird – es sind dieselben tragenden Konstruktionen – und doch wird es notwendig sein, für den Architekten eine andere, ihm verständlichere Zugangsmöglichkeit zu der Materie zu schaffen. Außerdem bietet sie dem Bauingenieur die Möglichkeit, sich mit der Denkweise des Entwerfens von Tragwerken vertraut zu machen.

Die vorliegende Tragwerkslehre soll Vorgänge der Statik und Festigkeitslehre bei Traggefügen verstehen, vorstellen, gestalten und zeichnen lehren. (Auf eine exakte Berechnung wird bewußt teilweise bzw. bei vielen Kapiteln ganz verzichtet.) Wenn dies gelingt, dann kann sich der Architekturstudent dem schöpferischen Gestalten, dem Entwerfen, zuwenden, ohne durch Zweifel über die Richtigkeit und Durchführbarkeit seiner Tragwerkswahl belastet zu sein. Dem angehenden Bauingenieur mag sie in derselben Weise eine Hilfe sein, sich nämlich ohne Berechnungen für die gestellte Aufgabe ein günstiges Tragwerk auszusuchen.

Als Architekt in die seit Jahren laufende Diskussion über die geeignete Form des Unterrichts statisch konstruktiver Fächer durch das Verlegen eines Buches einzugreifen, mag befremdlich erscheinen. Mut dazu machten mir das Buch „Logik der Form", (3) in dem Torroja – ein Bauingenieur von höchstem Range – ohne einzige Rechnung das Tragverhalten von Betonkonstruktionen beschreibt, und mein ehemaliger Lehrer Prof. W. Eichberg, der am Lehrstuhl für Baukonstruktion an der technischen Universität München den Versuch wagte, mit Gummimodellen, die sich zwar typisch, aber karikaturhaft übertrieben unter Belastungen verformten, auch komplizierte Tragwerke den Studenten verständlich zu machen.

Einzelne Gedanken, die Professor Eichberg in seinen Vorlesungen aus Baukonstruktion äußerte, sind in diesem Buche zitiert worden (z. B. T-1.32, T-3.15, T-3.17, T-F 3.23); eine Reihe anderer waren Anregung, sich mit den angesprochenen Problemen weiter zu befassen und haben ebenfalls in

diesem Buche ihren Niederschlag gefunden. Für diese Unterstützung und stille Vorarbeit möchte ich mich hier besonders bedanken.

Zum Verständnis dieses Buches bedarf es keines großen mathematischen Rüstzeugs; es ist so ausgelegt, daß der Leser mit seinem Schulwissen sich alle Voraussetzungen für das Erkennen des oft sehr komplizierten Tragverhaltens komplexer Konstruktionen aneignen kann. Dabei ist in besonderem Maße die körperhafte Vorstellungswelt der Bauenden angesprochen.

An dieser Stelle danke ich allen, die durch Rat und Arbeit an dem Gelingen des Buches ihren Anteil hatten. Dem Verlag und seinen Mitarbeitern sei für das Verständnis und die Sorgfalt gedankt, die sie diesem Buche angedeihen ließen.

Rosenheim, Januar 1985   Gerhard Leder

Inhaltsverzeichnis

Einleitung 1

Tragwerkslehre 5

0 Allgemeine Vorbetrachtungen

0.1 Tragwerksübersicht 7
0.2 Kräfte 18
0.3 Bestimmungsstücke von Kräften 11
0.4 Gleichgewicht, Gleichgewichtsbedingungen 14
0.5 Kräftepaar, Moment 16
0.6 Schwerpunkte 8
0.7 Biegung 21

1 Formaktive Tragsysteme

1.1 Seilsysteme 23
1.2 Pneusysteme 35
1.3 Bögen 41

2 Vektoraktive Tragsysteme

2.1 Ebene Fachwerke 44
2.2 Raumfachwerke 47
2.3 Gekrümmte Fachwerke 55
2.4 Ebene, räumliche Fachwerke 57
2.5 Türme 60

3 Massenaktive Tragsysteme

3.0 Allgemeines 68
3.1 Balken, Träger 70
3.2 Platte, Parallelträgersysteme 83
3.3 Rahmen 84

4 Flächenaktive Tragsysteme

4.0 Allgemeines 86
4.1 Platten 87
4.2 Faltwerke 92
4.3 Schalen 96
4.4 Rotationsschalen 99
4.5 hp-Schalen 105

5 Druckbeanspruchte Bauglieder

5.0 Allgemeines 108
5.1 Stabilitätsprobleme – Knicken 110
5.2 Stabilitätsprobleme – Kippen und Gleiten 111
5.3 Stabilitätsprobleme – Aussteifungsmechanismen 123

F Formeln und Tabellen

    F.1 Momente, Träger 127
    F.2 Lastannahmen 130
    F.3 Einfeldträger, Knickstäbe 132

B Beispiele und Aufgaben

    B.1 Auflagerkräfte und Momente 139
    B.2 Probleme der Standsicherheit 150

Literaturverzeichnis 166

Sachverzeichnis 167

Einleitung
Höhle – Tragwerk – Bauaufgabe

Der erste Raum, den der Mensch bewohnt hat, war die Höhle - unabhängig ob als Kultraum oder als Behausung.

Die Höhle ist Zwischenraum innerhalb großer Massen, das ist bei keinem anderen Innenraum so deutlich spür- und erkennbar. Die Form dieses Innenraumes ist von tektonisch-geologischen Gegebenheiten geprägt und hat keinerlei Zusammenhang mit dem sie überdeckenden Gelände. (Das Volumen der Höhle - eben jenes Zwischenraumes - ist verschwindend klein gegenüber jenem der sie umgebenden Gesteinsmassen.)

Der Anteil des "Lastenden" scheint viel größer, als der Teil zu sein, der diese Lasten zu tragen hat. Die Frage, ob dies nur so scheint, oder tatsächlich so ist, verdient eine genauere Betrachtung. Wer trägt jene Lasten, die sich in oft mehreren hundert Meter dicken Gesteinsschichten über dem Höhlenraum türmen? Es ist meist dasselbe Gestein, und nichts deutet darauf hin, daß dem einen Teil eine andere Aufgabe zugewiesen ist als dem anderen. Die Grenze zwischen "Tragendem" und "Getragenem" ist bei einer Höhle verwischt - zu unspezifisch ist die Form und zu unterschiedlich die Tektur des Gesteins und doch ist die Höhlenform das genaue Abbild des Gleichgewichtes zwischen "Tragen" und "Lasten".

(Der neuzeitliche Tunnel, mit seiner geometrischen Querschnittsform, bedarf meist der Auskleidung, des tragenden Gerüstes, um die partiellen Störungen abzufangen, die sich aus dem Unterschied zwischen geforderter Form und sich einstellen wollender Form ergeben. Die gesamte Gesteinsüberdeckung zu tragen wäre die Auskleidung nie in der Lage.)

Der Höhlenmensch mußte vor vielen tausend Jahren die vorgegebene Form so nehmen, wie sie war. Reflexionen über gut oder besser, ja selbst über geeignet oder ungeeignet, wurde durch das natürliche Angebot geregelt. Und es ist kaum anzunehmen, zumindest jedoch äußerst fraglich, ob er den Höhlenraum überhaupt als "Raum" wahrgenommen hat, da eine Orientierung durch die Naturform nicht möglich war. Die Vielgestalt folgte keinem ihm begreifbaren ordnenden Gesetz - Zufall und Willkür, ja das Chaos schien zu walten. Die kulturelle Evolution und der sich im Frühmenschen entwickelnde Wille zu formenden Kräften, oder der erstarkende Ausdruck des erwachenden Bewußtseins, ließen das Ungenügen der gegebenen Höhlenräume erkennen. (In Oscar Wilde's sarkastischem Ausspruch "Wäre die Natur behaglicher, hätten die Menschen nie die Architektur erfunden." liegt bedauerlich viel Wahrheit.)

Es begann der Auszug aus der Höhle - fast eine neue Geburt aus der Mutter Erde schützendem Leib. Und damit der immerwährende Versuch, mit mehr oder weniger Geschicklichkeit und Erfolg und mit mehr oder weniger tauglichen Mitteln die Höhlen nachzubauen, nunmehr unter dem Aspekte der sinnlichen Orientierung (formale Grundstrukturen).

Unerbittlich gräbt sich ab diesem Zeitpunkt das Problem von Last und Tragen, von Belasten und Entlasten als oberstes konstruktives Gebot allen Bauens in das Bewußtsein (konstruktive Grundstruktur).

Es ist das Gesetz der Schwerkraft, das nun jegliches Übereinanderschichten von Baumaterialien und damit jedes formende Wollen für einen Innenraum bestimmt. An diesem Gesetz der Schwerkraft kann auch der heutige Architekt und Bauingenieur nicht vorbeigehen, so kühn die Konstruktionen, so entmaterialisiert - und damit der Schwere enthoben - sie auch sein mögen, auf diese Grundstruktur sind sie alle zurückzuführen.

In gegenseitiger Abhängigkeit und Beeinflussung der beiden Grundstrukturen kann ein Haus auch als "Filter" aufgefaßt werden, "der die gegebenen geografischen Verhältnisse verwandelt". (1) Form und Konstruktion sind an sich unabhängige und für sich alleine bestehenkönnende Begriffe. Zu Strukturen werden sie erst, wenn sie durch eine Bedeutung, eine funktionale Bindung, eine Bauaufgabe zusammengeführt werden. Wenn ein Zusammenhang zwischen Aufgabe, Form und Technik besteht, dann ist der Stil die Gesamtheit der Bauaufgaben und technischen Mittel in einer Epoche, er gestattet die Anpassung an alle einzelnen Bauaufgaben der Epoche und legt gleichzeitig Relationen zwischen ihnen fest. (1) Das zeigt in der Vergangenheit, daß bei geringen technischen Möglichkeiten und ikonologisch festgefügten Bauaufgaben, die Form einen breiteren Rahmen zugewiesen bekam und auch auszufüllen wußte. Oder, daß heute

Einleitung
Höhle – Tragwerk – Bauaufgabe

die Vielzahl der technischen Möglichkeiten zwar eine formale Vielfalt produziert, jedoch bei geringerer Qualität.

Die konkrete Aufgabe bedarf zu ihrer Lösung Methoden, die auf theoretischen Grundlagen aufgebaut sind. Damit ist zwangsläufig eine wie auch immer geartete Ordnung verbunden. Ordnung ist gut, ja oft nützlich, oder gar erforderlich. Bedauerlich ist, daß der Mensch oft erst Zusammenhänge erkennen kann, wenn er in die lose und ungeordnet erscheinenden Ereignisse - oder sind es für ihn gar Phänomene - eine "Ordnung" bringt. Im menschlichen Denkschema wird die Ordnung dadurch gewonnen, daß immer nach derselben Weise von einem Ausgangspunkt (Grundsatz) eine Ordnungshierarchie aufgebaut wird, die sich immer weiter verästeln läßt; eine Baumstruktur also. Und wenn sich ein Begriff noch so hartnäckig der Einordnung widersetzt, dann wird an ihm so lange gearbeitet, er so lange modifiziert, bis er wohl mühsam in dem Kästchenschema seinen Platz gefunden hat. Immer ist der Begriff der Schuldige, der sich nicht augenblicklich der Ordnung anzupassen weiß, nie wird die Ordnung selbst in Frage gestellt.

Ordnung ist sicher notwendig - macht wie gesagt auch manchmal den Weg zum Nachdenken frei - aber sie muß schon sehr grob, sehr beiläufig sein, wenn neu hinzukommende Begriffe darin Platz finden sollen.

Bauen heißt ordnen und aus dem Bauen selbst muß sich die Ordnung auch auf die Beschreibung des Bauens übertragen. "Da stellt sich eine beängstigende Frage: Was ist das für eine Regel, die alles ordnet, alles verbindet?.... Große Unruhe, große Sorge, große Leere." (2)
Will man in einem Buch theoretische Grundlagen beschreiben, so verfällt man zwangsläufig in eine Ordnung der technischen Dimension. Entweder geht man von dem Material aus - Stein, Ziegel, Holz, Stahl - oder man legt die Konstruktionen zugrunde - Fundamente, Wände, Dächer, Massiv- und Skelettsysteme. Für den der sucht und für die Auffindbarkeit des Gesuchten mögen beide Methoden ihre Berechtigung haben.

Ein Haus besteht aus verschiedenen Bauteilen, dies ist zweifelsfrei; Fundamente tragen Wände, oder konzentriert auf kleine Querschnitte Stützen, die Wände oder Stützen tragen wiederum Decken usw.. All jene Konstruktionen sind jedoch in verschiedenen Materialien möglich, bedingt möglich oder auch unmöglich, je nach ihrer gegenseitigen Beeinflußung. Wird die Ordnung also eine Aufzählung der verschiedenen Konstruktionselemente in verschiedenen Materialien? Ein Katalog?

Die sinnvolle Kombination von Material und Konstruktion zu einer gewollten Form wird dadurch nicht gefördert. Die Aufzählung, der Katalog, ist eine Baumstruktur und gar trefflich läßt sich darin ordnen und manches im heutigen Bauen leidet unter der beziehungslosen Aneinanderreihung von Elementen zu einem nur mühsam erkennbaren Ganzen.

Das eben Gesagte bedeutet, daß man mit einem Katalog, einer Baumstruktur - sie mag dem menschlichen Denken noch so entgegenkommen - dem komplexen Denken: Aufgabe - Form und Technik nicht gerecht werden kann. Die Baumstruktur muß durch eine Netzstruktur (mathematischer Halbverband) ersetzt werden, oder genauer auf das vorliegende Buch bezogen: Konstruktionen müssen in ihren Abhängigkeiten von Aufgabe und Form gezeigt bzw. variiert werden.

Für ein Buch eine kaum zu realisierende Vorgabe, wenn man sich einen größeren Umfang als Aufgabe gestellt hat. Also eine Teilung nach vorliegendem Schema und als Zusammenfassung Beispiele, bei denen Aufgabe und Form die Technik bestimmen oder Aufgabe und Technik eine Form hervorrufen. Der junge Architekt muß sich erst einen Fundus technischer Möglichkeiten erarbeiten. Aus dieser Erfahrung, die sich bekanntlich nicht erlernen läßt, entwickelt er dann die Konstruktionen, die der Aufgabe und Form gerecht werden.

Es mag vielleicht etwas weit ausgeholt sein, wenn dem vorliegenden Band solch eine Einleitung vorangestellt wird. Man möge aber beachten, daß dies der erste von drei Bänden ist, und daß damit die Richtung dieses Werkes festgelegt werden soll.

Daß die Tragwerkslehre der erste Band ist, läßt sich aus der Tatsache herleiten, daß in dem Entwurfsprozeß die Tragwerkslehre sicher

Einleitung
Höhle – Tragwerk – Bauaufgabe

der erste Kontakt mit der konstruktiven Komponente des Bauens ist. Die weiteren Bände sind aus dem vorliegenden Übersichtsschema zu entnehmen. Dem Band 1. Tragwerkslehre (Kürzel T), folgt der Band 2. Rohbau (R) und zuletzt der Band 3. Ausbau (A). Ähnlich dem Aufbau des vorliegenden Bandes sind bei den folgenden, entsprechend der Aufgabensammlung, Konstruktionsbeispiele angefügt.

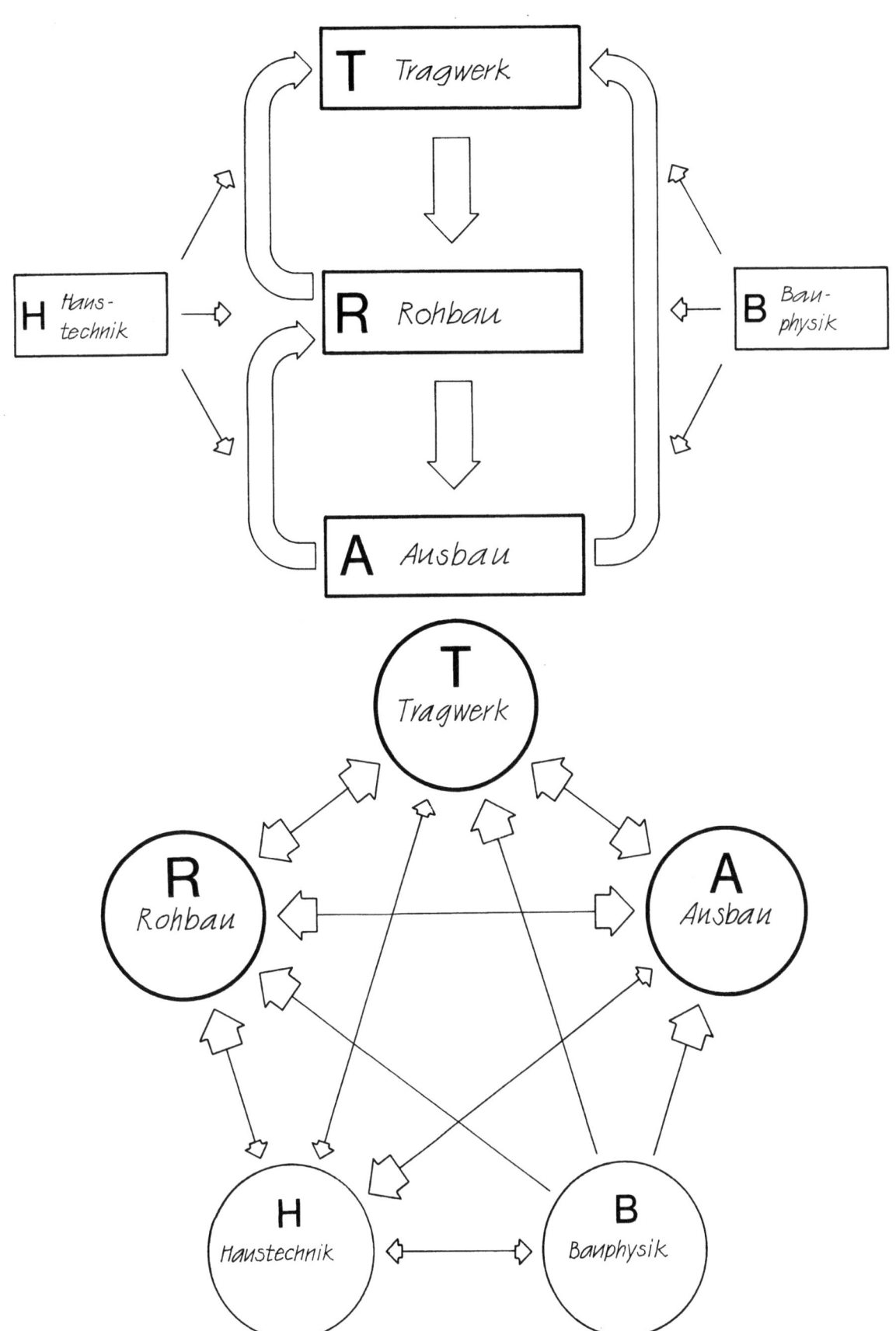

Der Architekt ist, zumindest während der Entwurfsphase, alleine ohne Mithilfe des sonst so wichtigen Bauingenieurs. Es ist müßig über diesen Umstand zu hadern, denn mit einer Änderung ist in absehbarer Zeit nicht zu rechnen, zu festgefahren sind Berufssphären und Ausbildungsschemata - er wird also wohl noch einige Zeit alleine bleiben. Aber dies in einer ganz wesentlichen, vielleicht sogar der wesentlichsten Phase des gedanklichen Entstehens eines Bauwerkes, wobei Form und Konstruktion der Aufgabe entsprechend zu einem Ganzen verschmolzen werden sollen. Die iterierenden Schritte in Richtung einer Lösung verlangen vom Architekten auch ein profundes Wissen über die konstruktiven Möglichkeiten und die Tragwerke.

Dieses Wissen wird ihm von den Bauingenieuren rundweg abgesprochen und er, der Architekt, in die Rolle eines dilettierenden Laien gedrängt. (Es ist das Dilemma des Architekten, daß er von allzuvielen Dingen etwas verstehen soll, wobei ihm die Fachleute für die Teilgebiete die Kompetenz absprechen; trotzdem ist er der einzige, der die vielfältigen Zusammenhänge und gegenseitigen Abhängigkeiten bei dem Entstehen eines Bauwerkes erkennen kann.)

Der Architekt sieht im Bauingenieur den mathematisch-naturwissenschaftlich orientierten Fachmann, der in der Zeit des Entwurfes den gedanklichen (oder auch künstlerischen) Flug eher hemmt als fördert - also verzichtet er auf diese Mitarbeit und entwirft die Form einer Bauaufgabe und mehr irgendwie das damit verbundene Konzept des tragenden Gefüges. Zu einem späteren Zeitpunkt, die Phase des Vorentwurfes ist längst durchschritten und die weitere Planung in vollem Gange, fordert der Bauingenieur manchmal Änderungen, die erst einmal ein funktionierendes tragendes Gefüge ermöglichen. Der Architekt drängt ihn nun in die Rolle eines Besserwissers, ja eines Querulanten. Auch dem Bauingenieur ist dieses Rollenspiel nicht angenehm, aber er trägt letztlich die Verantwortung für die Standsicherheit des Gebauten.

Der Kompromiß, und nur zu oft wird dieser angestrebt, ist eine Lösung, die für beide Teile unbefriedigend ist. Der Architekt muß Abstriche bei seinen gestalterischen Wünschen hinnehmen und der Bauingenieur muß, um überhaupt ein statisch tragfähiges Gefüge zu finden, Kompromisse im Tragwerk eingehen, die mit einem vernünftigen Ableiten der Kräfte nichts mehr zu tun haben. Oder anders ausgedrückt: Der Architekt sucht mit Gewalt seinen Entwurf zu retten und der Bauingenieur versucht, ohne daß seinem Tragwerk allzuviel Gewalt angetan wird, den Entwurf des Architekten zu realisieren. Will man diesen Konflikt vermeiden, so zeigen sich zwei Wege:

1. Architekt und Bauingenieur sind gemeinsam in der kreativen Phase des Entwurfes tätig. Beide suchen nach einer optimalen Lösung für die Aufgabe, jeder auf seinem Wissensgebiet und mit dem notwendigen Respekt, der notwendigen Achtung für die Belange des kongenialen Partners. (Dies scheint jedoch in der Regel nicht machbar zu sein.)

2. Der Architekt wird während seines Studiums in den Belangen der Tragwerkslehre so unterwiesen, daß er in der Lage ist, während der Phase des Entwurfes auch das richtige Tragwerk zu finden.

Der Verfasser, selbst ein Architekt, möchte seinen praktizierenden Kollegen und vor allem den Lernenden, den Studenten, die Materie der Tragwerkslehre so vorstellen, daß sie ohne Rechnung das Tragverhalten verschiedener Strukturen abschätzen können. Das ist Dilettantismus - ich weiß, aber ist es nicht gerade der Dilettant, der Amateur, der aus Berufung und Freude an der Arbeit viel freier und unbelasteter zu Werke geht ? Der sich über Traditionen und Festgefahrenes viel leichter hinwegsetzt und damit in der Abfolge: Aufgabe, Form und Konstruktion zu neuen Deutungen findet.

Dies alles war Anstoß für das vorliegende Buch, das die Grundlagen für das Verständnis der verschiedenen Tragwerke vermitteln soll. Die charakteristischen Tragwerkseigenschaften sind übrigens vom Maßstab unabhängig; sie gelten für das kleinste Gerät, das der Designer entwirft und auch für das weitgespannte Tragwerk großer Bauten. Daher wendet sich diese Zusammenstellung an alle, die am Baue wirken.

Wenn über das reine Beschreiben und variieren von Strukturen, wie es Engels (4) vorgenommen hat, hinausgegangen wird, dann um neben der qualitativen Beurteilung auch für einfache Bauteile eine überschlägige oder auch genauere Abschätzung zu ermöglichen. Es ist müßig, Architekturstudenten mit der Berechnung von Fachwerkstäben und Knoten oder Stahlbetonbewehrungen zu belasten, er lernt dies für eine Prüfung widerwillig und sieht den Sinn nicht ein, wobei die Praxis ihm danach recht gibt. (Kaum ein Architekt, der im Berufsleben auch gleichzeitig sein eigener Bauingenieur ist. Das Erlernte wird möglichst schnell beiseite geschoben, da es als Belastung empfunden wird und der Zugang zum Verständnis der Tragwerke ist damit nicht eröffnet, sondern im Gegenteil, verschlossen.) Die quantitative Berechnbung eines Traggefüges - die Dimensionierung - obliegt in erster Linie dem Ingenieur.

Die bisher gepflogene Unterweisung der Architekten in den Belangen der Baustatik ging dahin, daß man sie einfache Dinge exakt berechnen ließ, kompliziertere Tragwerke aber überhaupt nicht ansprach, da man der sicher richtigen Überzeugung war, daß dem Architekten hierfür schon alleine die mathematischen Grundlagen fehlen. Also blieb sein Wissen auf einfache Träger- und Stützensysteme, auf Fachwerke und Decken beschränkt. Dieses Repertoire ist aber für das Entwerfen von räumlichen Sturkturen zu gering. Also traut er sich an die Entwürfe unter Einbeziehung komplizierter statischer Gefüge (wie beispielsweise Schalen, Faltwerke oder räumliche Fachwerke), nicht heran und sein Formenkanon ist dadurch beschränkt.

Viel wesentlicher scheint es mir, den Architekturstudenten nicht mit exakten statischen Berechnungen zu belasten, sondern vielmehr sein strukturelles Denken im Hinblick auf das Tragverhalten auch komplizierter räumlicher Gebilde zu trainieren.

Die im Buche vereinzelt aufgeführten exakten Berechnungen dienen ausschließlich der Veranschaulichung für den Interessierten. Dieser findet auch für Träger und Stützen aus verschiedenen Baumaterialien Überschlagsberechnungen unter Mithilfe von Diagrammen am Ende des Buches. Für den Lernenden sind dort auch einige Aufgaben zusammengestellt, die die Überprüfung des Erlernten ermöglichen sollen.

Tragwerksübersicht **T-0.1**

0	allgemeine Einteilung				
	Tragwerksystem	Systemskizzen			
1	**Formaktive Tragsysteme** Nicht-steife, flexible Materie, in bestimmter Weise geformt und durch feste Endpunkte gesichert, kann sich selbst tragen und Raum überspannen. (Seil-pneum. Systeme) Druckbeanspruchbare Materie gleichgeformt führt zu Bogen + Kuppel.	Seilsystem	Pneumatisches S.	Bogen	Kuppel
2	**Vektoraktive Tragsysteme** Kurze, feste, gerade Elemente sind Konstruktionsglieder, die wegen ihres geringen Querschnittes nur Kräfte in ihrer Längsrichtung übertragen können. Druck- und Zugstäbe zu einem System mit gelenkigen Knoten zusammengefügt, bilden Mechanismen, die Kräfte umlenken und über weite Räume abtragen können.	Fachwerksystem		gekrümmte Fachw.	räumliches Fachw.
3	**Massenaktive Tragsysteme** Linienträger sind geradlinige, biegesteife Bauelemente, die nicht nur Kräfte, die in Richtung der Stabachse wirken, aufnehmen, sondern auch Kräfte senkrecht zu ihrer Achse durch innere Querschnittskräfte umlenken und in Achsenrichtung seitlich abtragen können; sie sind Grundelemente dieses Systems.	Linienträger	Platte, zweiseitig	Rahmen	räumlicher Rahmen
4	**Flächenaktive Tragsysteme** Flächenträger können zusammengefügt werden, sodass Mechanismen entstehen, die durch konstruktive Kontinuierlichkeit der Elemente in zwei Achsen einen Flächenwiderstand entwickeln, der Druck-, Zug- und Scherkräfte aufnehmen kann.	Platte allseitig aufliegend	Faltwerk	Schalensystem einseitig gekrümmt	Schalensystem mehrfach gekrümmt
5	**Senkrechte Tragsysteme** Feste und steife Elemente, in vornehmlich senkrechter Ausdehnung, gegen seitliche Kräfte gesichert können in grosser Höhe Lasten sammeln und sie in den Boden ableiten. Durch ihre Massen sind sie meist in der Lage die auftretenden Horizontalkräfte umzulenken.	Stütze			Umlenkmechanismus
	Definitionen der Tragsysteme sind dem Buch von Heinrich Engel entnommen: >Structure Systems< Stuttgart 1907				

Kräfte und Lasten im Bauwesen

Kräfte (Aktionen) rufen immer Wirkungen (Reaktionen) hervor. Eine Kraft, die physikalisch zuerst von Galilei und später von Newton als: Kraft = Masse mal Beschleunigung definiert worden ist, können wir nicht unmittelbar erkennen. Das für uns unsichtbare Auftreten von Kräften ist nur durch ihre sichtbaren Wirkungen zu begreifen.

Eine Kugel ruht auf einer Fläche. Nun greift eine Kraft seitlich an dieser Kugel an - die Kugel rollt zur Seite. Die für uns sichtbare Wirkung der Kraft ist die Lageveränderung der Kugel.

Ein Hebelsarm sei in seinem unteren Punkt drehbar gelagert. Eine Kraft greift an seinem oberen Ende an und dreht ihn nach der Seite.

Sichtbare Wirkung der unsichtbaren Kraft ist das Verdrehen des Hebels. Oder ein elastischer Stab sei an seinem unteren Ende fest eingespannt. Eine Kraft greife horizontal am oberen Ende an, der elastische Stab wird nach der Seite verbogen. Auch hier ist das Biegen die sichtbare Auswirkung der Kraft.

An einem elastischen Körper greifen zwei gleich große, jedoch entgegengesetzt gerichtete Kräfte so an, daß sie auf den Körper hin wirken. Der Körper wird unter der Belastung zusammengedrückt. Das Zusammendrücken und die damit verbundene Längenänderung (Verkürzung) ist die sichtbare Wirkung der beiden Kräfte.

An dem vorher beschriebenen Körper greifen nun die beiden Kräfte dergestalt an, daß sie von ihm wegwirken. Die Verformung des Körpers (Verlängerung) ist die Wirkung der beiden Zugkräfte.

Im Bauwesen treten immer wieder gruppenähnliche Kräfte auf, die mit verschiedenen Sammelnamen bezeichnet werden. Man darf davon ausgehen, daß die meisten aller Kräfte wegen der Massenanziehung der Erde lotrecht (also rechtwinklig zur Erdoberfläche) gerichtet sind. Bei einem nicht aufgehängten oder nicht unterstützten Körper führt dies zu einer Fallbewegung.

Eigengewichte

Darunter versteht man alle Gewichte von Bauteilen und Baukörpern selbst. Ihre Wirkungslinie ist lotrecht und die Wirkungsrichtung zum Mittelpunkt der Erde gerichtet. Einzellasten werden mit G und gleichmäßig verteilte Lasten mit g bezeichnet.

Vertikale Verkehrslasten

Alle nicht aus dem Eigengewicht sich herleitenden Kräfte, die veränderlich (beweglich) sind, werden als Einzellast F bezeichnet.

Verteilen sich derartige Verkehrslasten nicht nahezu punktförmig, sondern flächig auf einem Traggefüge, so spricht man von einer Flächenlast (oder auch gleichmäßig verteilter Last). Diese Lasten werden mit q bezeichnet.

Nicht lotrecht wirkende Lasten

Auf die Bauwerke und auch auf Teile von Bauwerken wirken noch eine Reihe weiterer Kräfte, die sich überhaupt nicht oder in anderen Fällen nur mittelbar aus dem Gewicht ableiten lassen. Ihre Wirkungsrichtungen können sehr unterschiedlich sein. Der Wind bewirkt Druck- und Sogkräfte an Bauwerken, Erde und Flüssigkeiten drücken auf vertikale Wandteile sowie Brüstungen und Geländer müssen horizontale Kräfte durch den Benützer aufnehmen.

Kräfte und Lasten im Bauwesen — T-0.22

Kräfte und ihre Wirkungen

Bewegung
Kraft = Masse × Beschleunigung

Moment $M = F \cdot a$
Drehmoment: Kraft F verursacht Drehung um den Drehpunkt, z.B. Kurbel, Rad
statisches Moment = Kraft × Hebelsarm
Kraft F verursacht Biegung im Hebelsarm.

Druck
Kraft F drückt den Körper zusammen
Körper verformt sich $e > e_d$; $d_2 > d_1$
Druckspannung = Kraft : Fläche
Kraft = Gegenkraft

Zug
Kraft F zieht den Körper auseinander
Körper verformt sich $e < e_z$; $d_2 < d_1$
Zugspannung = Kraft : Fläche
Kraft = Gegenkraft

Kräfte und Lasten im Bauwesen

Eigengewicht G
ist das Gewicht der Baukörper

Einzellast (Verkehrslast) F
Lasten von Einrichtungsgegenständen, Personen, Maschinen, Schnee etc., die wechseln = bewegliche Lasten

Flächenlast (gleichm. verteilte Last)
Wie vor, die Lasten treten nicht nahezu punktförmig auf, sondern auf grössere Flächen verteilt.

Windkräfte
sind horizontale bzw. schräge Belastungen für Bauwerke
Druck — Sog

Erdbelastung – Wasserdruck
Erdreich übt auf Kelleraussenmauerwerk und Stützmauern je nach Beschaffenheit einen schräg gerichteten Druck aus. Winkelrecht zu den getroffenen Flächen wirkt der Wasserdruck.

horizontale Seitenkraft
z.B. Balkonbrüstungen, Treppengeländer werden durch den Menschen waagrecht beansprucht.

Bestimmungsstücke von Kräften – Resultierende
Kräftemaßstab

Bestimmungsstücke

Um eine Kraft exakt in ihrer Ebene beschreiben zu können, bedarf es dreier Angaben.

1. Größe
Die Größe wird in Newton N angegeben (1000 N = 1 kN - Kilonewton; 1 000 000 N = 1 MN - Meganewton). Zur Vereinfachung wird in der Tragwerkslehre davon ausgegangen, daß 1 kg 10 N entspricht.

2. Richtung oder auch Richtungswinkel
Dies ist die Angabe in welcher Richtung die Wirkungslinie der Kraft verläuft. Als Richtungswinkel wird der Winkel bezeichnet, den die Wirkungslinie mit der positiven x-Achse einschließt.

3. Lage
Die Lage einer Kraft wird entweder durch ihren Angriffspunkt (dies ist der Punkt, an dem die Kraft auf einen Körper trifft), oder durch sonst einen beliebigen Durchgangspunkt ihrer Wirkungslinie beschrieben.

Kräftemaßstab

Bei dem zeichnerischen Umgang mit Kräften ist es erforderlich, die Größe der Kraft maßstäblich abzutragen. Wie bei jeder anderen Maßstabszeichnung ist die Angabe des Kräftemaßstabes erforderlich und erfolgt: 1 cm der Zeichnung entspricht ... N.

Verschieben von Kräften

Kräfte können auf ihrer Wirkungslinie verschoben werden! (Es ist z.B. für den Sinn der Fortbewegung egal, ob ein Wagen auf der Rückseite geschoben, oder auf der Vorderseite gezogen wird.) Kräfte, die die selbe Wirkungslinie haben, können summiert werden.

Resultierende

Greifen an einem Körper gleichzeitig mehrere Kräfte an, so kann es sinnvoll sein, diese Kräfte durch eine einzige Kraft zu ersetzen, die die gleiche statische Gesamtwirkung hervorruft, wie die von den Einzelkräften gebildete Kräftegruppe. Die Einzelkraft, die die Kräftegruppe ersetzt wird Resultierende R R genannt. Der einfachste Fall dieser Ersatzkraft wäre, wie schon im vorhergehenden Kapitel beschrieben, daß alle Einzelkräfte auf der selben Wirkungslinie liegen. Eine einfache Summenbildung bringt das gewünschte Resultat. Dabei ist darauf zu achten, daß infolge der drei Bestimmungsstücke einer Kraft entgegengesetzt wirkende Kräfte subtrahiert werden.

Zusammensetzen von Kräften in einer Ebene mit ungleichen Wirkungslinien. Gegeben sei ein Körper, an dem in einem Punkt zwei Kräfte (F1 und F2) angreifen. Die einfachste Lösung, hier die Resultierende mit ihren drei Bestimmungsstücken zu finden, ist die auf zeichnerischem Wege. Hierzu denkt man sich die beiden Kräfte nacheinander wirkend. So verschiebt beispielsweise die Kraft F1 zuerst einmal den Körper schräg nach oben, sodann die Kraft F2 schwach nach rechts unten. In diese neue Lage kann der Körper auch gebracht werden, wenn ihn die Resultierende R alleine dort hin verschoben hätte. Aus der Zeichnung ist zu entnehmen, daß die Kräfte F1 und F2 sowie die Resultierende R ein Dreieck bilden, das um R gespiegelt zu einem Kräfteparallelogramm wird. In diesem Parallelogramm ist R die Diagonale. Die Resultierende ist im Kräfteparallelogramm nach den drei Bestimmungsstücken (Größe, Richtung und Lage) eindeutig gegeben. (In den meisten Fällen kann man sich mit dem Zeichnen des Kräftedreieckes bei dem Zusammensetzen von zwei Kräften begnügen. Für den Interessierten ist auch die rechnerische Lösung angedeutet. Hierzu ist es erforderlich, daß man die Einzelkräfte zuerst in Koordinatenkräfte - horizontal und vertikal zerlegt.)

Auf dem selben Wege ist es möglich, eine gegebene Kraft in zwei gegebene Wirkungsrichtungen zu zerlegen, wenn sich alle drei Wirkungslinien in einem Punkte schneiden. Die Forderung, daß sich die Wirkungslinie der gegebenen Kraft und die der beiden neuen Kräfte in einem Punkte schneiden ist unbedingt erforderlich, da sonst keine eindeutige Lösung zustande kommt. Weiter muß festgehalten werden, daß eine Kraft in einem Punkt eindeutig nur in zwei Richtungen zerlegt werden kann. Bereits für die Zerlegung einer Kraft in drei Richtungen aus einem Punkt gibt es unendlich viele Lösungen.

Zusammensetzen mehrerer Kräfte, die sich in einem Punkt schneiden. Hier können Kräfte in beliebiger Reihenfolge zu einem Polygonzug zusammen-

T-0.31 Bestimmungstücke von Kräften — Resultierende
Kräftemaßstab

gefügt werden. Zwischen Anfang und Ende des Polygonzuges ist die Resultierende in Größe, Lage und Richtung gegeben.

Zusammensetzen meherer Kräfte, bei denen sich die Wirkungslinien nicht in einem Punkte schneiden. In diesem Falle muß man schrittweise sich der Lösung nähern. Gegeben sei ein Körper, an dem neben dem Eigengewicht noch vier Kräfte angreifen. Als erstes wird die Resultierende aus dem Gewicht und der Kraft F1 gebildet. Nun wird der Schnittpunkt der Wirkungslinie von F2 und der Resultierenden aus G und F1 aufgesucht (2). Durch diesen Schnittpunkt 2 verläuft die aus dem Polygonzug gewonnene Resultierende aus G, F1 und F2. Der Schnittpunkt dieser Resultierenden mit der Kraft F3 ist der Punkt 3 durch den die Resultierende aus den Kräften G, F1, F2 und F3 verläuft, die aus dem Polygonzug gewonnen wurde. In dieser Weise wird nun weiter fortgeschritten bis sämtliche Kräfte addiert sind.

Ein Sonderfall entsteht dann, wenn sich die Wirkungslinien außerhalb der Zeichenebene schneiden oder zueinander parallel gerichtet sind. Schneiden sich die Kräfte nicht mehr auf der Zeichenebene, werden ihre Schnitte schleifend und damit ungenau, oder sind die Kräfte sogar parallel, dann hilft man sich bei ihrer Zusammensetzung in der Weise, daß man die gegebenen Kräfte durch solche Komponenten ersetzt, deren Schnittpunkte wieder günstig auf der Zeichenfläche liegen. Man zerlegt beispielsweise F1 in zwei beliebige Komponenten 1 und 2, die sich in einem Punkte O schneiden. Diese beiden Teilkomponenten werden in einem beliebig gewählten Punkte A auf der Wirkungslinie von F1 eingetragen. Als nächster Schritt wird die Kraft F2 in zwei Teilkomponenten zerlegt, die jetzt allerdings nicht mehr beliebig gewählt werden können. Man geht davon aus, daß die Teilkraft 2 von F2 gleich groß, aber entgegengesetzt gerichtet der Teilkraft 2 von F1 sei. Im Fortschreiten der zeichnerischen Lösung wird klar, daß sich damit sämtliche Teilkräfte in einem Punkte, dem sogenannten Pol, schneiden. Trägt man nun in der Zeichnung die neugewonnene Teilkraft 2 von F2 so an, daß sie auf der Wirkungslinie von der Teilkraft 2 von F1 liegt, so heben sich die beiden Kräfte in ihrer Wirkung auf. Das bedeutet aber, daß der Punkt B auf der Wirkungslinie von F2 nicht mehr beliebig gewählt werden kann, sondern sich aus der Wirkungsrichtung von 2 aus dem Punkt A ergibt. In gleicher Weise wird nun F3 und F4 in Teilkräfte zerlegt. Letztlich liegt auf der Wirkungslinie von F1 der Punkt A und auf der Wirkungslinie von F4 der Punkt D. Durch diese beiden Punkte verlaufen die Teilkräfte 1 und 5. Der Schnittpunkt dieser beiden Teilkräfte ist ein Punkt der Wirkungslinie der Resultierenden, denn die Resultierende ist die Summe aller Kräfte F1 bis F4 und man kann sie sich in die Teilkräfte 1 und 5 zerlegt vorstellen. Die Richtung der Resultierenden ergibt sich aus der Polfigur oder dem Seileck (Polygonzug). Im Falle parallel gerichteter Kräfte liegt der Schnittpunkt der Wirkungslinien im Unendlichen (Fernpunkt) durch den auch die Wirkungslinie der Resultierenden verläuft. Die Wirkungslinie der Resultierenden ist also parallel zu den Wirkungslinien der Kräfte.

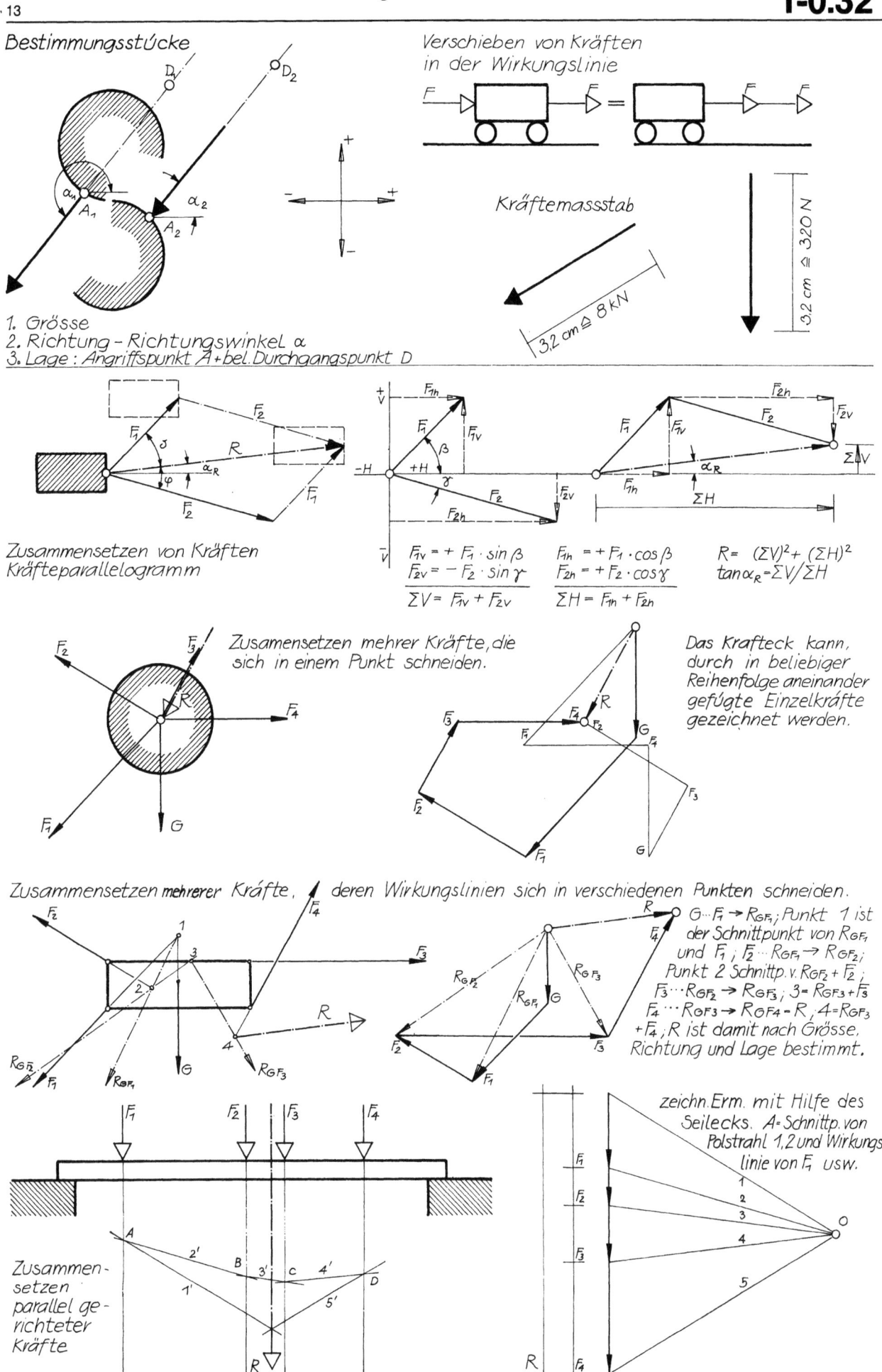

T-0.41 Gleichgewicht, Gleichgewichtsbedingungen

Für alle uns umgebenden Gegenstände ist es wichtig, daß sie sich im Zustand eines stabilen Gleichgewichts befinden. Dies gilt in besonderem Maße für unsere gebaute Umwelt, denn nichts wäre unmöglicher, als ein durch sein verlorenes stabiles Gleichgewicht in Bewegung geratener Gegenstand. Mag dies bei Einrichtungsgegenständen noch zu einem mehr oder weniger unangenehmen Umkippen führen, so wäre es bei einem Bauwerk ein katastrophaler Einsturz.

Gleichgewichtszustände

Wir können durch ein Experiment drei verschiedene Gleichgewichtszustände feststellen.

1. Gegeben sei eine konkav gekrümmte Fläche und eine Kugel. Die Kugel wird durch ihr Eigengewicht immer wieder an dieselbe Stelle (den tiefsten Punkt) pendeln. Dieser Gleichgewichtszustand wird als stabil oder sicher bezeichnet.

2. Gegeben sei eine konvex gewölbte Oberfläche und eine Kugel. Sosehr wir uns auch bemühen mögen, die Kugel auf der höchsten Stelle ruhig ruhen zu lassen, es wird uns nicht gelingen. Die Kugel wird immer der Schwerkraft folgend von diesem Punkte nach unten rollen. Dieser Gleichgewichtszustand wird als labil oder unsicher bezeichnet.

3. Gegeben sei eine völlig ebene und horizontale Fläche. Die beschriebene Kugel wird an jeder Stelle dieser Fläche liegenbleiben. Dieser Gleichgewichtszustand wird als indifferent oder unentschieden bezeichnet.

Kehren wir nun zu dem Körper auf Seite T-0.32 beschrieben zurück. Er hat sich durch die Einwirkung der Kräfte F1 und F2 bewegt. Will man verhindern, daß der Körper sich bewegt, so muß man den Kräften F1 und F2 eine Kraft Q entgegenwirken lassen. Diese Kraft Q entspricht in Wirkungslinie und Größe der Resultierenden aus F1 und F2, ist aber entgegengesetzt gerichtet. Mit anderen Worten: Die Kraft Q ist jene Kraft, die den Körper, an dem die beiden Kräfte F1 und F2 wirken, im Gleichgewicht hält.

In der selben Weise verhält es sich mit allen anderen Kräftegruppen, die auf Seite T-0.32 beschrieben sind. Die Kraft, die die Kräftegruppen im Gleichgewicht hält, schließt den Polygonzug. Das Krafteck wird unendlich umfahrbar. Bei der zeichnerischen Lösung bedeutet dies, daß die Resultierende verschwinden muß: Im Krafteck darf keine Kraft, und im Seileck dürfen keine Seilstrahlen übrigbleiben, die durch ihren Differenzabstand eine Kraft übriglassen würden, oder ein Drehmoment ausüben würden.

Zum besseren Verständnis denken wir uns noch einmal den Körper mit den beiden Kräften F1 und F2 die an ihm wirken. Die Kräfte F1 und F2 können, wie bei der rechnerischen Lösung, in ihre horizontalen und vertikalen Komponenten zerlegt werden. Ebenso kann die Kraft Q, die das System in Gleichgewicht hält, in Vertikal- und Horizontalkomponenten zerlegt werden. Bildet man nun die Summen der horizontal wirkenden Teilkomponenten, so wird man feststellen, daß die Summe gleich Null ist. Das selbe gilt für alle Vertikalkomponenten. Daraus ergeben sich schon zwei der allgemeinen Gleichgewichtsbedingungen.

Das Gleichgewicht an Kräftepaaren

Gegeben sei ein Stab, der in seinem Mittelpunkt A gelenkig gelagert ist. An den beiden Stabenden greift jeweils eine Kraft F an, die parallele Wirkungslinien haben. Die beiden Kräfte F sind gleich groß, jedoch entgegengesetzt gerichtet.

Obwohl die Summe der beiden Kräfte Null ist, und damit auch die Resultierende R und die Gleichgewichtskraft Q Null ist, herrscht hier kein Gleichgewicht. Vielmehr dreht sich der Körper um seinen Punkt A im Uhrzeigersinn.

Allgemeine Gleichgewichtsbedingungen heißen die drei Gleichgewichtsbedingungen für Kräfte, die sich in verschiedenen oder auch gleichen Punkten in einer Ebene schneiden:

Die algebraische Summe aller vertikalen Komponenten muß gleich Null sein.

Die algebraische Summe aller horizontalen Komponenten muß gleich Null sein.

Die algebraische Summe aller Momente der Einzelkräfte muß für jeden beliebigen Drehpunkt gleich Null sein.

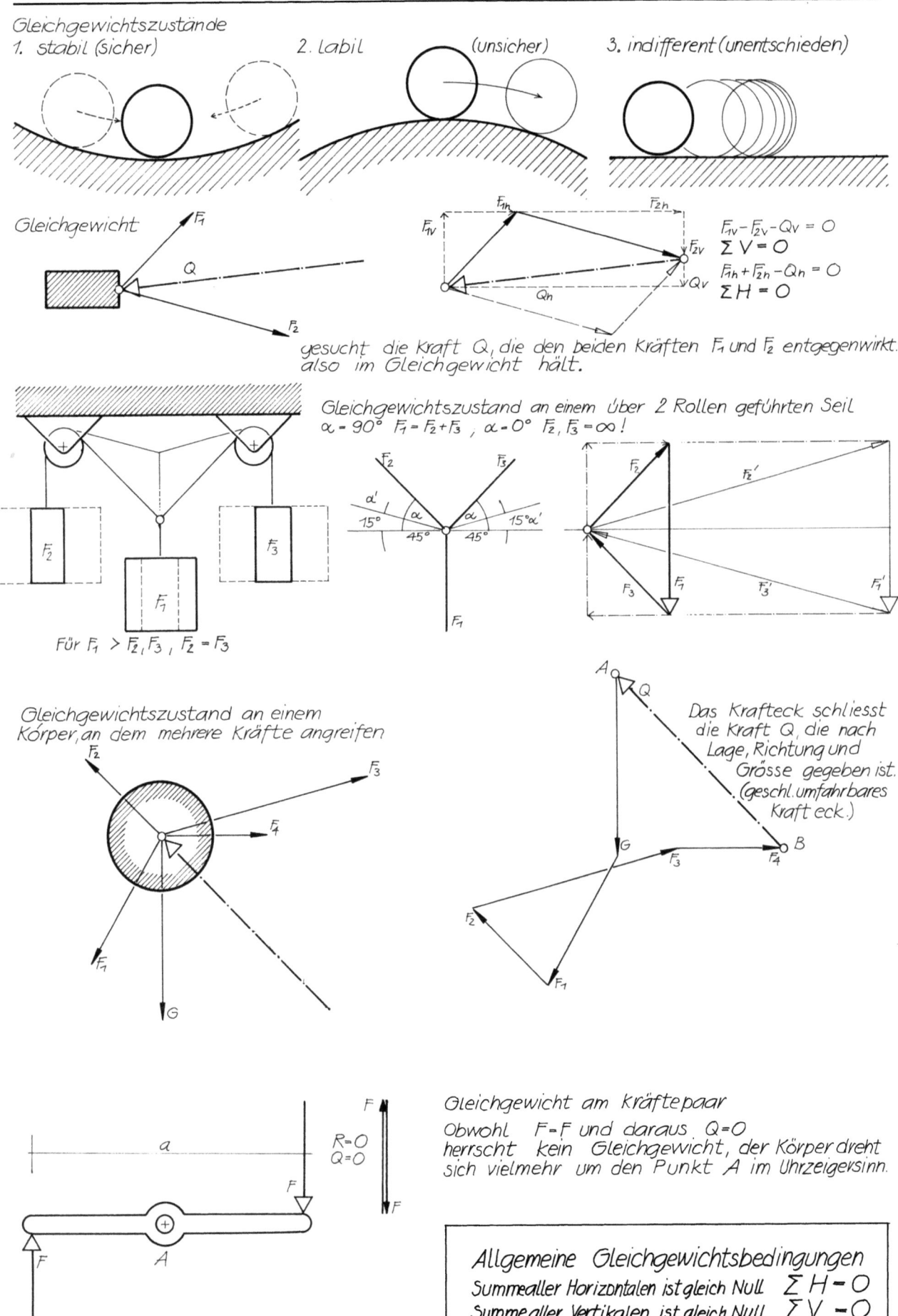

T-0.51 Kräftepaar, Moment

Als Kräftepaar werden zwei Kräfte bezeichnet, die gleich groß sind, jedoch entgegengesetzt wirken und zwei verschiedene, parallele Wirkungslinien haben. Aus den Gleichgewichtsbedingungen haben wir erkannt, daß die algebraische Summe der Kräfte Null ist; eine geradlinige Bewegung kann nicht stattfinden. Trotzdem herrscht kein Gleichgewicht, denn jedes Kräftepaar hat das Bestreben, zu drehen.

Will man sich die Tatsache klarmachen, daß hier trotzdem kein Gleichgewicht herrscht, so kann man sich folgend behelfen: Man stelle sich zwei gegensinnig gerichtete Kräfte in geringem Abstand vor, deren Wirkungslinien parallel sind. Die absolute Größe dieser beiden Kräfte sei nahezu gleich groß, die Resultierende somit sehr klein. Wollte man mit Hilfe der Polfigur die Lage der Resultierenden feststellen, so erhielte man zwei nahezu parallele Seilstrahlen mit einem Schnittpunkt weit außerhalb der Zeichenebene. Würde sich die absolute Größe dieser beiden Kräfte nun immer mehr nähern, so kann man sich vorstellen, daß die Resultierende immer weiter hinausrückt. Sind nun beide Kräfte gleich groß, so ist die Resultierende gegen Null gegangen, und der Schnittpunkt der beiden Seilstrahlen liegt im Unendlichen. Mit einer der Resultierenden entgegenwirkenden Gleichgewichtskraft Q gleich Null, die zudem im Unendlichen liegt, kann ein System nicht im Gleichgewicht gehalten werden.

Das Drehbestreben des Kräftepaares wird als sein Moment bezeichnet. Das "Statische Moment" oder "Drehmoment" ist für jeden beliebigen Drehpunkt und für jede beliebige Lage gleich groß.

Die Größe des Momentes ergibt sich aus dem Produkt einer der beiden Kräfte mit dem lotrechten Abstand zwischen den beiden Kräften.

$$M = F \times a$$

Aus der Drehrichtung, oder dem Drehsinn, hat es sich eingebürgert, Momente als positiv oder negativ zu bezeichnen. Dreht ein Moment im Sinne der Uhrzeiger, so wird es als positiv bezeichnt; dreht es gegen den Sinn der Uhrzeiger, so erhält es ein negatives Vorzeichen.

Kräftepaar, Moment   T-0.52

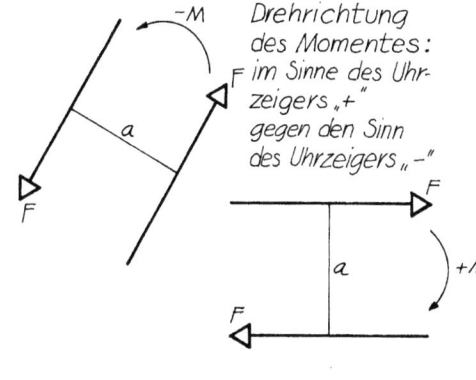

Drehrichtung des Momentes:
im Sinne des Uhrzeigers „+"
gegen den Sinn des Uhrzeigers „−"

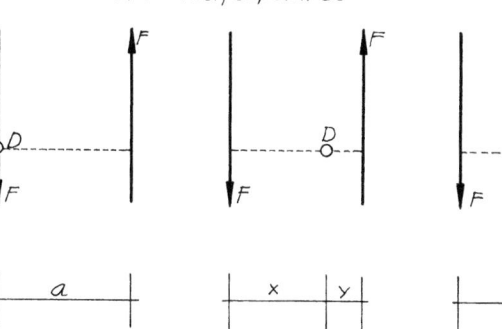

Moment eines Kräftepaares

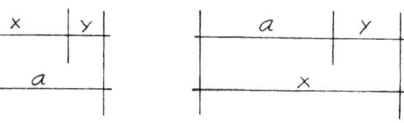

Kräftepaar: zwei parallel und entgegengesetzt gerichtete Kräfte in verschiedenen Wirkungslinien und gleich gross.

Drehpunkt auf einer der beiden Kräfte
$M = -F \cdot a$

Drehpunkt zwischen den beiden Kräften
$M = -F \cdot x + (-F \cdot y)$
$M = -F \cdot (x+y)$
$M = -F \cdot a$

Drehpunkt ausserhalb der beiden Kräfte
$M = -F \cdot x + F \cdot y$
$M = -F \cdot (x-y)$
$M = -F \cdot a$

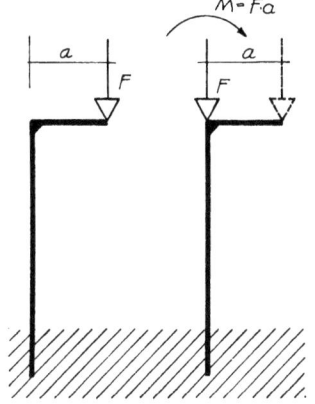

Stütze und Kragarm
am Kragarm greift eine Kraft F an
in der Stütze herrscht ein Moment
$F \cdot a$ und gleichzeitig eine Normalkraft F.

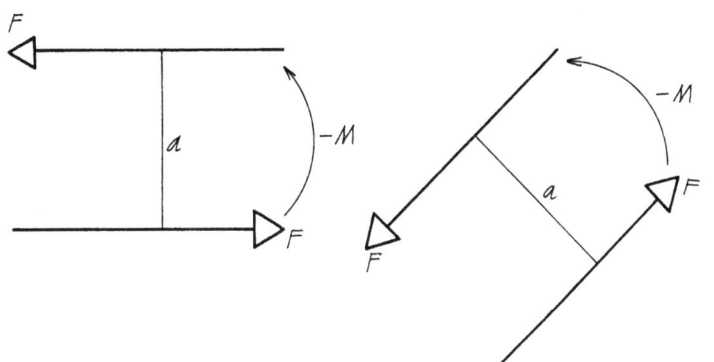

Für die Grösse des Momentes ($F \cdot a$) und die Drehrichtung (+ oder −) ist die Lage des Kräftepaares in der Ebene ohne Einfluss.

Momente können, wenn sie um denselben Drehpunkt gebildet werden und in einer Ebene liegen, addiert werden.

Das Vorzeichen aus der Drehrichtung hat keinen Einfluss auf das Vorzeichen bei den Biegemomenten!

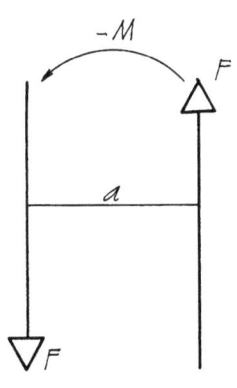
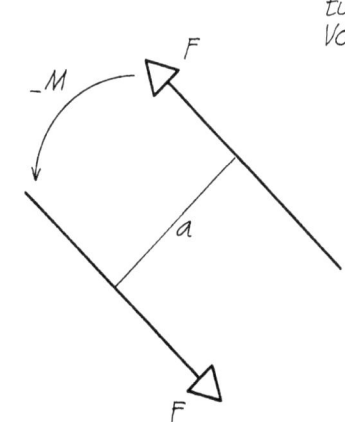

Schwerpunkte

Schwerpunktsbestimmungen von Linien und Flächen

Körper und Flächen kann man sich als die Summe vieler kleiner Teilkörper oder Teilflächen vorstellen. Läßt man die Teilflächen oder Teilvolumina so klein werden, daß sie nur mehr aus ihrem Massenmittelpunkt bestehen, so ergibt sich eine Vielzahl von lauter kleinsten gleichgerichteten Kräften, die, zufolge der Schwerkraft der Erde, lotrecht verlaufen. Vereinigt man all diese kleinsten Massenkräfte eines Körpers oder einer Fläche zu dem Gesamtgewicht, so ist der Mittelpunkt, in dem dieses Gewicht angreift, der Schwerpunkt. Jede durch diesen Schwerpunkt verlaufende Gerade oder Ebene teilt die Fläche oder den Körper in zwei gleichschwere Teilhälften. Die Geraden werden Schwerlinien genannt. Wird ein Körper in seinem Schwerpunkt unterstützt, so bleibt er in jeder Lage im Gleichgewicht.

Die Kenntnis über die Lage des Schwerpunktes ist für Untersuchungen des Gleichgewichtes und der Standsicherheit von großer Bedeutung.

Für die Schwerpunktsbestimmung komplizierter Flächengebilde oder auch polygoner Linienzüge kann es für die hier geforderte Genauigkeit wesentlich einfacher sein, die Lage des Schwerpunktes empirisch zu bestimmen. Dazu wird ein maßstabgetreues Modell des Linienzuges oder der Fläche angefertigt und dieses Modell an einem beliebigen Punkt möglichst reibungslos aufgehängt. Eine erste Schwerlinie gewinnt man durch die Feststellung des Lotes. Wird der Linienzug oder die Fläche an einem weiteren Punkte ebenso reibungsfrei aufgehängt, so ergibt der Schnittpunkt der neuerlichen Lotlinie mit der vorangegangenen die Lage des Schwerpunktes. Dies erklärt sich aus der Tatsache, daß die Lotlinien gleichzeitig Schwerlinien (oder auch Schwerachsen) sind.

Schwerpunkte von Linienzügen und Flächen – rechnerische Bestimmung

Zur rechnerischen Bestimmung der Lage des Schwerpunktes bedient man sich des modifizierten Momentensatzes.

Dazu muß man sich erst einmal klarmachen, daß die Lage des Schwerpunktes, zum Beispiel eines Stabes, ausschließlich von seiner Länge abhängt und nicht von seinem Gewicht. Es ist egal, ob ein einmeterlanger gerader Stab aus Aluminium besteht oder aus Blei; sein Schwerpunkt ist immer in Stabmitte – also jeweils fünfzig Zentimeter von dem Stabende entfernt.

Soll nun beispielsweise der Schwerpunkt eines vielfältigen Polygonzuges gebildet werden, so sind die Teilschwerpunkte der einzelnen Stäbe als Mittelpunkte der Streckenlänge bekannt. In diesen Teilschwerpunkten greifen nun Kräfte an, die ausschließlich von der Stablänge abhängig sind; ja man kann in einer Vereinfachung soweit gehen, daß man die Stablänge gleich einer Kraft setzt. Das Gesamtgewicht des Polygonzuges entspricht demnach der Gesamtlänge.

Um einen beliebigen Drehpunkt 0, durch den man am besten ein rechtrechtwinkeliges Koordinatenkreuz mit den Achsen x und y legt, bildet man nun mit den Abständen x und y die Summe der Momente. Diese Summe der Momente muß durch ein entgegengesetztes Moment, gebildet aus dem Gesamtgewicht des Polygonzuges und dem Hebelsarm x bzw. y vom Drehpunkt 0 aus im Gleichgewicht gehalten werden. Es folgt daraus, daß der Abstand der jeweiligen Schwerachse die Summe aller Teilmomente geteilt durch das Gesamtgewicht (L) ist.

Nach derselben Methode kann auch die Lage des Schwerpunktes einer Fläche bestimmt werden. Auch hier gilt – analog zum Stab und Homogenität immer vorausgesetzt – daß ausschließlich die Fläche, und nicht das Material, aus der sie besteht, für die Lage des Schwerpunktes ausschlaggebend ist. In einer weiteren Modifizierung des Momentensatzes wird so verfahren, daß die Fläche einer Kraft entspricht. Das weitere Verfahren ist gleichlaufend wie beim Polygonzug.

Soll der Schwerpunkt einer Fläche bestimmt werden, die sich aus einfachen geometrischen Teilflächen zusammensetzt, so ist die Überlegung durchaus sinnvoll, ob man die Summe aller Momente der Teilflächen bildet, oder die Differenz einer Gesamtfläche, abzüglich einer nichtvorhandenen Teilfläche.

Schwerpunkte
Zeichnerische Bestimmung — T-0.62

Schwerpunkt
Schwerpunktsbestimmungen von Linien und Flächen

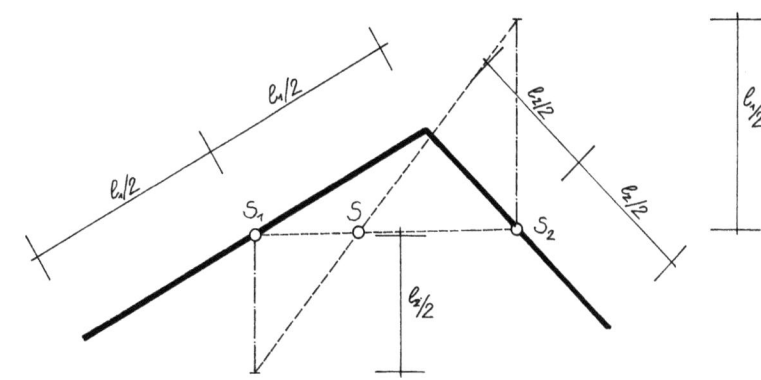

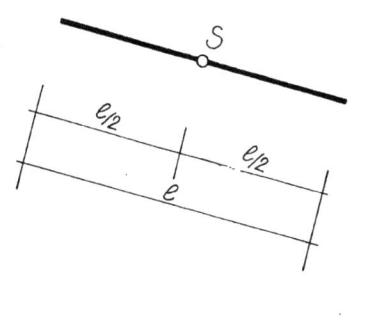

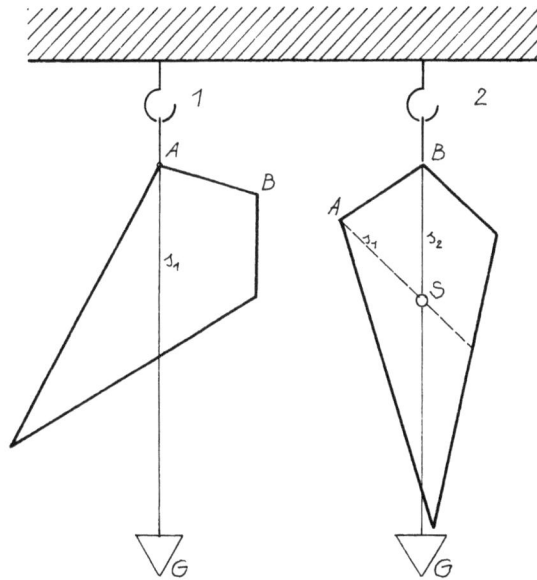

Bestimung von Schwerpunkten unregelmässiger Flächen:
Fläche wird masstabsgetreu aus einem beliebigen homogenen Material ausgeschnitten und an einem frei wählbaren Punkt aufgehängt (A), mittels Lot wird die Schwerlinie s_1 bestimmt. Hängt man nun wiederum beweglich das Flächenmodell an einem beliebigen anderem Punkt auf (B), so kann s_2 bestimmt werden. Der Schwerpunkt ist der Schnittpunkt von s_1 und s_2.
Schwerpunkte von Flächen (einfache geometrische Flächen) sind in allen Formelsammlungen und technischen Tabellenwerken enthalten.

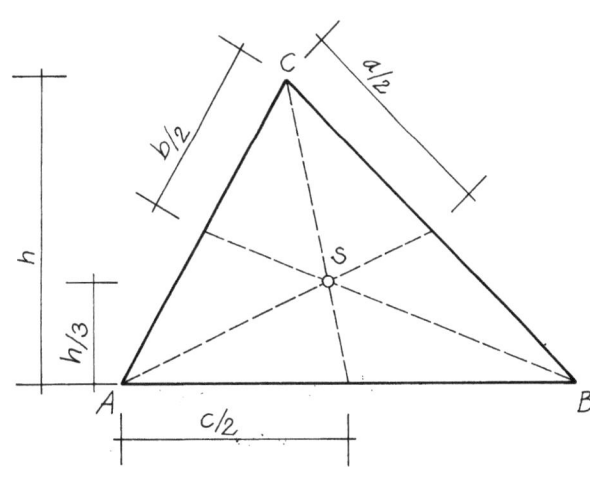
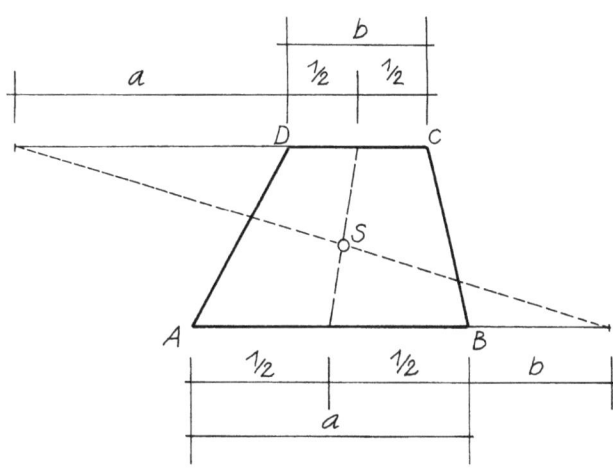

zeichnerische Bestimmung von Schwerpunkten als Schnittpunkte von Schwerlinien.
Dreieck   Trapez

T-0.63 Schwerpunkte
Rechnerische Bestimmung

Schwerpunkt eines gebrochenen Linienzuges

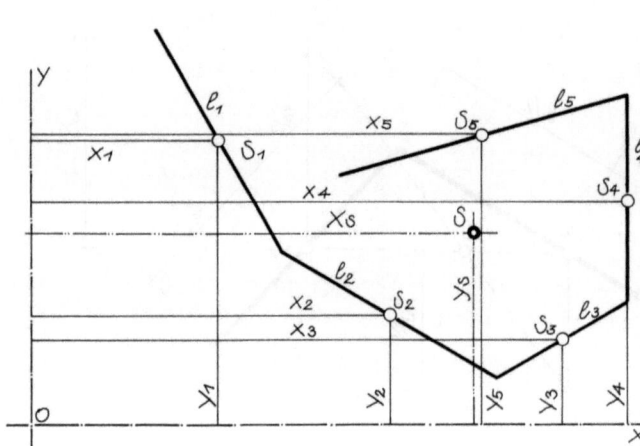

Der Linienzug wird in ein Achsenkreuz gelegt (günstig ist ein rechtw. Achsenkreuz z.B. x,y). Durch zweimaliges Anwenden (-x-Richtung und -y-Richtung) des entsprechend modifizierten Momentensatzes ($R \cdot x = \Sigma F \cdot a$) kann die Lage des Schwerpunktes errechnet werden.
An die Stelle der Einzelkräfte treten die jeweiligen Längen der Strecken des Polygonzuges; für die Resultierende $R (=\Sigma P)$ ist $L = \Sigma \ell$ zu setzen.
folglich ist:
$L \cdot x_s = \ell_1 \cdot x_1 + \ell_2 \cdot x_2 + \ell_3 \cdot x_3 \ldots \ell_n \cdot x_n = \Sigma \ell \cdot x$ bzw
$L \cdot y_s = \ell_1 \cdot y_1 + \ell_2 \cdot y_2 + \ell_3 \cdot y_3 \ldots \ell_n \cdot y_n = \Sigma \ell \cdot y$.
daraus folgt, dass
$$x_s = \frac{\Sigma \ell \cdot x}{L} \quad \text{und} \quad y_s = \frac{\Sigma \ell \cdot y}{L}$$

x_s und y_s sind Schwerachsen des Polygonzuges.

Schwerpunkt einer Fläche, allgemeine Betrachtungen

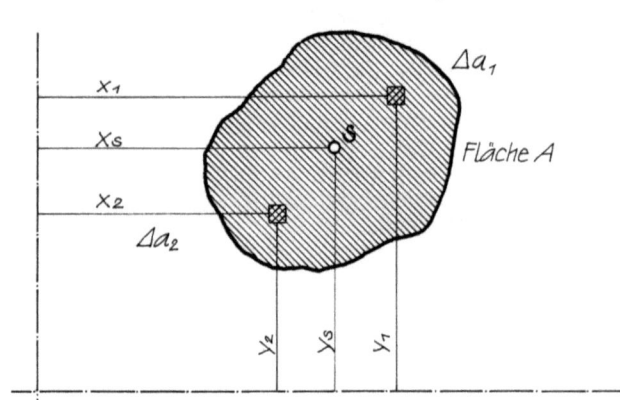

Wendet man analog zum Linienzug den abgewandelten Momentensatz auf eine in kleine Teilflächen Δa aufgelöste beliebige Fläche A an, so ist:
$A \cdot x_s = \Sigma \Delta a \cdot x$; $A \cdot y_s = \Sigma \Delta a \cdot y$. Für jede beliebige Achse ist das stat. Moment einer Fläche gleich der algebr. Summe der Momente aller Teilflächen. Es folgt daher:
$$x_s = \frac{\Sigma \Delta a \cdot x}{A} ; y_s = \frac{\Sigma \Delta a \cdot y}{A} \Rightarrow x_s = \frac{\int x \, da}{A} ; y_s = \frac{\int y \, da}{A}$$
oder aber: $A \cdot x_s = 0$; $A \cdot y_s = 0$; für die Schwerachse x_s, y_s
$\Sigma \Delta a \cdot x = 0$; $\Sigma \Delta a \cdot y = 0$
Für die Schwerachse einer bel. Fläche ist die algebr. Summe der Momente aller Teilflächen gleich Null.

Daraus folgt für Flächen, die aus einfachen geometrischen Teilflächen zusammengesetzt sind:

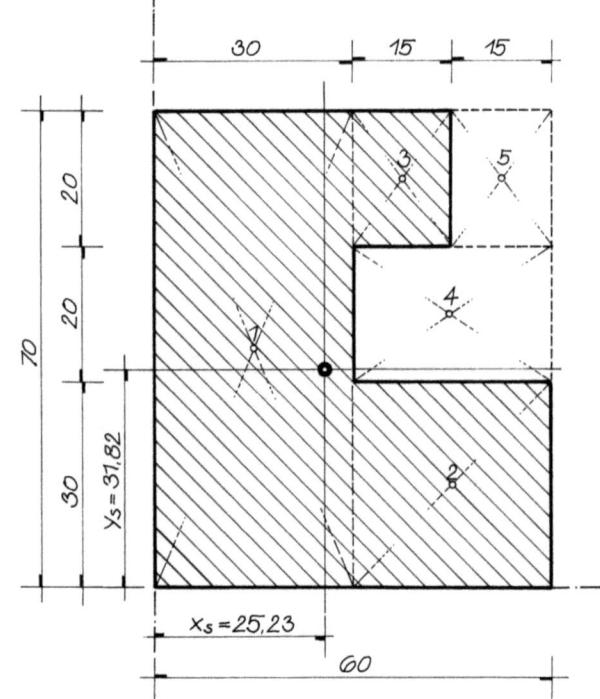

$$x_s = \frac{\Sigma a \cdot x}{A} \quad \text{bzw} \quad y_s = \frac{\Sigma a \cdot y}{A}$$

Die Schwerpunkte der Teilflächen (Rechtecke) liegen auf einfach zu ermittelnden Schwerlinien, daher ist die Lage der Teilschwerpunkte bekannt.

$$x_s = \frac{a_1 \cdot x_1 + a_2 \cdot x_2 + a_3 \cdot x_3}{a_1 + a_2 + a_3} = \frac{2100 \cdot 15 + 900 \cdot 45 + 300 \cdot 37,5}{3300}$$
$$= \frac{83\,250}{3300} = 25,23$$

$$y_s = \frac{a_1 \cdot y_1 + a_2 \cdot y_2 + a_3 \cdot y_3}{a_1 + a_2 + a_3} = \frac{2100 \cdot 35 + 900 \cdot 15 + 300 \cdot 60}{3300} =$$
$$= \frac{105\,000}{3300} = 31,82 \quad \text{oder aber:}$$

$$x_s = \frac{A \cdot x_a - a_4 \cdot x_4 - a_5 \cdot x_5}{A - a_4 - a_5} = \frac{4200 \cdot 30 - 600 \cdot 45 - 300 \cdot 52,5}{4200 - 900}$$
$$= \frac{83\,250}{3300} = 25,23 \quad \text{analog } y_s$$

Weitere Schwerpunktsbestimmungen siehe T-F 1.1

Biegung
Trägheits- und Widerstandsmoment

Für die exakte Berechnung von Balken und Trägern werden einige vereinfachende Annahmen getroffen.

1. Die Trägerhöhe ist viel kleiner als die Trägerlänge.
2. Der Träger biegt sich unter der Belastung nur geringfügig durch, so daß die Winkeländerungen so klein sind, daß sie keinen Einfluß auf den Gleichgewichtszustand der äußeren Kräfte haben. (In den Darstellungen dieses Buches sind die Verformungen weit übertrieben gezeichnet, um die Anschaulichkeit zu erhöhen.)
3. Im Träger stellt man sich in seiner Längsrichtung die Trägerachse vor. Senkrecht zu dieser Trägerachse wirken die äußeren Kräfte. Sie verursachen eine reine Biegung.
4. Der Trägerquerschnitt ist in Bezug auf seine senkrechte Schwerachse symmetrisch. Seine Begrenzung kann sonst beliebig gewählt werden.
5. Zwischen der Trägerachse und der Symmetrieachse des Trägerquerschnittes (Schwerachse) denkt man sich eine Ebene. Die angreifenden äußeren Kräfte liegen mit ihren Wirkungslinien in dieser gedachten Ebene.
6. In der Zeichnung T-3.15 wird veranschaulicht, daß unter reiner Biegung der Träger sich an der Oberseite verkürzt und an der Unterseite verlängert. Es treten somit an der Balkenoberseite Druckspannungen und an der Balkenunterseite Zugspannungen auf. Zwischen den Fasern, die gedrückt werden und jenen, die gezogen werden, befindet sich eine Faserschicht, die keinerlei Längenänderung erfährt. In dieser Faserschicht müssen daher die Spannungen Null sein. (Diese Faserschicht wird als die neutrale bezeichnet und die Schnittgerade dieser Faserebene mit der Querschnittsebene Nullinie genannt.)

Denkt man sich einen Träger, der die vorausgegangenen sechs Bedingungen erfüllt, an einer beliebigen Stelle geschnitten, so kann man folgende Betrachtungen anstellen: Der Träger ist durch reine Biegung belastet, und an der Schnittstelle muß Gleichgewicht herrschen. Aus der Tatsache, daß reine Biegung auftritt, also keine Vertikalkräfte vorhanden sind, ist die erste Gleichgewichtsbedingung erfüllt: Summe aller vertikalen Kräfte gleich Null. Aus der zweiten Gleichgewichtsbedingung: Summe aller Horizontalkräfte gleich Null folgt, daß die Mittelkraft Druck aller Druckspannungen (D) gleich groß sein muß der Mittelkraft Zug aller Zugspannungen (Z). Die beiden Kräfte wirken entgegengesetzt, ihre algebraische Summe ist gleich Null. Die beiden Kräfte D und Z bilden ein Kräftepaar mit dem Abstand z.

Das Moment, das den Balken verbiegt, wird als äußeres Moment bezeichnet (M_a). Diesem äußeren Moment muß ein inneres Moment entgegenwirken, um die dritte Gleichgewichtsbedingung: Summe aller Momente gleich Null, zu erfüllen. Dieses innere Moment der Kräfte (M_i) wird aus dem Kräftepaar D Z und dem Hebelarm z gebildet.

Aus der mathematischen Ableitung der allgemeinen Biegegleichung sei ein Produkt wegen des besonderen Interesses herausgegriffen. Es handelt sich um den Ausdruck "Summe aller kleinen Flächenteilchen a.x.y.x.y". Dieser Ausdruck wird als das Trägheitsmoment des Querschnittes bezeichnet. Trägheitsmomente sind demnach Produkte aus Flächen und den Quadraten von Längen mit der Bezeichnung Zentimeter der Vierten, die man auch Flächenmomente zweiter Ordnung nennt. Sie sind ein rein mathematischer Begriff und nur von der Größe und der Form einer Fläche abhängig. Der Baustoff und seine Materialeigenschaften haben keinen Einfluß auf das Trägheitsmoment.

Das Widerstandsmoment läßt sich aus dem Trägheitsmoment ableiten. Wenn e der Abstand zwischen der Nullinie und der äußersten Faser eines Trägerquerschnittes ist, dann ist das Widerstandsmoment (W) gleich dem Trägheitsmoment geteilt durch den Abstand e. So wie das Trägheitsmoment, ist auch das Widerstandsmoment ausschließlich von der Fläche abhängig und nicht von dem Material, aus dem der Balken besteht.

Somit ergeben sich einfache Zusammenhänge zwischen:
1. dem äußeren Moment der Kräfte, hier nun kurz als M bezeichnet,
2. dem Widerstandmoment (W), das von der Querschnittsfläche des Trägers abhängig ist, und
3. der Spannung, die in einem Trägerquerschnitt herrscht und von Material abhängig ist.

T-0.72 Biegung
Trägheits- und Widerstandsmoment

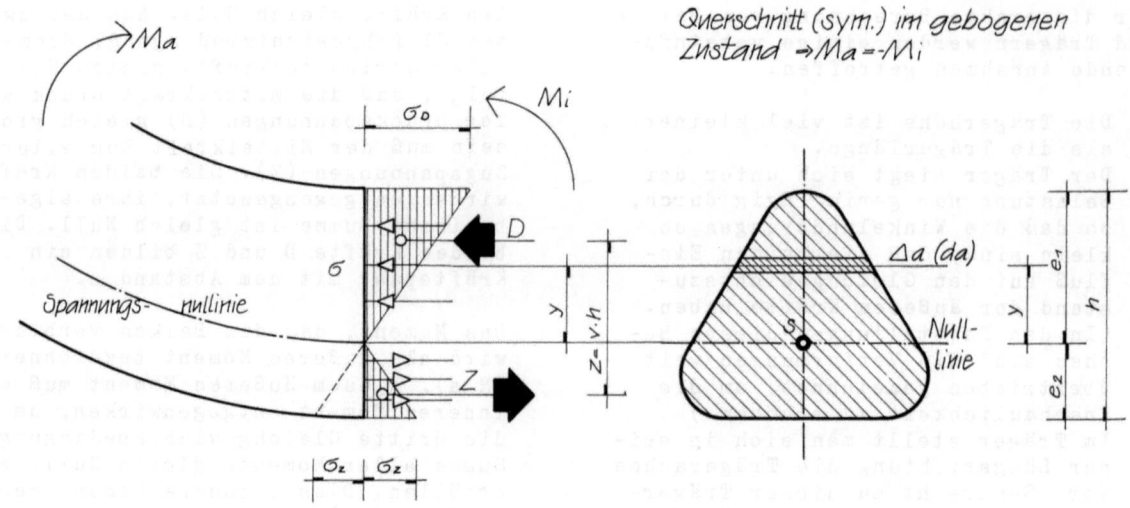

Querschnitt (sym.) im gebogenen Zustand → $M_a = -M_i$

Gleichgewichtsbedingungen $\Sigma V=0$; $\Sigma H=0$; $\Sigma M=0$; Keine Vertikalkräfte vorhanden – nur Momente daher $\Sigma V=0$ erfüllt. $\Sigma H=0 \Rightarrow Z-D=0$; Zerteilt man den Querschnitt in unendlich kleine Flächenstreifen Δa parallel zur Nullinie, so wird die Kraft, die auf einen Flächenstreifen mit der Fläche Δa im Abstand y von der Nullinie entfällt gleich:

$$\Delta a \cdot \sigma = \Delta a \cdot \frac{\sigma_D}{e_1} \cdot y \quad \text{oder daraus} \quad \sum_{e_2}^{e_1} \Delta a \cdot \sigma = \frac{\sigma_1}{e_1} \sum_{e_2}^{e_1} \Delta a \cdot y \quad \text{aus } Z-D=0 \text{ folgt } \sum_{e_2}^{e_1} \Delta a \cdot y = 0$$

aus T-0.0 ist das Moment aller Teilflächen nur für die Schwerachse gleich Null → Spannungsnullinie fällt mit der Schwerachse zusammen, wenn es sich um reine Biegung handelt.

$M_a = M_i = D \cdot z = Z \cdot z$ aus $\Sigma M = 0$, ($z = v \cdot h$, wobei der Faktor v vom Querschnitt abhängig ist.)

Legt man den Drehpunkt des M_i auf die Spannungsnullinie und betrachtet den Beitrag von Δa, so wird:

$$\Delta M_i = \Delta a \cdot \sigma \cdot y = \Delta a \cdot \frac{\sigma_1}{e_1} \cdot y \cdot y = \frac{\sigma_1}{e_1} \Delta a \cdot y^2 \quad \text{für die Summe all dieser Momente:}$$

$$M_i = \frac{\sigma_1}{e_1} \sum_{e_2}^{e_1} \Delta a \cdot y^2 \quad \left[M_i = \int dM_i = \frac{\sigma_1}{e_1} \int y^2 \cdot da \right]$$

den Ausdruck $\Sigma \Delta a \cdot y^2$ bezeichnet man als Trägheitsmoment J; $J = \Sigma \Delta a \cdot y^2$ in $[cm^4]$ oder $J = \int y^2 da$

Da $M_a = M_i$ ($\Sigma M = 0$) und $\frac{\sigma_1}{e_1} = \frac{\sigma}{y}$ kann man in allgemeiner Form schreiben:

$$M_a = M = \frac{\sigma}{y} \Sigma \Delta a \cdot y^2 \quad \text{oder} \quad M = \frac{\sigma}{y} \int y^2 da \quad \text{als allgemeine Biegegleichung} \quad M = \frac{\sigma \cdot J}{y}; \quad \sigma = \frac{M \cdot y}{J} [MNm]$$

bei e gleich dem äussersten Faserabstand wird $\frac{J}{e} = W$ gesetzt. W nennt man das Widerstandsmoment des Querschnitts, in $[cm^3]$. Das Widerstandsmoment ist aus dem Trägheitsmoment abgeleitet. Wenn die Randspannung σ_D (σ_Z) ist, so lässt sich die Biegegleichung auch in folgender Form schreiben:

$$M = \frac{\sigma_D \cdot J}{e} = W \times \sigma_D \quad \text{daraus folgt} \quad \sigma_D = \frac{M \cdot e}{J} = \frac{M}{W}$$

$$M = W \cdot \sigma_D \quad , \quad \sigma_D = \frac{M}{W} \quad , \quad W = \frac{M}{\sigma_D}$$

Für die Querschnittsbemessung eines Balkens aus einem isotropen Baustoff ($\sigma_D \triangleq \sigma_Z$), dies gilt für Holz und Stahl, gelten folgende Zusammenhänge:

$$erf \, W = \frac{max \, M}{zul \, \sigma}$$

wobei $erf \, W$ = erforderliches Widerstandsmoment [in Tabellen in cm^3 aus der Rechnung in m^3 oder mm^3]

$max \, M$ = maximales Moment im Biegebalken [in MNm; kNm; Umrechnung in Nmm eventuell erforderlich]

$zul \, \sigma$ = zulässige Biegespannung des verwendeten Materials [in MN/m^2 oder N/mm^2]

Siehe dazu auch T-3.15 Der Balken; hier ist das Widerstandsmoment aus dem Gleichgewicht $M_a = M_i$ abgeleitet.

Formaktive Tragsysteme – Seilsysteme
Einfach durchhängendes Seil

Die Kettenlinie kann als eine Minimalaufgabe aufgefaßt werden. Als diese wurde sie auch von Jakob Bernoulli 1690 gestellt und im darrauffolgendem Jahr von seinem Bruder Johann sowie von Leibniz und Huygens gelöst.

Stellt man sich an einem masselosen Seil eine Anzahl von gleichschweren Kugeln vor, so werden diese einen Gleichgewichtszustand (Form) annehmen bei dem jede Kugel (Schwerpunkt) die tiefstmögliche Lage einnimmt. Die Form, die die Kettenlinie einnimmt, ist von ihrer Länge bzw. von der Neigung der Tangente an die Kurve in ihrem Aufhängungspunkt abhängig. Grundsätzlich treten bei einem Seilsystem (Kettenlinie) trotz ausschließlich vertikaler Belastungen an den Auflagerpunkten auch Horizontalkräfte auf. Diese Horizontalkräfte werden um so geringer, je steiler das Seil durchhängt (je steiler die Tangente an die Kurve im Aufhängungspunkt ist). Je flacher die Tangente an die Kurve der Seillinie im Aufhängungspunkt wird, desto größer werden die Horizontalkräfte; ja wenn die Tangente im Aufhängungspunkt horizontal läge, wären die Horizontalkräfte unendlich groß. (Dieser Fall ist nur gedanklich, jedoch nicht praktisch möglich.)

Seilsysteme sind besonders leicht zu verformen. Nach unten wirkende Kräfte (auch solche mit geringer Abweichung aus der Lotrechten) ergeben nicht so gravierende Formänderungen, wie Kräfte, die nach oben wirken.

Seilsysteme können durch eine Reihe von Maßnahmen stabilisiert werden.

1. Man kann das Eigengewicht des Tragseiles soweit erhöhen, daß vertikale Zusatzlasten - seien sie nach oben oder nach unten gerichtet - im Verhältnis zu dem Gewicht verschwindend klein sind. Somit werden die Formänderungen durch diese Zusatzlasten sehr gering gehalten. Der Nachteil liegt darin, daß freiwillig große Lasten, die ausschließlich zur Stabilisierung dienen, getragen werden müssen, was erhebliche Auswirkungen auf die Dimensionierung sämtlicher Tragteile hat.

2. In der Seilebene kann eine körperhafte Schale eingefügt werden, die eine gewisse Biegesteife aufweist und damit gegen äußere Kräfte unempfindlicher wird. Auch dies bedeutet jedoch eine Zunahme der Masse in der Tragwerksebene und in jedem Falle einen Verlust der Transparenz, die diese Tragwerke im allgemeinen auszeichnet.

3. Ähnlich wie im Fall 1 kann eine Stabilisierung dadurch erreicht werden, daß das Tragseil nach unten abgespannt wird. In diesem Falle ist zwar eine ausgezeichnete Stabilisierung erreicht, eine Raumbildung jedoch nicht mehr möglich.

4. Durch die Einführung eines gegensinnig gekrümmten Seiles, gegen das die vertikalen Seile abgespannt sind, ist eine Raumbildung möglich. In diesem Falle wird mit Ausnahme der senkrechten Tragpylone das gesamte Tragwerk aus zugbeanspruchten Gliedern gebildet.

Analog zu dem Fall 4 läßt sich ein Seilsystem auch dadurch stabilisieren, daß man das gegensinnig gekrümmte Abspannseil gegen das Tragseil mit Druckstreben spreizt. Tragseil und Abspannseil treffen sich dabei in ihrem Auflager an einem Punkt. Zum Unterschied der vorangegangenen Tragwerke wird dieses nun aus Zug- und Druckgliedern gebildet, wobei die Zugglieder in der Regel wesentlich größere Spannweiten als die Druckglieder haben. Dies sollte in jedem Fall angestrebt werden, um eine Überdimensionierung der Druckglieder gegen Ausknicken zu vermeiden.

Zum Unterschied der vorangegangenen Seilsysteme ist dieses Tragsystem in seiner Tragwerksebene zwar ausgesteift, die gesamte Tragwerksebene kann sich jedoch um die Gerade zwischen den beiden Auflagerpunkten verdrehen. Eine zusätzliche Stabilisierung in einer Vertikalebene und rechtwinklig zur Tragwerksebene ist erforderlich. Die Tragseile sind nach oben offene Parabeln, die Spannseile nach unten offene Parabeln. Die in ihnen herrschenden Zugkräfte müssen durch Randglieder (Randbalken oder Randseile) aufgenommen werden.

Das gesamte Flächengebilde "Seilnetz" muß als flächenhaftes Tragwerk noch stabilisiert werden, da es in der Regel nur auf seinen zwei tiefen Punkten aufliegt. (Es kann um die Achse zwischen seinen beiden Tiefpunkten kippen - labiler Gleichgewichtszustand.)

Der Übergang zwischen einem Seilsystem und einer Membrane ist fließend.

T-1.101 Formaktive Tragsysteme – Seilsysteme
Einfach durchhängendes Seil

Man kann sich vorstellen, daß immer dünnere Seile näher aneinandergerückt ein wesentlich engermaschiges Netz ergeben. Liegen die Seile (Fäden) nun dicht nebeneinander, entsteht ein textiles Flächengebilde - die Membrane.

Allgemeine Betrachtungen

Sowohl für Seilnetze als auch für Membrankonstruktionen gilt, daß das Tragwerk umso empfindlicher gegen die Einwirkung von äußeren Kräften wird, je flacher seine Krümmung wird. Um dem entgegenzuwirken, muß die Spannung in den Seilen wieder erhöht werden. Je stärker solch ein Seilnetz oder eine Membrane gekrümmt ist, desto stabiler ist dieses System gegen die Einwirkung äußerer Kräfte und um so geringer können die Vorspannkräfte in den einzelnen Seilen gehalten werden. Grundsätzlich sollen an Hoch- und Tiefpunkten derartiger Gebilde keine besonders steilen Neigungen der Flächen auftreten, da sonst die Spannungen in den Seilen oder der Membrane extrem hoch werden.

Diese Seil- und Zeltkonstruktionen, die als besondere Ingenieur- und Entwurfsleistungen unserer Zeit gelten, gehören zu den ältesten Tragwerkskonstruktionen überhaupt. Bald nachdem der Mensch vor vielen tausend Jahren den zur Verfügung stehenden Raum (Höhle) verließ und er als Nomade herumzog, enwickelte er aus Tierhäuten, Stangen und primitivsten steinzeitlichen Seilen Zeltkonstruktionen, die den heutigen gleichen. Die Technik dieser steinzeitlichen Zeltbauten hat sich im vorderen Orient und in Afrika bis in die heutigen Tage erhalten.

Formaktive Tragsysteme – Seilsysteme
einfach durchhängendes Seil – Kettenlinie
T-1.102

eine Kugel in der Mitte des Seiles

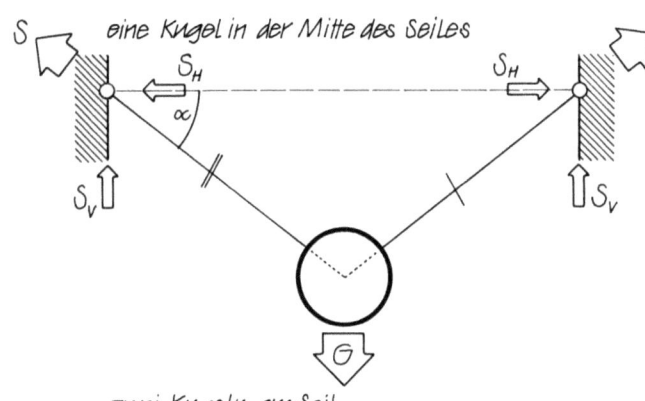
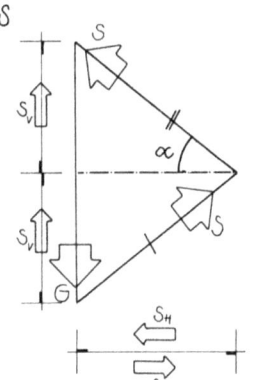

Zusammenhang zwischen Seilkraft S (S_H; S_V), dem Gewicht G und dem Winkel α; je kleiner α desto grösser wird S. Zeichnerische Lösung der Ermittelung der Seilkräfte und der Auflagerkräfte.

zwei Kugeln am Seil

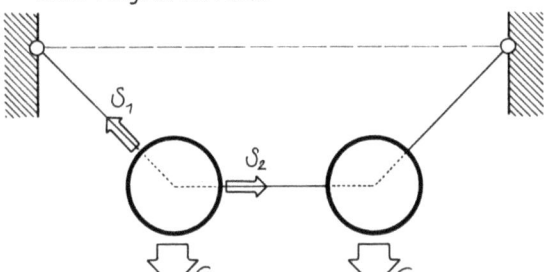

Die Seilkraft ist in »Bogenmitte« am kleinsten und an den Auflagern am grössten.

mehrere Kugeln am Seil

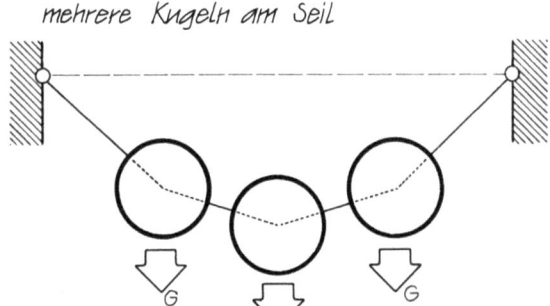

Wird eine grössere Anzahl von Kugeln an dem massenlos gedachten Seil aufgereiht, nähert sich der Polygonzug mehr und mehr der Kettenlinie.

dichte Kugelreihe

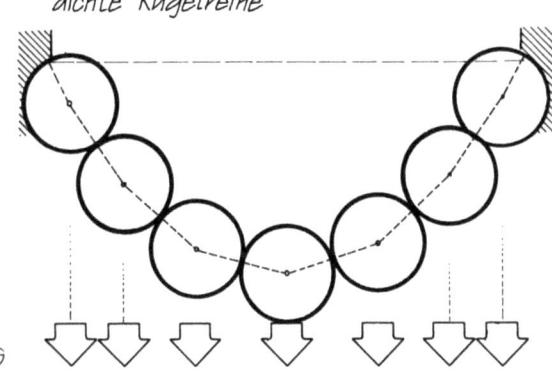

Berühren sich die Kugeln, so entsteht bei der gedachten Verbindung der Kugelmittelpunkte die Kettenlinie oder Seillinie.

frei hängendes Seil

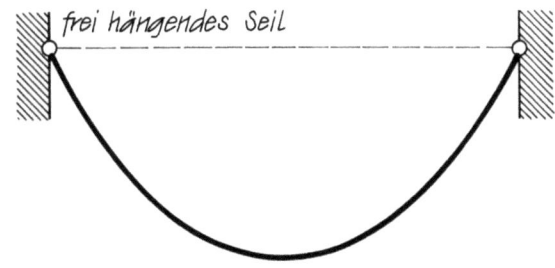

Das frei durchhängende Seil – nur durch sein eigenes Gewicht belastet – nimmt die Form der Seil- oder Kettenlinie an, die die Umkehrung der Stützlinie des Bogens ist. Die Form entspricht etwa der Form einer Parabel.

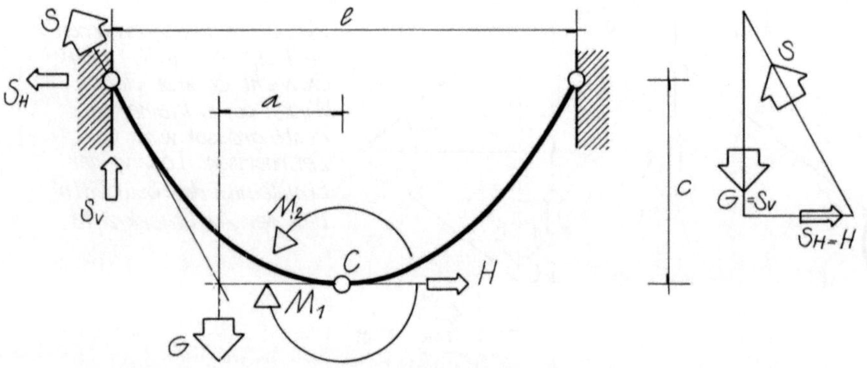

Formaktive Tragsysteme – Seilsysteme
Belastungen

Die Stützkraft S verläuft in ihrer Wirkungslinie gleich der Tangente an die Seillinie im Stützpunkt.

$\Sigma M_C = 0 = M_1 + M_2$
$M_1 = S_v \cdot \ell/2$
$M_2 = -G \cdot a - S_H \cdot c$

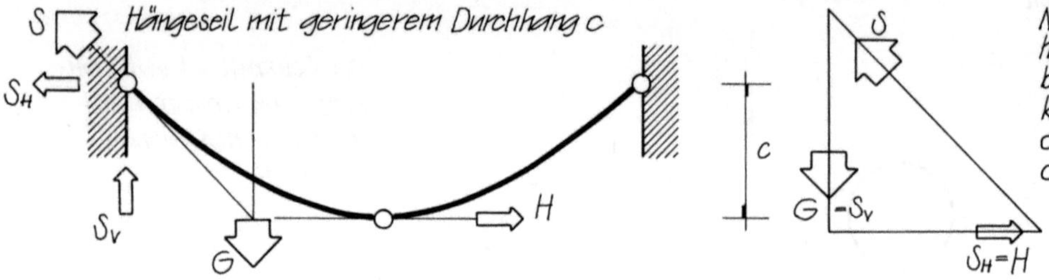

Hängeseil mit geringerem Durchhang c

Mit abnehmendem Durchhang c wächst bei gleichbleibendem G die Stützkraft S

$c = \infty \Rightarrow S = G$; Tang. senkr.
$c = 0 \Rightarrow S = \infty$; Tang. waagr.

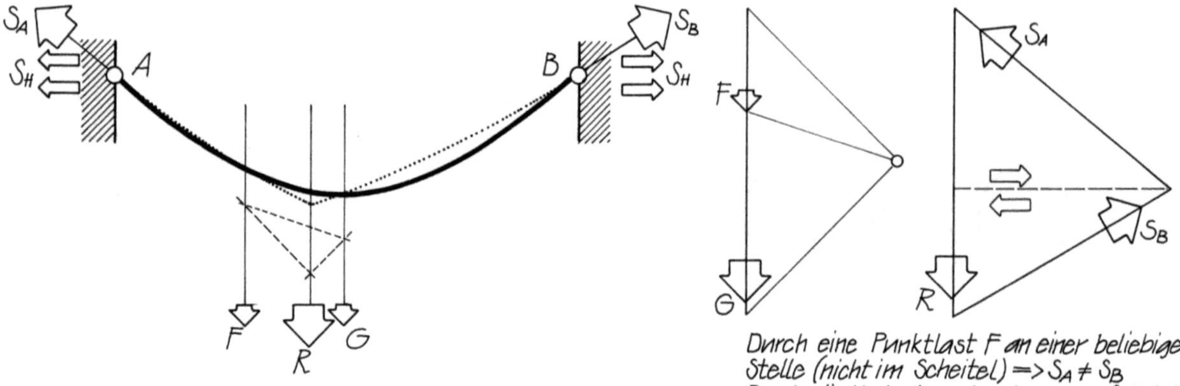

Durch eine Punktlast F an einer beliebigen Stelle (nicht im Scheitel) $\Rightarrow S_A \neq S_B$
Durch die Umlenkmechanismen wächst Δ zur Wirkungsrichtung von G → S_H.

Wirkt F senkrecht nach oben, dann wird das lose, nur durch das Eigengewicht belastete, Seil instabil. Abnahme von S und verbunden damit S_H.

Seiltragwerk – Ableitung von S_H und S_v

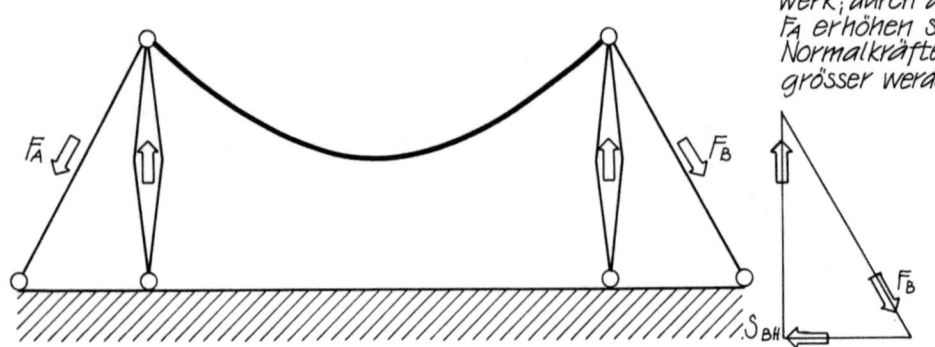

In der Seilebene stabilisiertes Seiltragwerk; durch die Abspannkräfte F_B und F_A erhöhen sich in den Stützen die Normalkräfte (je steiler F_A und F_B umso grösser werden die Normalkräfte).

Die Horizontalkomponente von F_B muss S_H entsprechen.

Formaktive Tragsysteme – Seilsysteme
Stabilisierungen

T-1.104

Stabilisierung des Tragseiles durch die Erhöhung des Eigengewichtes.

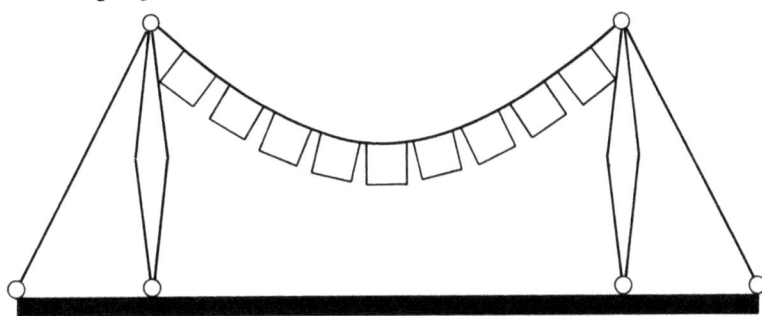

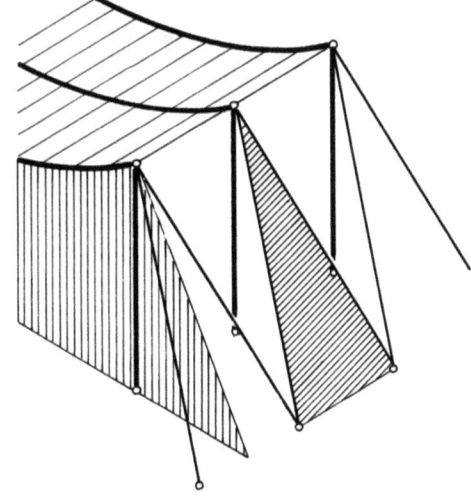

Querausteifung durch räumliche Abspannung – Querausteifungsebene in der Ebene der Abspannseile.

Stabilisierung durch die Ausbildung einer körperhaften Fläche in der Seilebene – Schale.

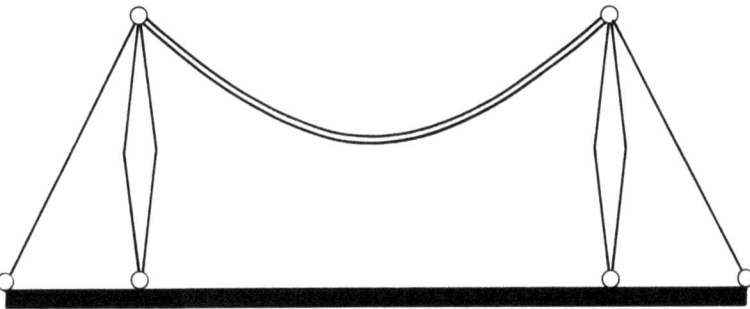

Stabilisierung durch Abspannen (Schar von Spannseilen) zur Grundfläche – keine Raumbildung.

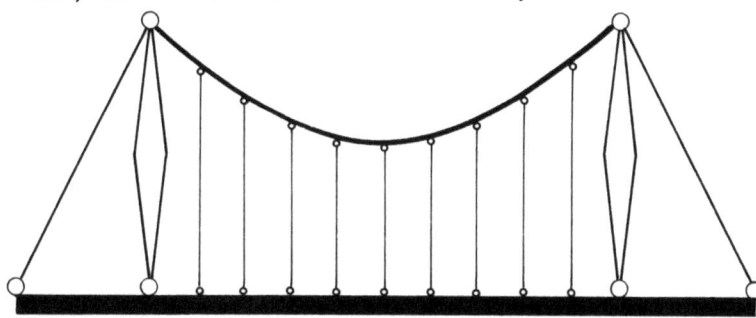

Querausteifung durch zusätzliche Abspannung in der Stützenebene.

Stabilisierung durch die Einführung eines weiteren Seiles zu dem die Spannseile führen.

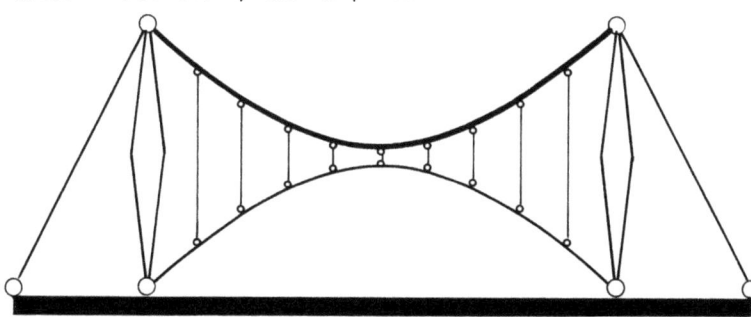

Kräfteverlauf in den Seilen, die durch die Vorspannung hervorgerufen wird.

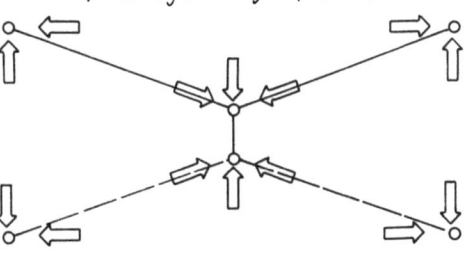

T-1.11 Formaktive Tragsysteme – Seilsysteme
Stabilisierungen

Stabilisierung durch Spreizmechanismus und zweites Seil

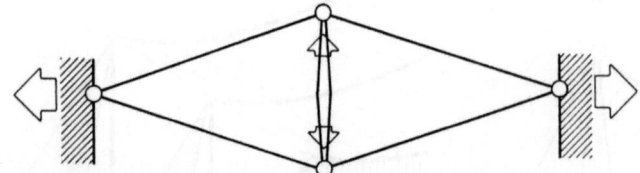

Über oder unter dem Tragseil wird ein Spannseil angeordnet, das durch Spreizstäbe auseinandergedrückt wird.

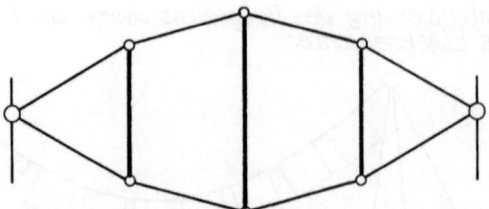

Polygonzug durch Spreizen – viele Druckstäbe erforderlich!
Mögliche Verformung durch eine Einzellast.

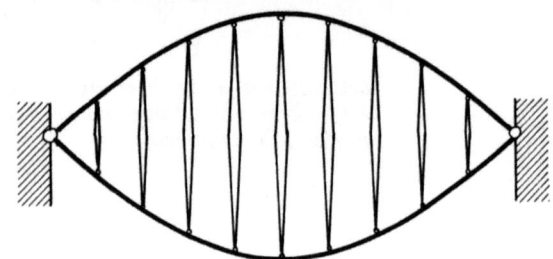

Durch Eigengewicht und vertikale Nutzlast erhöht sich in jedem Fall die Seilspannung im unteren Seil.

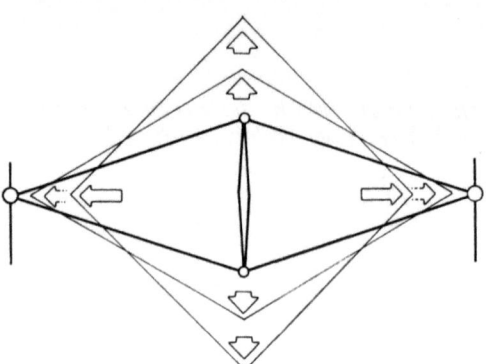

Folgen der Spreizung – Verkürzung der Spannweite – Erhöhung der Tragwerkshöhe.

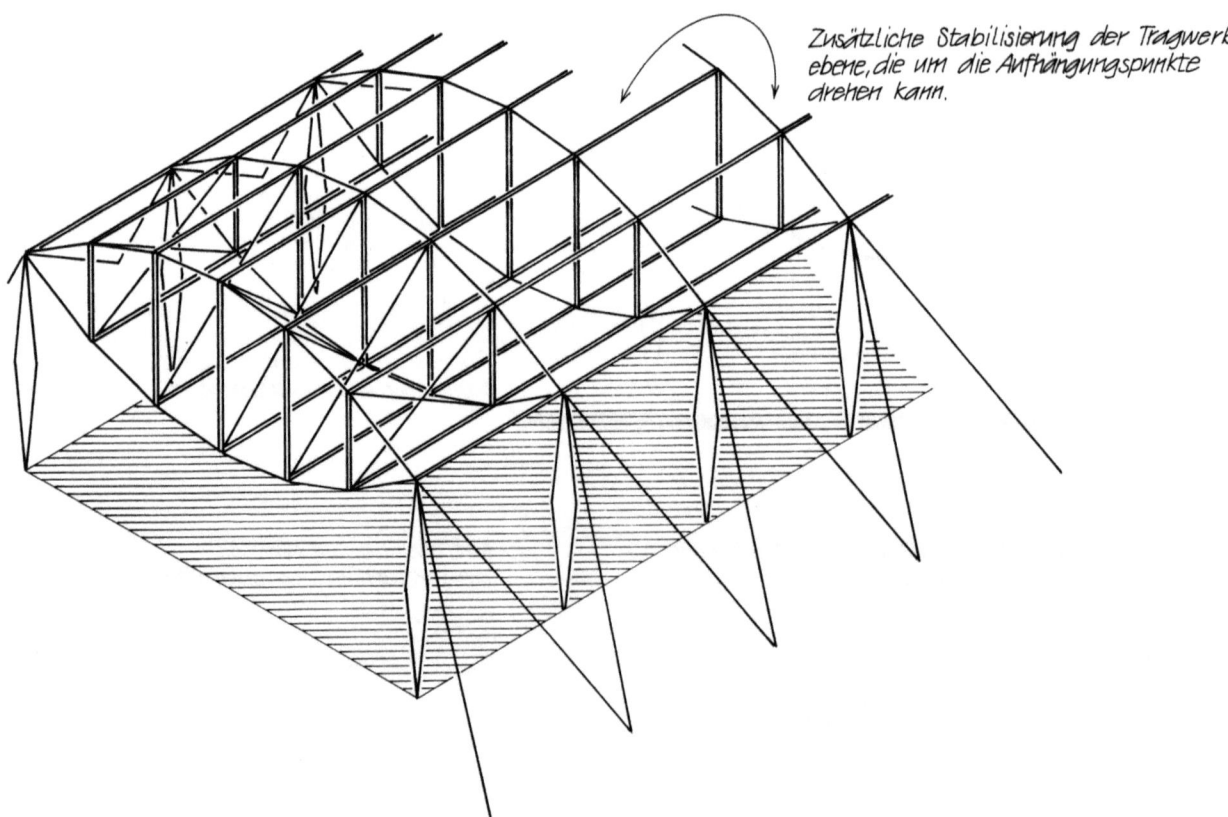

Zusätzliche Stabilisierung der Tragwerksebene, die um die Aufhängungspunkte drehen kann.

Formaktive Tragsysteme – Seilsysteme
Bildung eines Seilnetzes
T-1.12

Stabilisierung der Tragseile; senkrecht auf die Tragseilebene stehende Ebene enthält das Stabilisierungsseil = Spannseil

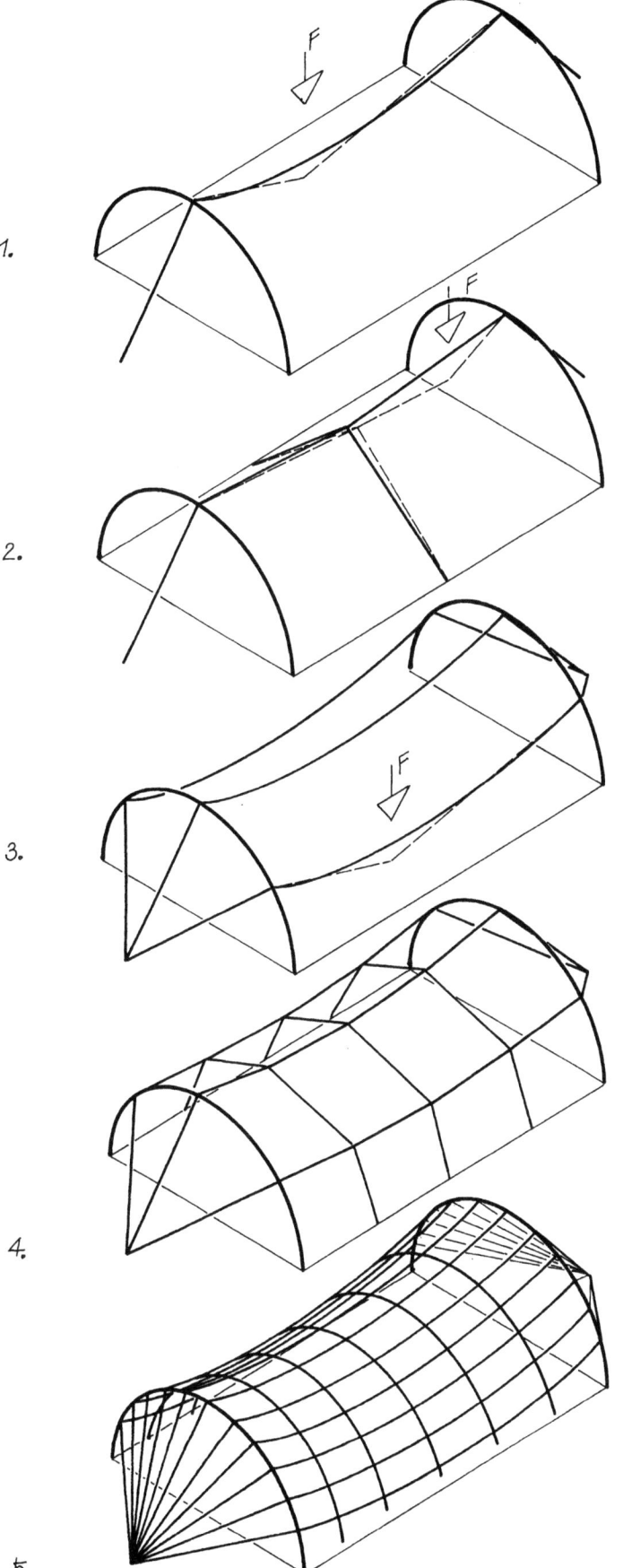

1. Das lose durchhängende Tragseil ist in seiner Lage gegen Seitenkräfte instabil.

2. Stabilisierung durch ein Spannseil. Theoretisch stabil, aber infolge des geringen neg. Stiches des Tragseiles Verschiebungen durch Seitenkräfte leicht möglich.
Abhilfe: wesentlich grösserer negativ. Stich – mit dem Nachteil einer sehr grossen „Tragwerkshöhe"

3. Raumbildung durch mehrere Tragseile, sonst wie 1.

4. Stabilisierung durch eine Vielzahl von Spannseilen. Die Spannseile knicken in den Knoten zu stark (max. Krümmungsradius beachten!).

5. Seilnetz aus vielen Trag- und Spannseilen aus gegensinnig polygonal gekrümmten Seilscharen. Seile müssen in den Knoten fixiert sein, da die Seile in der vorgegebenen Lage (gleiche Abstände) nicht in der Kurve der geringsten Distanz in der Netzebene liegen – variierende Seilkräfte.

T-1.13 Formaktive Tragsysteme – Seilsysteme
Seilnetze – Hyperboloid, Konoid

Hyperboloid (Rotationshyperboloid)

Grundriss

Seitenansicht

Hyperbel

Kreis

Schrägbild

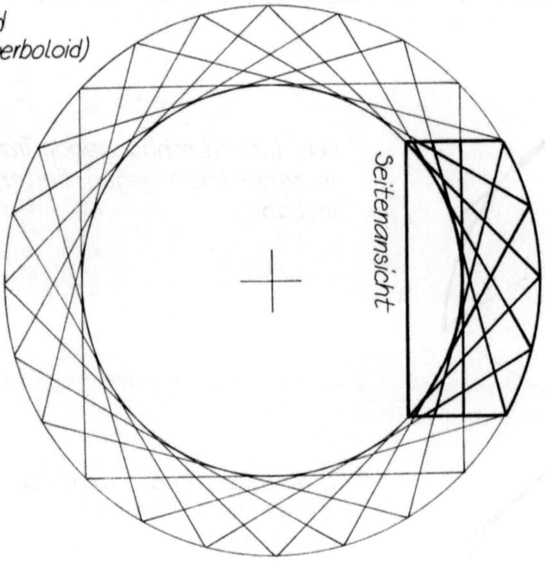

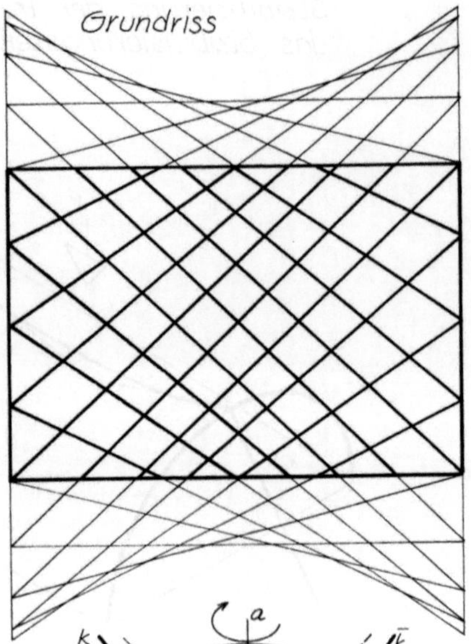

Entstehung als Rotationsfläche

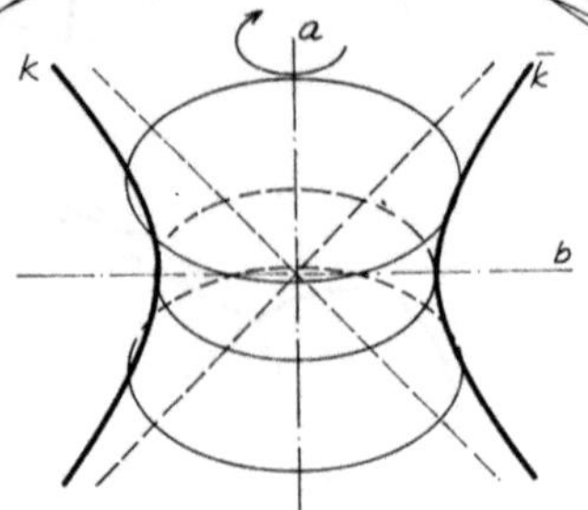

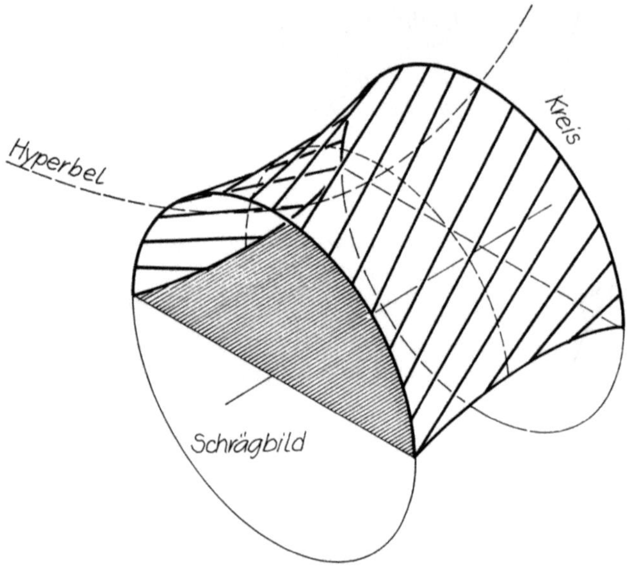

Entstehung: entlang zweier paralleler Kreise (Leitkurven) wird schräg zu den Kreisebenen eine Gerade als Erzeugende geführt. Es entsteht eine Rotationsfläche, die aus Geraden gebildet wird – ein Hyperboloid. Diese Ibe Fläche kann auch durch Rotation einer Hyperbel (k und k̄) um die kleine Hyperbelachse (a) entstehen = einschaliges Rotationshyperboloid. (Durch Rotation um die grosse Achse, b' entsteht ein zweischaliges Rotationshyperboloid, das sich nicht aus Geraden bilden lässt.)

Konoide

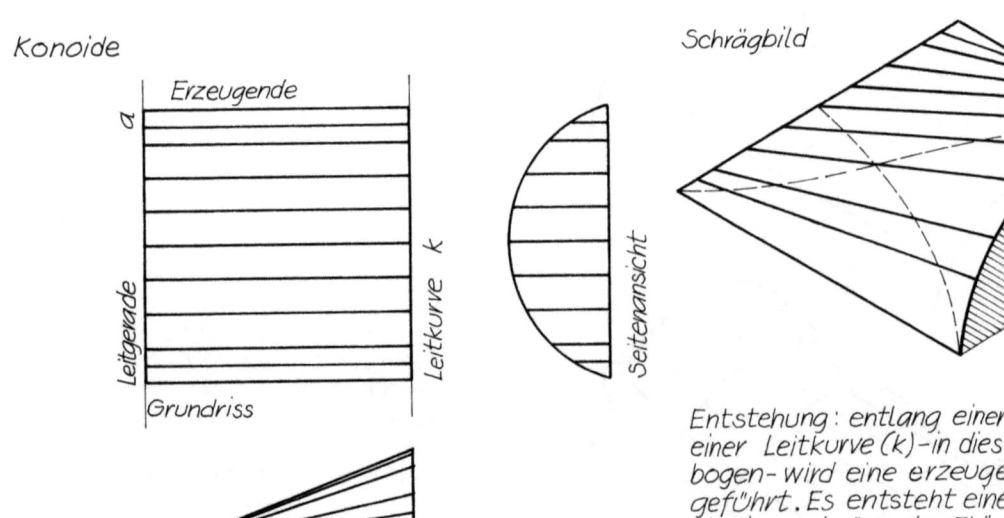

Erzeugende

Leitgerade

Leitkurve k

Grundriss

Seitenansicht

Ansicht

Schrägbild

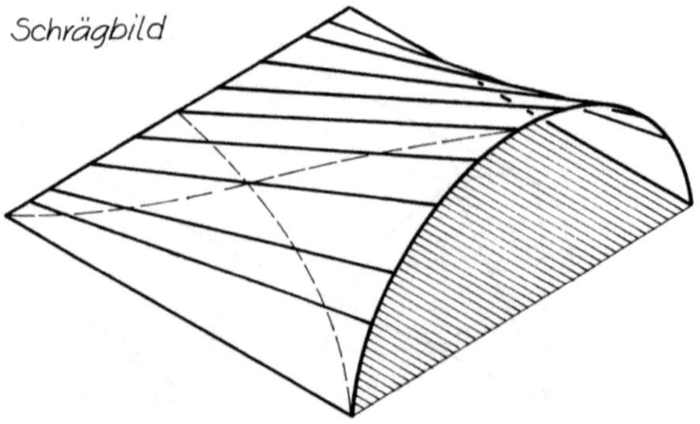

Entstehung: entlang einer Leitgeraden (a) und einer Leitkurve (k) – in diesem Falle ein Kreisbogen – wird eine erzeugende Gerade parallel geführt. Es entsteht eine nur schwach gegensinnig gekrümmte Fläche; mit Flachstellen, die sich deswegen nur bedingt für Seilsyst. eignet – zu geringe Stabilisierung.

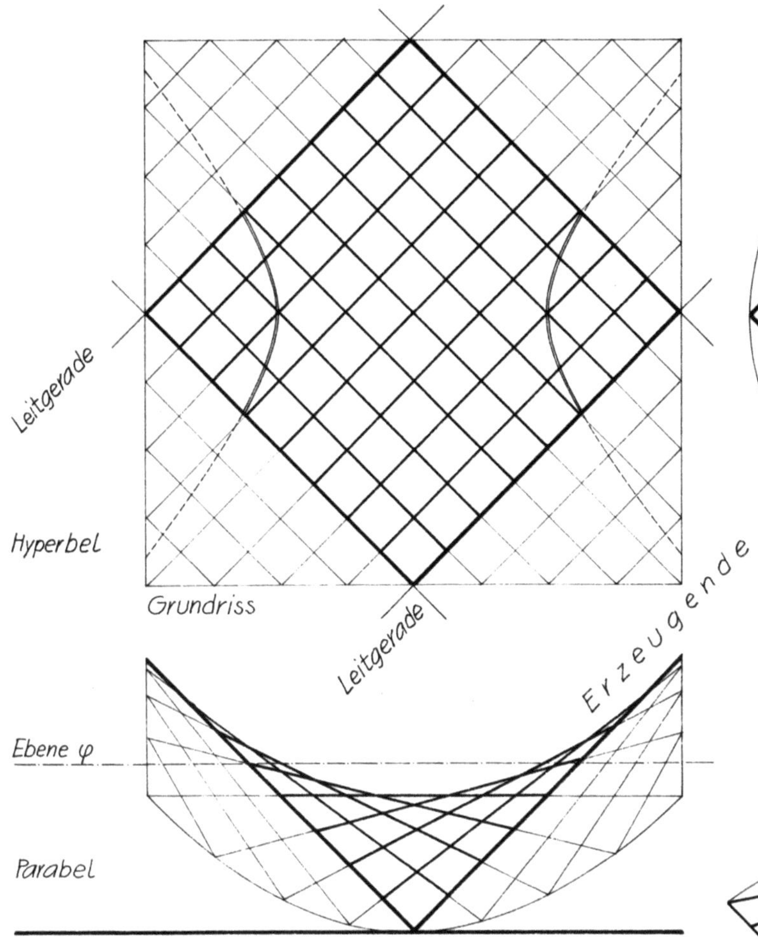

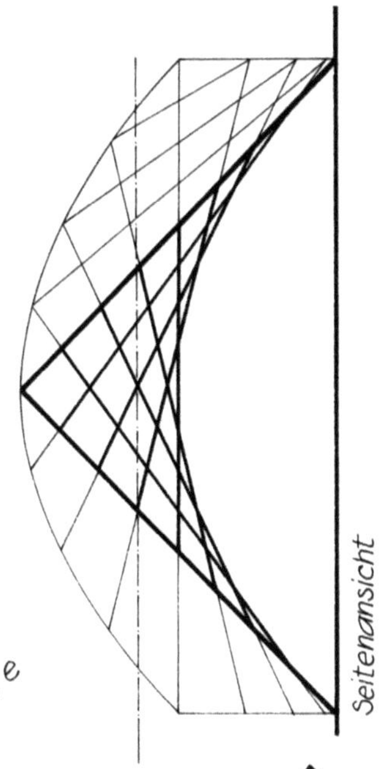

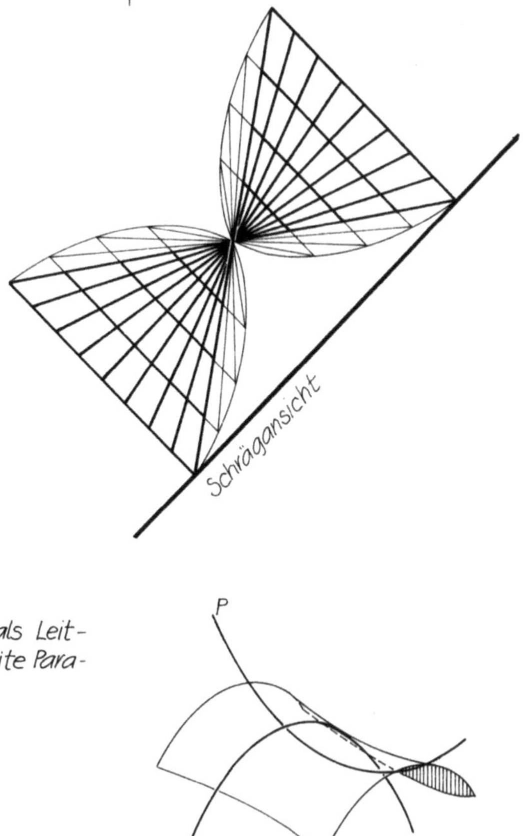

Formaktive Tragsysteme – Seilsysteme
Seilnetze – hyperbolisches Paraboloid

T-1.14

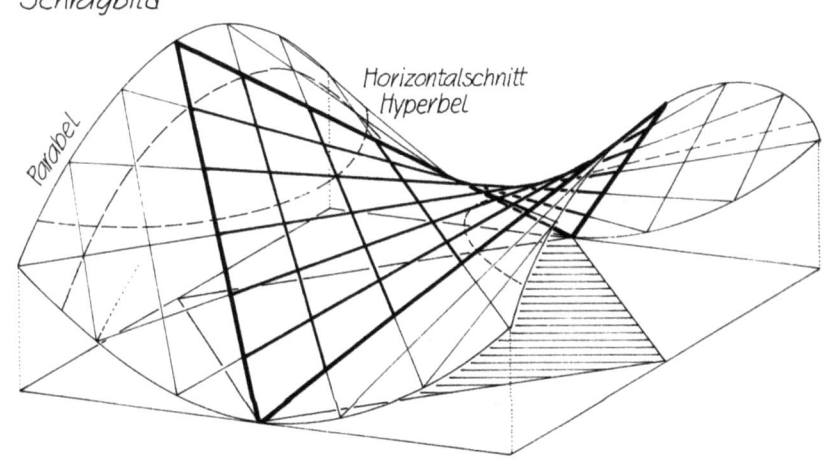

Enstehung: eine Fläche 2.Klasse gegensinniger Krümmung kann aus Scharen paralleler Erzeugender gebildet werden. 2. Leitgeraden stehen zueinander windschief senkrecht dazu wird eine Erzeugende Gerade auf den Leitgeraden parallelverschoben – es entsteht eine windschiefe Fläche (Sattelfläche) „Hyperb. Paraboloid". Alle Parallelschnitte zur Grundrissebene ergeben Hyperbeln; alle Schnitte senkrecht zur Grundrissebene ergeben Parabeln.

Alternative Entwicklung der Fläche: entlang einer Parabel P als Leitkurve wird normal auf die Parabelebene eine zweite Parabel als Erzeugende P_e parallelverschoben.

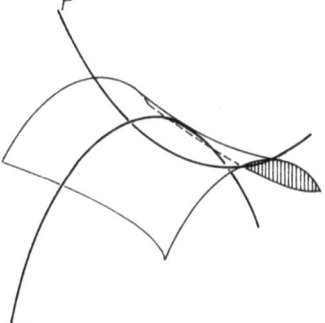

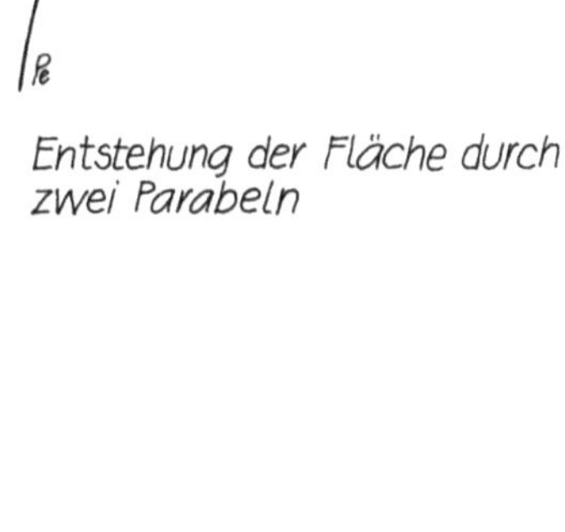

Entstehung der Fläche durch zwei Parabeln

T-1.15 Formaktive Tragsysteme – Seilsysteme
Tragmechanismen

Tragmechanismus des Hyperbolischen Paraboloids als typisches Beispiel für Seilsysteme

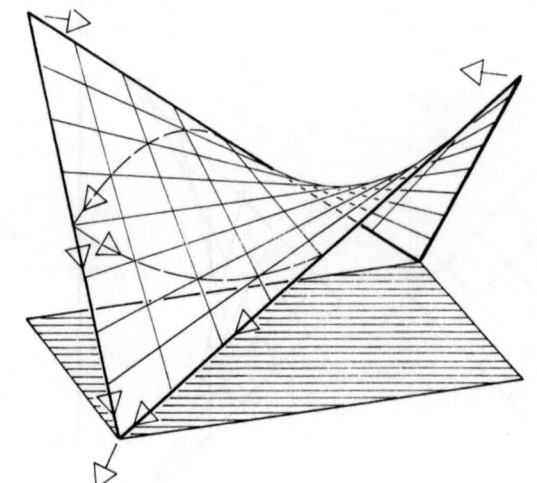

Die sich kreuzenden Scharen der Erzeugenden (Geraden) liegen nicht in der Richtung der Seillinien – Tragseile nach oben offene Parabeln; Spannseile nach unten offene Parabeln. Funktion nur in Richtung des Bogen- bzw. des Hängesystems.
Der Randträger nimmt die Zugkräfte auf und leitet das Eigengewicht sowie die anfallenden Belastungen in die Auflager ab.

Auflagerkräfte

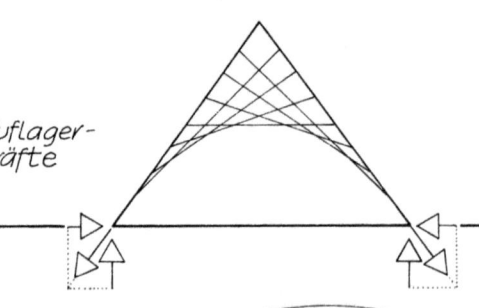 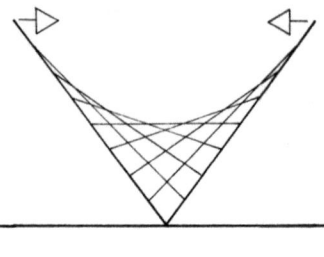

Durch die Seilkräfte werden die Randträger nach innen gezogen.

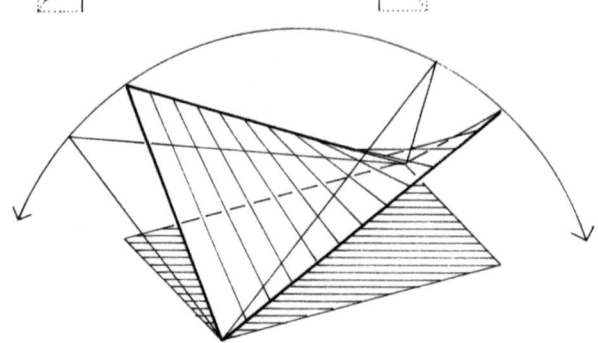

Das System ist instabil – es kippt um die Achse zwischen den beiden Auflagern. Es kann allerdings ohne Veränderung des Tragverhaltens in jeder Lage stabilisiert werden.

Stabilisierung: Abspannung

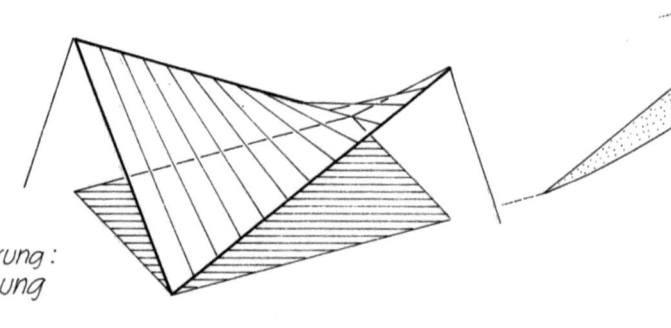

Zur Stabilisierung kann entweder an den Hochpunkten abgespannt werden – Aktivieren der Seilkräfte. Die Randträger werden als Biegebalken beansprucht, zusätzliche Normalk. durch die Abspannung.

Stabilisierung: Kragträger

Alternative Stabilisierung durch Einspannen der Randträger – der Randträger wird als Kragträger beansprucht. Eventuell entsprechend den auftretenden Momenten ausgeformt.

Formaktive Tragsysteme – Seilsysteme
Tragmechanismen   T-1.16

Tragmechanismus des Hyperbolischen Paraboloids bei Auswechslung des Randträgers durch ein Zugseil

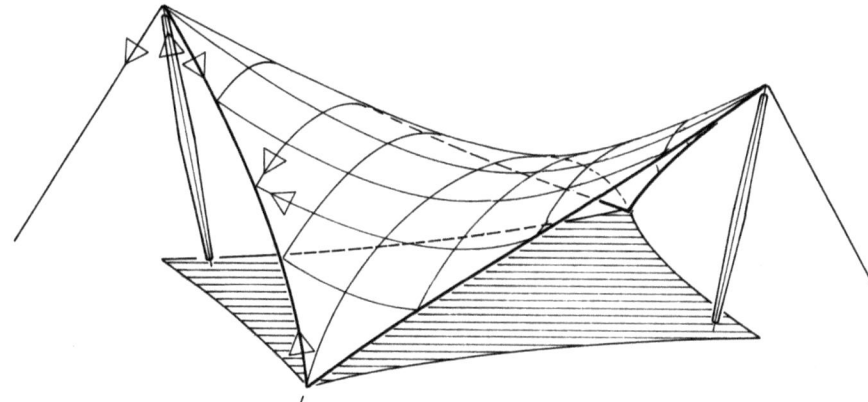

Die Zugkräfte der Trag- und Spannseile werden in einem Randseil aufgenommen. Als Folge müssen die Hochpunkte durch Druckstäbe unterstützt werden. (Jedes Tragwerk enthält Druck- und Zugkräfte!)
Eine Abspannung nach aussen oder die Ausbildung der Druckstäbe gleichzeitig als Kragträger ist erforderlich.

Entsprechend der veränderten Kraftverläufe ergeben sich andere Auflagerreaktionen. An den Tiefpunkten müssen Zugkräfte aufgenommen werden.

An den Auflagern der Druckstäbe treten Auflagerdruckreaktionen auf, an den Abspannpunkten Zugkräfte.

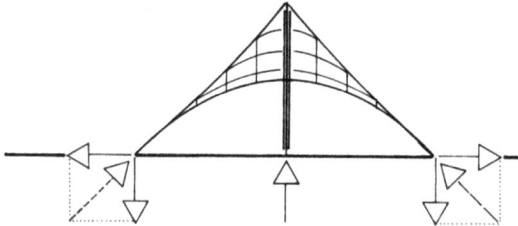
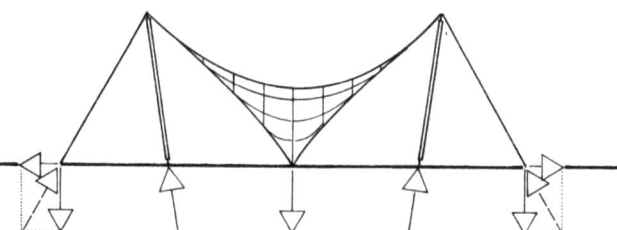

Vereinfachte Darstellung des Kräfteverlaufs bei unterschiedlicher Netzstruktur

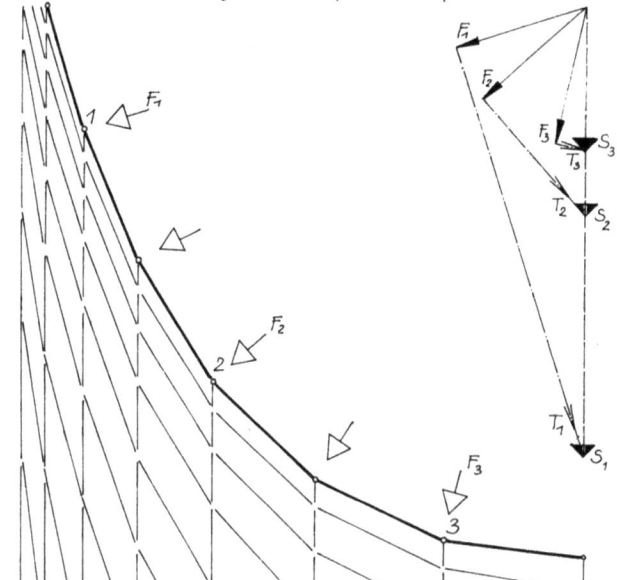
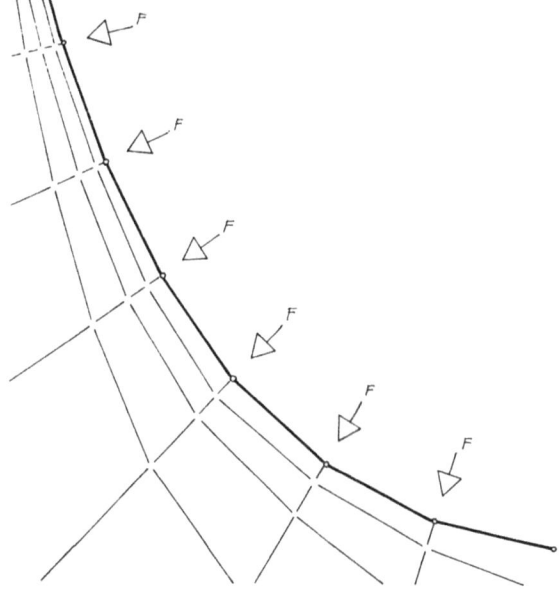

Gleiche Seillänge (Abstände der Knoten) windschief gegenüberliegender Netzvierecke. Um die Tragseile gegen Ausweichen zu befestigen, sollen die Spannkräfte in jedem Knoten gleich gross sein ($F_1 = F_2 = F_3$). Die Spannseile verlaufen in einer senkrecht stehenden Ebene, somit werden die Spannseilkräfte (S) und die Tragseilkräfte (T) immer grösser je steiler die Tragseile angeordnet sind. (Nähert sich die Tragseillage der Senkrechten gehen die Zugkräfte in Trag- und Spannseil gegen unendlich.

Ungleiche Seillängen (Seitenlänge) der Netzkaros. Die Spannseile liegen in den Ebenen in denen auch die Stabilisierungskräfte wirken – gleiche Seilkräfte sind die Folge. Dieser Vorteil muss allerdings mit dem Nachteil stark variierender Seillängen zwischen den Knoten erkauft werden, der sich bei einer dachbildenden Ausformung durch ein Seilsystem als sehr grosser Nachteil erweist. Man nimmt daher den Nachteil unterschiedlicher Seilkräfte eher hin.

T-1.17 Formaktive Tragsysteme – Seilsysteme
Membransystem

Enstehung eines Seilsystems (Rotationsflächen), das auch aus Membranen gebildet werden kann.

1. Allseitige Abspannung eines Hochpunktes – vielflächige Pyramide.
2. Stabilisierung durch ein Ringseil.
3. Vielfältige Stabilisierung durch Ringseile.
4. Das Seilsystem kann durch einzelne Membranbahnen ersetzt werden. Membran: zugfeste jedoch nicht steife extrem dünne Fläche.

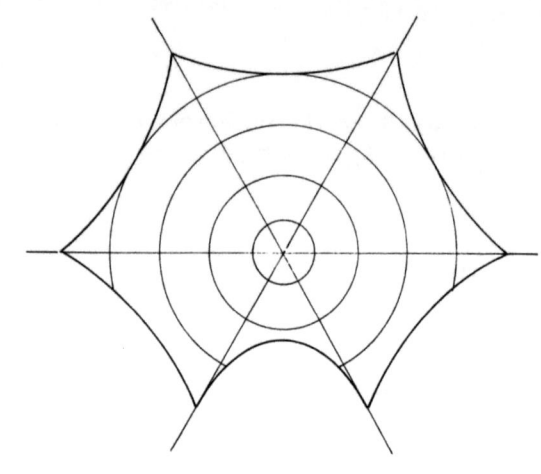

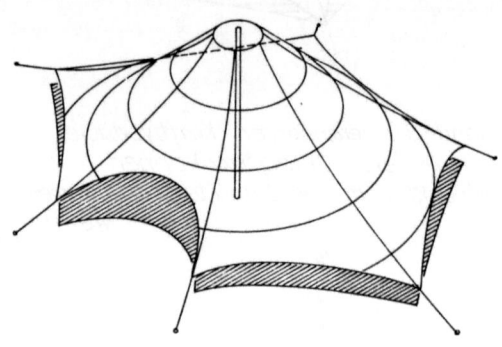

Einfache Membran (z.B. aus Zeltstoff) mit einem Hochpunkt. Damit die Zugkräfte im Hochpunkt nicht extrem gross werden, muss eine Buckelkappe eingefügt werden.
Da Membranen zum überwiegenden Teil aus Zeltstoffen gefertigt werden, müssen des geradlinigen Gewebes wegen die Membranen immer aus mehreren Bahnen zusammengenäht werden.

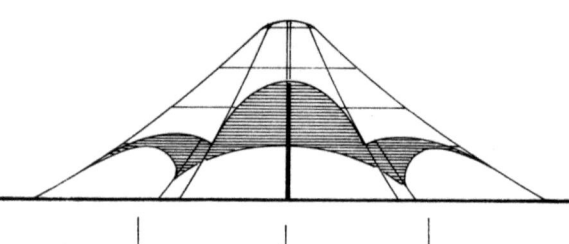

Wird die Distanz zwischen den Hochpunkten zu gross (zu grosser Krümmungsradius – zu geringe Stabilität gegen Seitenkräfte), so muss ein dem Hochpunkt entsprechender Tiefpunkt geschaffen werden.

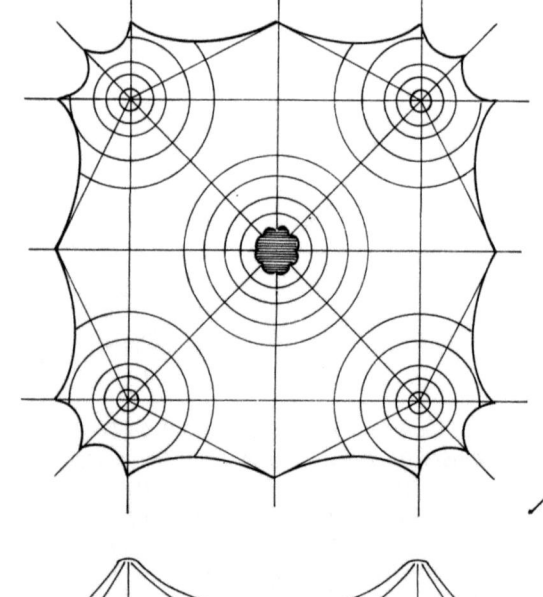

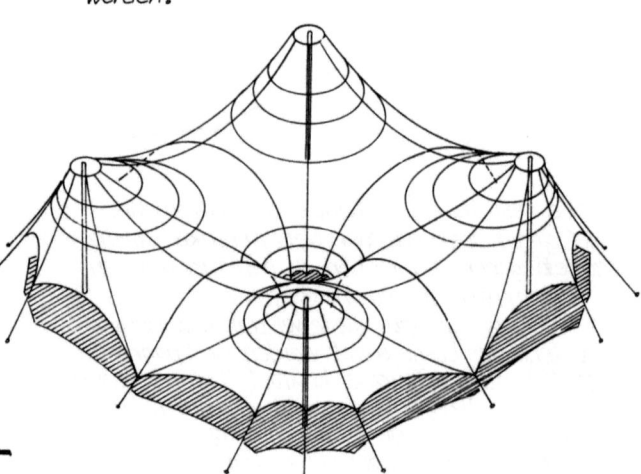

Formaktive Tragsysteme – Pneusysteme

Gedanklicher Ausgangspunkt für diese Tragwerke ist der mit Luft gefüllte Ball oder der Luftballon. Zum Unterschied der Zeltsysteme ist dieses Tragwerk wirklich neu, denn erst die Kunststoffolien bzw. mit Kunststoff beschichteten Gewebe, die nahezu luftdicht sind, ermöglichen solche Tragwerke in größerer Spannweite.

Diese Pneusysteme bilden in der Gesamtheit der Tragwerke eine Ausnahme. Um ihre Form und damit das "Tragen" aufrechtzuerhalten, muß das Tragwerk dauernd mit Energie versorgt werden. Das Erhalten eines atmosphärischen Überdruckes in dem geschlossenen Pneusystem erfordert diesen Energienachschub, da mit absoluter Luftdichtigkeit aus praktischen und auch konstruktiven Bedingungen nicht gerechnet werden kann.

Den verformenden Kräften von außen (Windkräfte, Schneelast) muß durch eine Erhöhung des Luftdruckes von innen begegnet werden.

Aus den Gasgesetzen folgt, daß auf die Gesamte innere Oberfläche des Pneus ein gleichmäßiger Druck ausgeübt wird. Dieser innere Gasdruck ruft in der Hülle des Pneus Spannungen hervor. Sollen über die gesamte Oberfläche der Pneuhülle hinweg dieselben Spannungen in der Hülle herrschen (eine gleichmäßige Materialdicke vorausgesetzt), so nimmt der Pneu eine Kugelform an.

Pneusysteme können auch mit Seilen überspannt werden. Diese "Seilrippen" tragen dann die Hauptzugspannungen und reduzieren damit die Membrankräfte in der Pneuhülle. Komplexere Formen können entweder durch die Addition von Kugelflächen (es handelt sich in der Regel um Halbkugeln) oder durch Überlagerung von Kugeloberflächen verschiedener Durchmesser gewonnen werden.

Innendrucksysteme mit Doppelschale – Kissenpneu

Ein "Kissenpneu" ist ein in sich geschlossenes, ballonartiges Tragwerk. Es entsteht, wenn ein Pneusystem eine weitere untere Schale erhält, die jedoch nicht der Fußboden sein darf. Wie bei den einfachen Pneusystemen wird auch hier durch eine Erhöhung des Innendruckes im Kissenhohlraum die Membrane des Pneus gespannt und stabilisiert. Egal welche Ausgangsform man für solch ein Kissen zugrundelegt, durch die gasmechanischen Gesetze wird auch dieses sich möglichst einer Kugeloberfläche zu nähern versuchen. Durch dieses Verformungsbestreben des Kissenpneus entstehen hohe Zugkräfte in den Auflagerpunkten. Diese Auflagerkräfte müssen entweder durch biegesteife Stützen oder durch einen Druckring in Kissenhöhe (er hat dieselbe Funktion wie der Metallrand oder Holzrand eines Tennisschlägers) bzw. durch entsprechende Abspannvorrichtungen zum Baugrund hin abgefangen werden.

Zur Stabilisierung des Kissenpneus ist es vorteilhaft, ihn in einzelne Kammern zu unterteilen. (Ähnlich wie dies bei Luftmatrazen oder auch Schlauchbooten vorgenommen wird. Diese beiden Beispiele zeigen eine typische Anwendung von Kissenpneus.) Wie das eben genannte Beispiel Schlauchboot zeigt, können Kissenpneus auch aus langgestreckten schlauchartigen Gebilden hergestellt werden. Die Grundform hierfür bildet in der Regel der Torus, die Kreis-Ring-Fläche.

T-1.21 Formaktive Tragsysteme – Pneusysteme
Tragverhalten der Innendrucksysteme

Kugelhülle (Luftballon) stellt sich ein, wenn an allen Stellen gleiche Spannungen herrschen.

Durch eine Erhöhung des atmosphärischen Innendruckes wird eine luftdichte Raumhülle getragen. (Hüllmaterial aus gewebeverstärkten Kunststoff-Folien.)

Der gleichmässig auf die Hülle drückende Überdruck bewirkt in dieser Zugspannungen, die sich als ringförmige Auflagerkräfte dem Untergrund mitteilen.

Pneusysteme besitzen eine elastische Widerstandskraft gegen äussere Belastungen. Auftretende Einzellasten bewirken ein deutlich sichtbare Verformung.

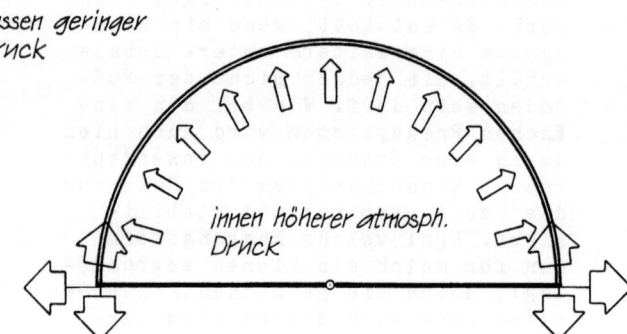

aussen geringer Druck

innen höherer atmosph. Druck

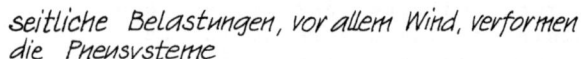

seitliche Belastungen, vor allem Wind, verformen die Pneusysteme

Vertikallasten

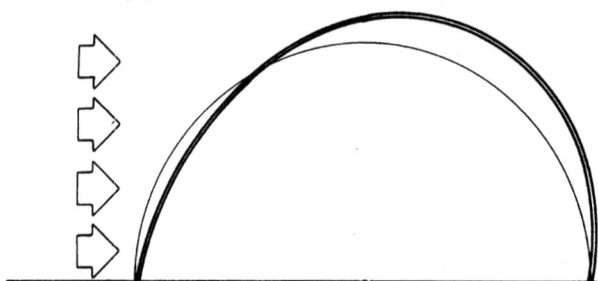
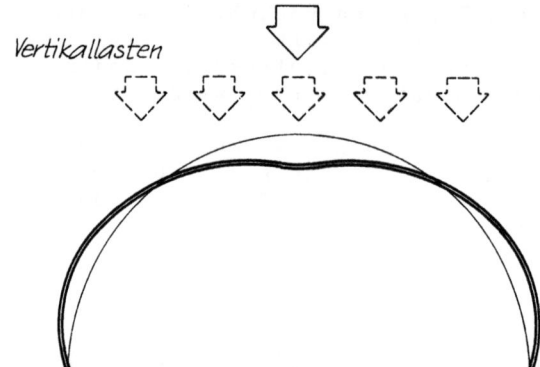

Stabilisierung durch Verkleinern des Krümmungsradius – statt der Kugelfläche entsteht ein Torus.

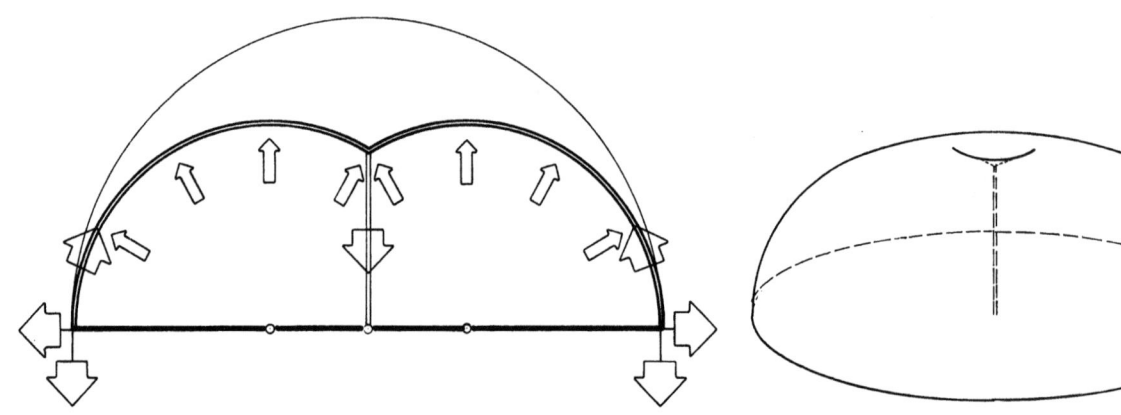

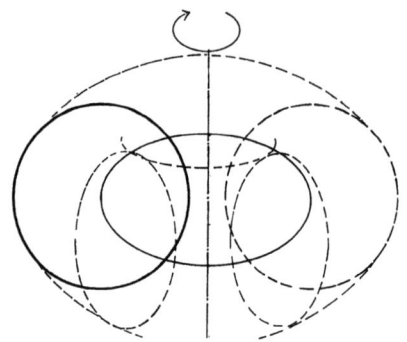

Abspannen des mittleren Punktes – Reduktion der Raumhöhe (Ableitung der Niederschlagswässer!) – wird eine Verkleinerung des Krümmungsradius. Hohe Zugbelastung der Mittenabspannung.

Entstehung einer Torus- oder Kreisringfläche: ein Kreis rotiert um eine Achse, die nicht seine eigene Hauptachse ist.

Formaktive Tragsysteme – Pneusysteme
Tragverhalten der Innendrucksysteme

T-1.22

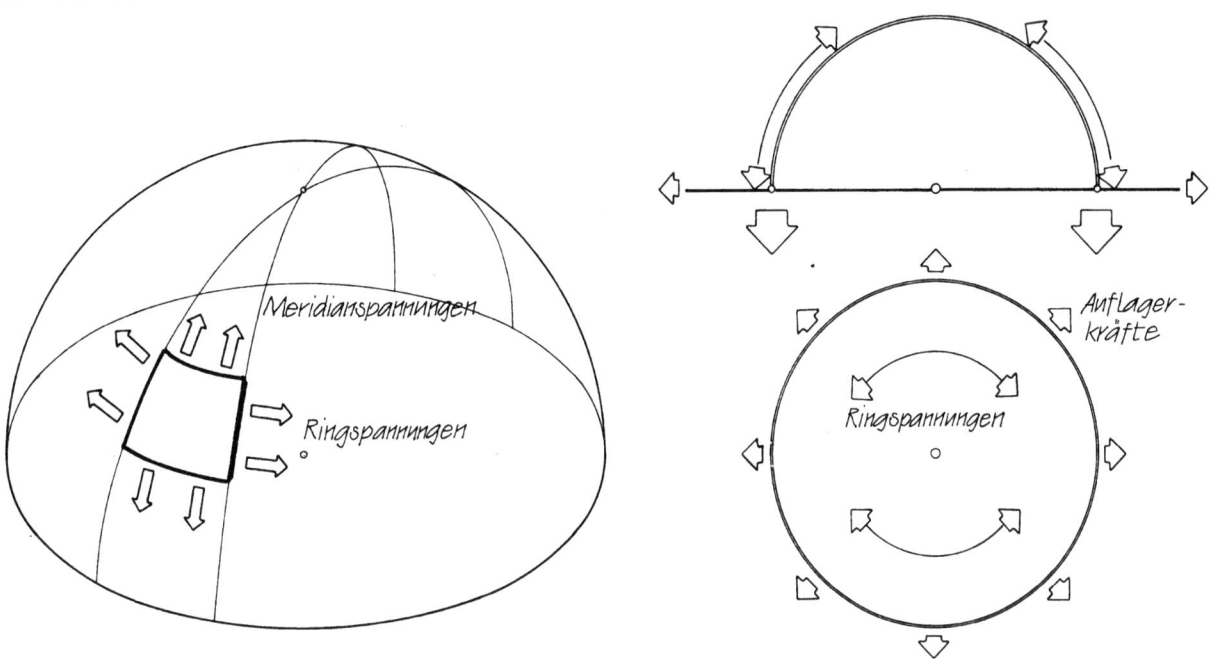

In der Kugeloberfläche werden durch die Drucküberhöhung gleiche Spannungen – Zugspannungen aufgebaut, die in allen Richtungen gleich gross sind. Ringspannungen entsprechen den Meridianspannungen. Die Raumhülle wird gleichmässig auf Zug beansprucht. Kritischer Punkt sind die Auflagerverankerungen, bei denen konstruktiv bedingt, die Kräfte auf Punkte konzentriert in den Boden abgeleitet werden. Die Spannungen sind ähnlich wie bei den flächenaktiven Tragsystemen (siehe T-4.42), haben aber umgekehrte Vorzeichen.

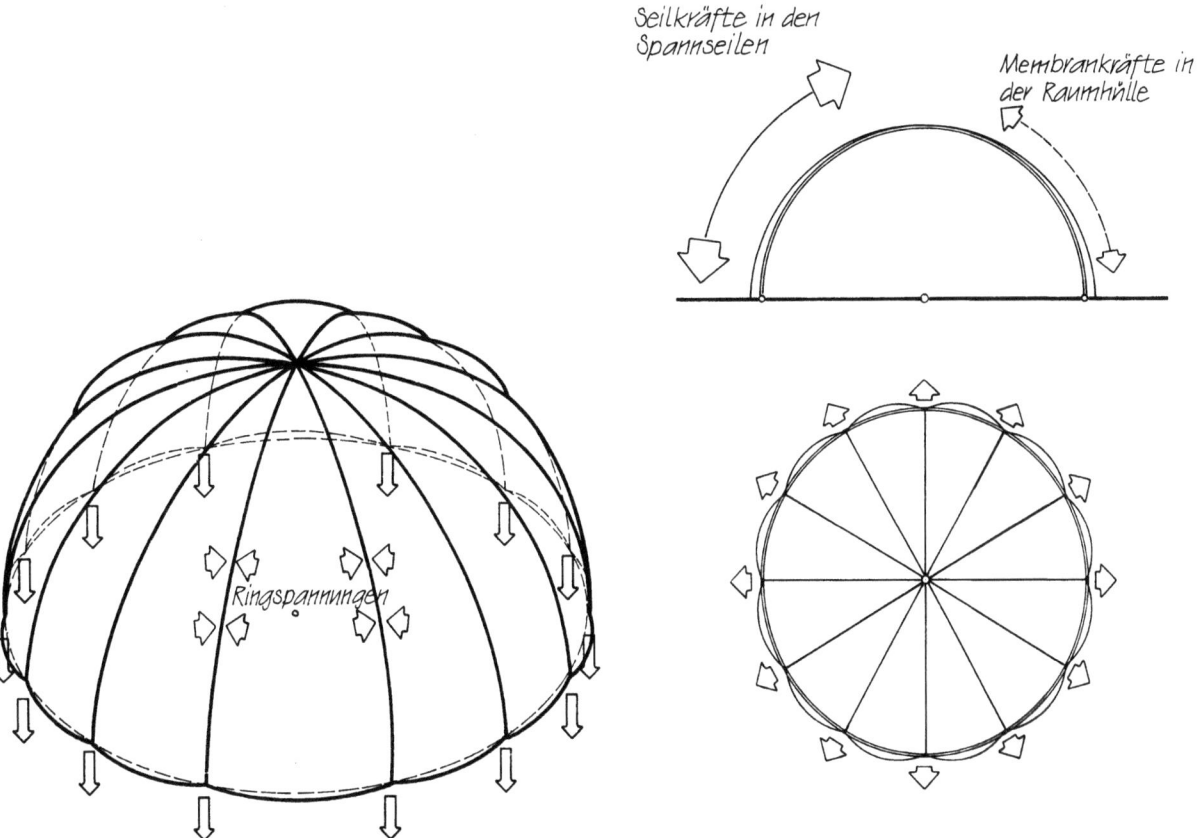

Wenn Pneusysteme mit Seilen überspannt werden, entstehen die Seilrippen. Diese tragen dann die Hauptzugkräfte. Ausserdem bessere konstruktive Verankerung der Auflager im Untergrund. Die Hüllmembrane wird mit grösserer Krümmung geringer belastet. Der Kreuzungspunkt der Meridianseile ist im Pol etwas weich, daher ist eine Ausbildung wie bei der Torusfläche der Kugelform vorzuziehen.

T-1.23 Formaktive Tragsysteme – Pneusysteme
Kugelsysteme

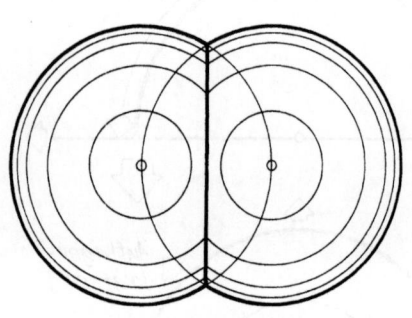
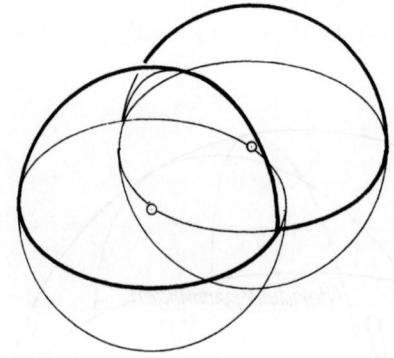
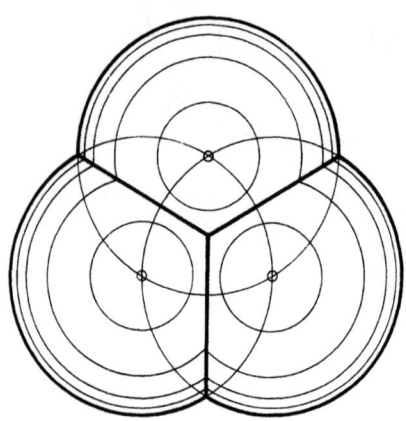
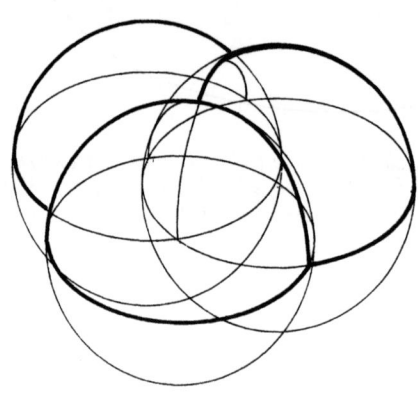
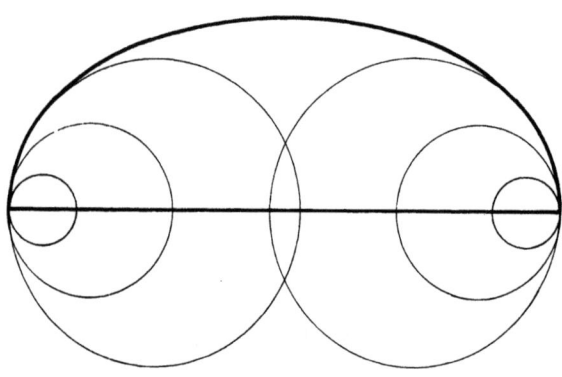

Grundkörper aller Innendrucksysteme (Pneusysteme) ist die Kugel bzw. die Halbkugel. Variationen von Körpern und Innenräumen entstehen durch Addition von Kugeln. In einfacher Weise durch Addition (Durchdringung) von Kugeln gleichen Durchmessers, die sich entlang von Kreisen schneiden. Entlang dieser Kreislinie (Nahtstelle) kann ein Spannseil angeordnet werden.

Komplexere Tragformen ergeben sich durch die Überlagerung (Fusion) von Kugeln verschiedenen Durchmessers. Auch hier herrscht bei gleichmässigem Innendruck – entsprechend der der Kugeloberfläche angeglichenen Oberfläche des Pneusystems – gleichmässige Zugspannung in der umhüllenden Membrane.

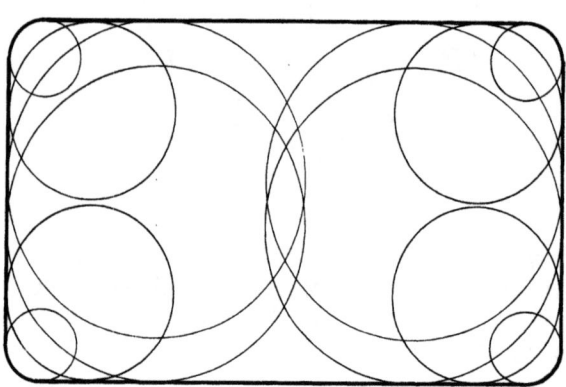

Formaktive Tragsysteme – Pneusysteme
Tragverhalten der Innendrucksysteme mit Doppelschale

T-1.24

Körper mit überhöhtem Gasinnendruck ›Kissenpneu‹

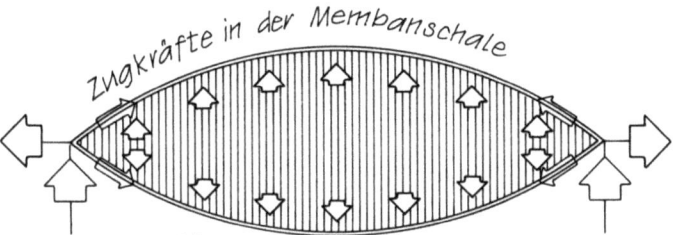

die Form stabilisierende äussere Kräfte – Auflagerkräfte

Ein ballonartiges Tragwerk entsteht, wenn ein Pneusystem eine weitere - eine untere Schale, die jedoch nicht der Fussboden sein darf - erhält.
Dieses Tragwerk ist bestrebt, sich durch die gasmechanischen Eigenschaften in einen Körper mit kreisförmigem Querschnitt zu verformen.
Diesem Bestreben muss durch stabilisierende äussere Kräfte begegnet werden.
Diese Stabilisierungskräfte bedeuten:
a. biegesteife Stützen
b. Druckring in Kissenhöhe
c. Abspannen der Stützen
Stabilisierungskräfte > Eigengewicht.

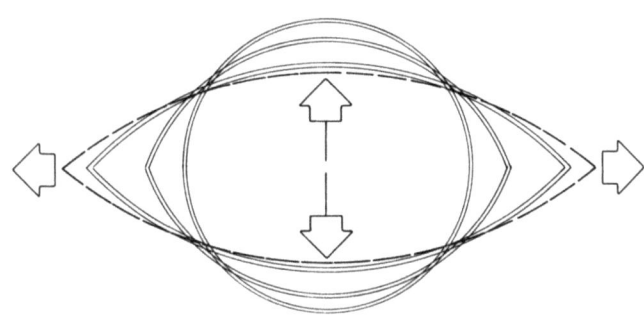

Verformungsbestreben des Kissenpneus zu einem kreisförmigen Querschnitt – Gegenmassnahmen: äussere Zugkräfte bzw. innere Druckkräfte

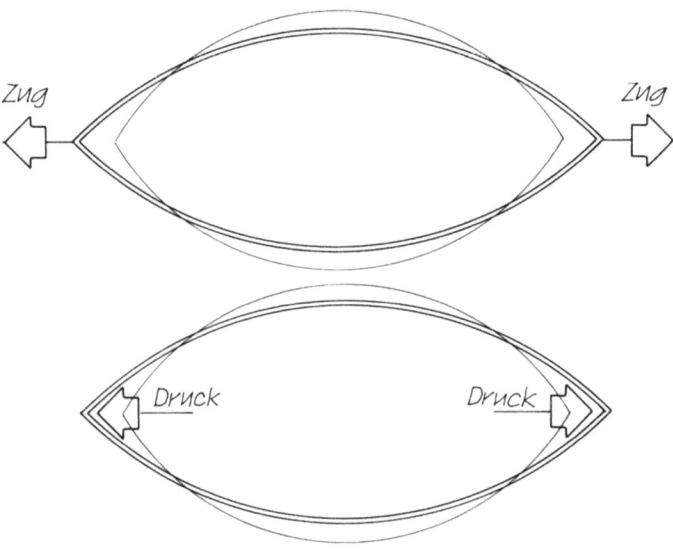

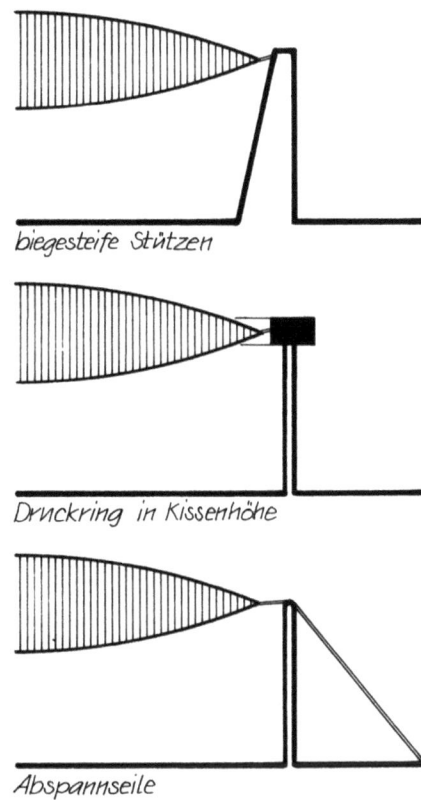

biegesteife Stützen

Druckring in Kissenhöhe

Abspannseile

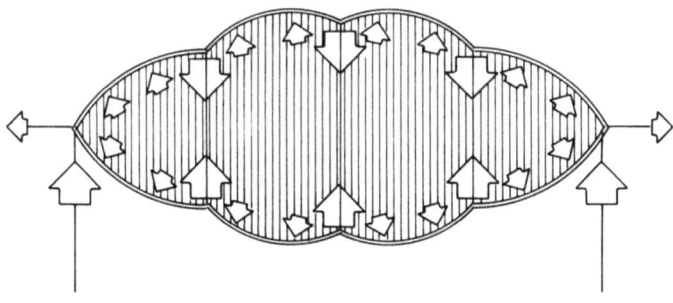

Da grosse Kissenpneus gleich empfindlich gegen Einzellasten sind wie Kugelpneus, werden die Kissen durch Membranstege in einzelne Kammern unterteilt. Dadurch wird eine deutliche Verminderung des Horizontalzuges erreicht. Zur stabilen Auflage sind aber Abstützungen wie a, b oder c nach wie vor nötig; in der Hauptsache muss hier aber das Eigengewicht getragen werden.

T-1.25 Formaktive Tragsysteme – Pneusysteme
Tragverhalten der Innendrucksysteme mit Doppelschale

aus der Kugeladdition abgeleitete Tragwerksforme - Torus
Torus als Kissenpneu ist elastisch formstabil -
kreisförmiger Querschnitt und Umriss.

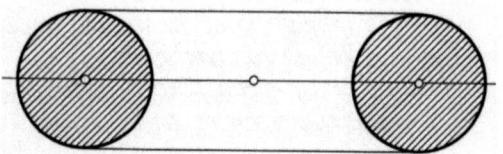

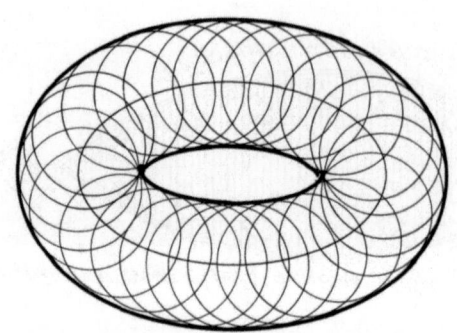

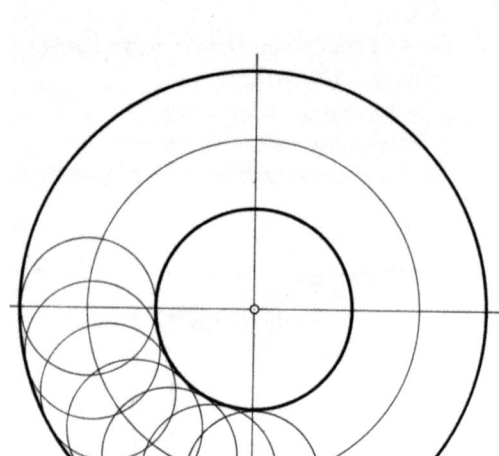

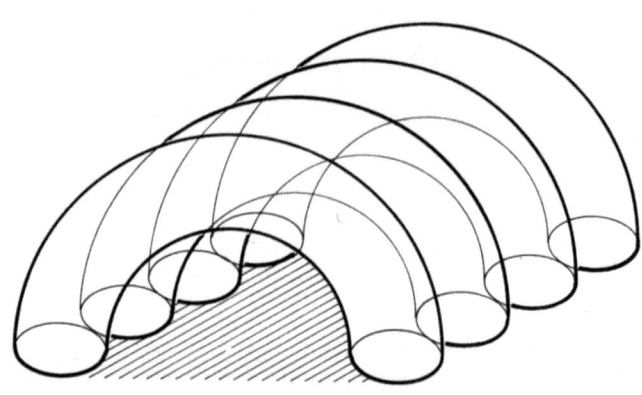

Überdachung aus Kissenpneus in der Form von Torushälften - nur der Form nach ein Bogen - nicht nach dem Tragverhalten.

Kisspenpneus mit steifen Aussenrippen. Auch diese Tragwerksform kann addiert werden - Trägerrost mit Kissenfüllungen. Zur Aussteifung gegen den Seitendruck - Unterspannung der Träger.

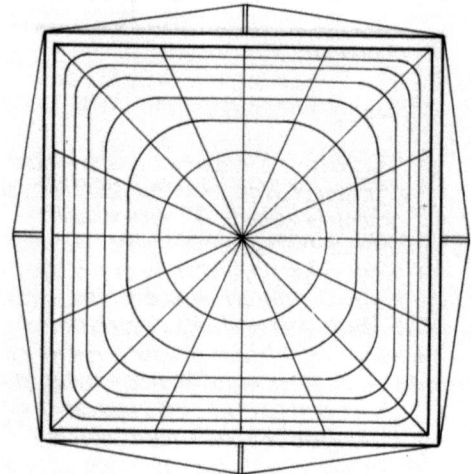

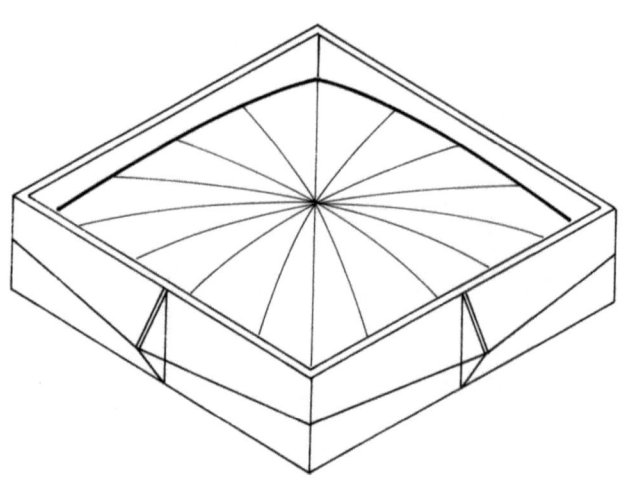

Formaktive Tragsysteme – Bögen T-1.30

Der Bogen ist wohl mit dem Zelt und den schräg gegeneinandergelegten Stangen das älteste raumbildende Tragwerk. Bei einiger Großzügigkeit lassen sich selbst die beiden, schräg gegeneinander sich abstützenden Stangen auch als eine der primitivsten Bogenformen ansehen. Man darf allerdings heute mit einiger Sicherheit davon ausgehen, daß der Bogen zuerst als Form gebaut wurde, ohne sein typisches Tragverhalten zu kennen. Die Steinzeitmenschen im Bereich des "Fruchtbaren Halbmondes" schufen primitivste Behausungen dadurch, daß sie im Boden festgewachsene Bündel von Schilf, Papyrus oder Bambus oben zueinander neigten und die Halmenden miteinander verbanden.
Hier ist lediglich die Form ein Bogen, ansonsten das Tragwerk eher ein Rahmen. (Wie wir aber bei der Besprechung der Rahmen sehen werden, läßt sich selbst der Rahmen aus einem Bogen ableiten.) Waren die natürlichen Gegebenheiten nicht so günstig, so wurden Stangen schräg in das Erdreich gesteckt und an ihren oberen Enden zusammengebunden. Dies war wohl die erste Annäherung an das tatsächliche Tragverhalten eines Bogens. Später wurde diese Entwicklung durch die Entdeckung des horizontal tragenden Balkens aus Holz verdrängt. Erst die Antike mit ihrer Verwendung von Naturstein oder Ziegel war dazu ausersehen, den Bogen wirklich zu erfinden. Dabei ist es unerheblich, ob es sich um ein "echtes" Gewölbe oder um "falsches" Gewölbe handelt. Auf Seite T-4.42 ist der Unterschied eingehend erläutert.

Es mag erstaunen, daß es in der Entwicklungsgeschichte der Menschheit über 2000 Jahre gebraucht hat, bis der Tragmechanismus eines Bogens erkannt worden ist. Mit Bögen und Gewölben waren in der Antike und später in der Gotik, der Renaissance und dem Barock grandiose Raumschöpfungen gelungen. Zwar hatten die Erbauer dieser Wölbungen sicher ein Gefühl für das "Machbare" entwickelt, aber die Regeln, die sie aufstellten, waren nichts anderes als Erfahrungswerte. Erst am Ende des 17. Jahrhunderts faßte der schottische Mathematiker David Gregory die vorangegangenen Untersuchungen in dem Satz zusammen, daß die theoretisch richtige Bogenachse nach einer umgekehrten Kettenlinie geformt sein müsse.

Der italienische Mathematiker und Ingenieur Poleni, der mit aufgerufen war, die Ursachen von bedenklichen Rissen in der Peterskuppel zu ergründen, fand den exakten Nachweis der Stützlinie eines Bogens. Er dachte sich die Wölbsteine durch Kugeln ersetzt, die sich also nur punktförmig berühren und somit keine Reibungskräfte übertragen können, genau nach einer Drucklinie angeordnet sind und sich gegenseitig stützend, im labilen Gleichgewicht verharren müßten. Dieser Gedankengang läßt sich mit einiger Geschicklichkeit selbst in einem Versuche nachvollziehen.

Die ideale Stützlinie eines Bogens entspricht demnach einer gleichförmigen, gegensinnigen Kettenlinie.

Ähnlich wie das nahezu massenlose, frei durchhängende Seilsystem, ist auch der Bogen trotz seiner wesentlich größeren Masse sehr empfindlich gegen einseitige Belastungen. Jede einseitige Belastung muß zu einer Biegung in der Bogenschale führen.

In der heutigen Zeit wird der Bogen, wohl eine der wichtigsten bautechnischen Erfindungen überhaupt, nur mehr selten ausgeführt. Dafür sprechen folgende Gründe:

1. Die Tragwerkshöhe (Stich des Bogens f) ist relativ groß.
2. Schon bei kleinen Spannweiten wird der horizontale Bogenschub so groß, daß er nicht mehr durch das Schwergewicht der Seitenmauern aufgefangen werden kann.
3. Für die Herstellung eines Bogens ist ein relativ großer technischer Aufwand erforderlich (Lehrgerüst).

T-1.31 Formaktive Tragsysteme – Bögen
Tragverhalten

Zusammenhang zwischen Stich und Auflager- bzw Bogenkräften.

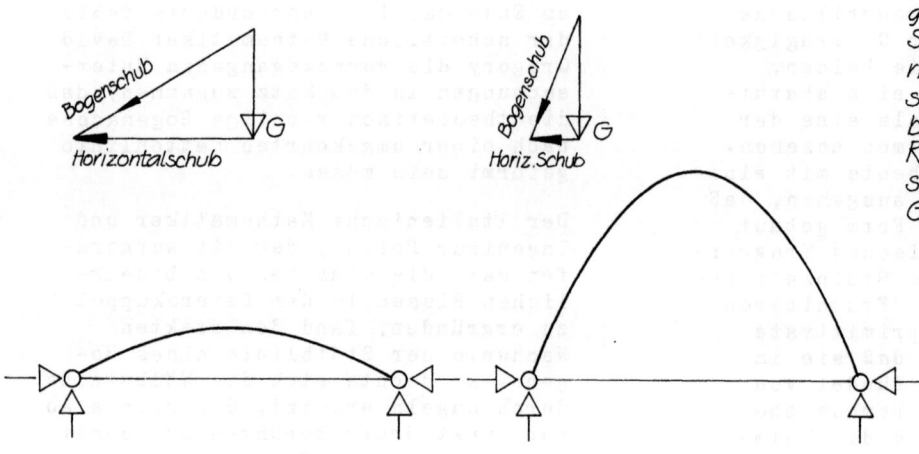

Je höher der Stich eines Bogens bei gleichbleibender Spannweite wird, desto geringer wird der Horizontalschub in den Widerlagern bei ebenfalls gleichzeitiger Reduktion des Bogenschubes.
G = Eigengew. einer Bogenhälfte

Tragverhalten des Bogens im Vergleich mit dem Balken

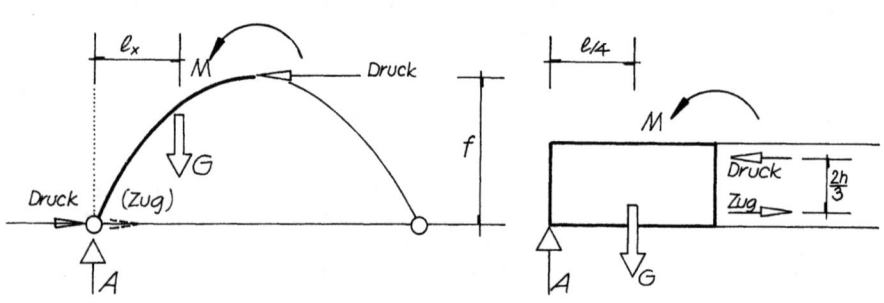

M = Moment
Um eine Bogenhälfte im Gleichgewicht zu halten muss bei $\Sigma M = 0$ dem Moment (A, G, ℓ_x) ein Gegenmoment M entsprechen (Bogendruck im Scheitel = Horizontalschub im Auflager Mom.Arm = f) f = Stichhöhe des Bogens. Tragmechanismus ähnl. dem Balken; bei geringerer Masse $f \gg h$.

Vergleich zwischen Zweigelenksbogen und Dreigelenksbogen

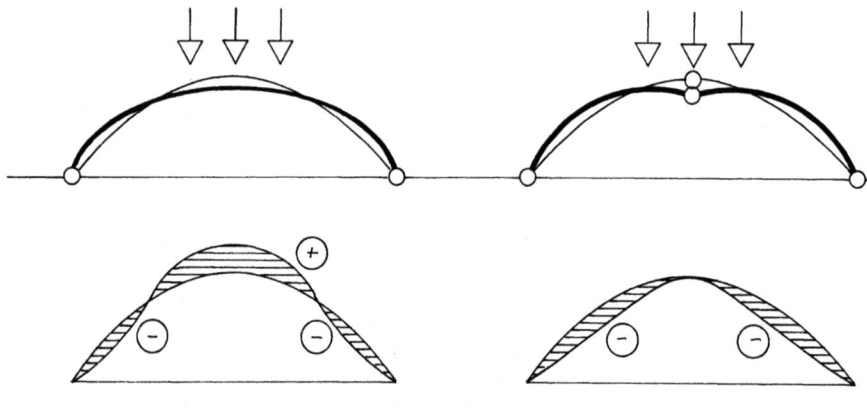

senkrechte Belastung:

Die ideale Lastverteilung im Bogen (auf der Stützlinie übertragene Druckkräfte) tritt nur unter Gleichlast und Eigengewicht auf. Einseitige Lasten führen zu Biegung in der Bogenschale. Beim Bogen treten sowohl negative und positive Biegung auf. Da im Scheitelgelenk des Dreigelenkbogens lediglich Normal- und Querkräfte übertragen werden, tritt in ihm nur negative Biegung auf.

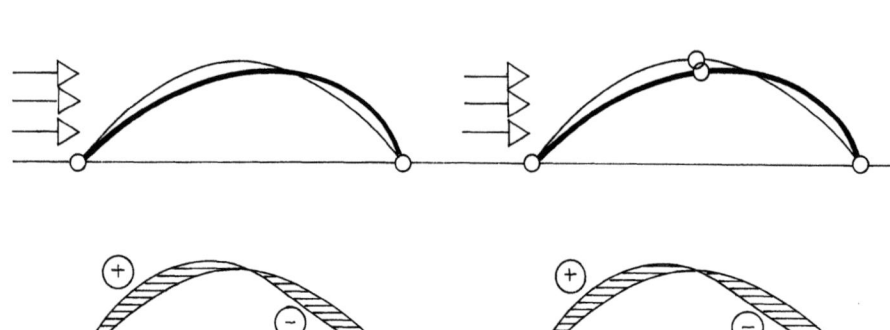

horizontale Belastung

Im Falle einer Horizontallast verhalten sich Zwei- und Dreigelenksbogen gleich.
Ein sehr ähnliches Bild der Verformung stellt sich auch bei einer halbseitigen Belastung ein (einseitige Gleichlast senkrecht).
Allgemein:
Bögen sind gegen einseitige Belastungen und Einzellasten sehr empfindlich.

Formaktive Tragsysteme – Bögen
Stützbogen – Tragseil

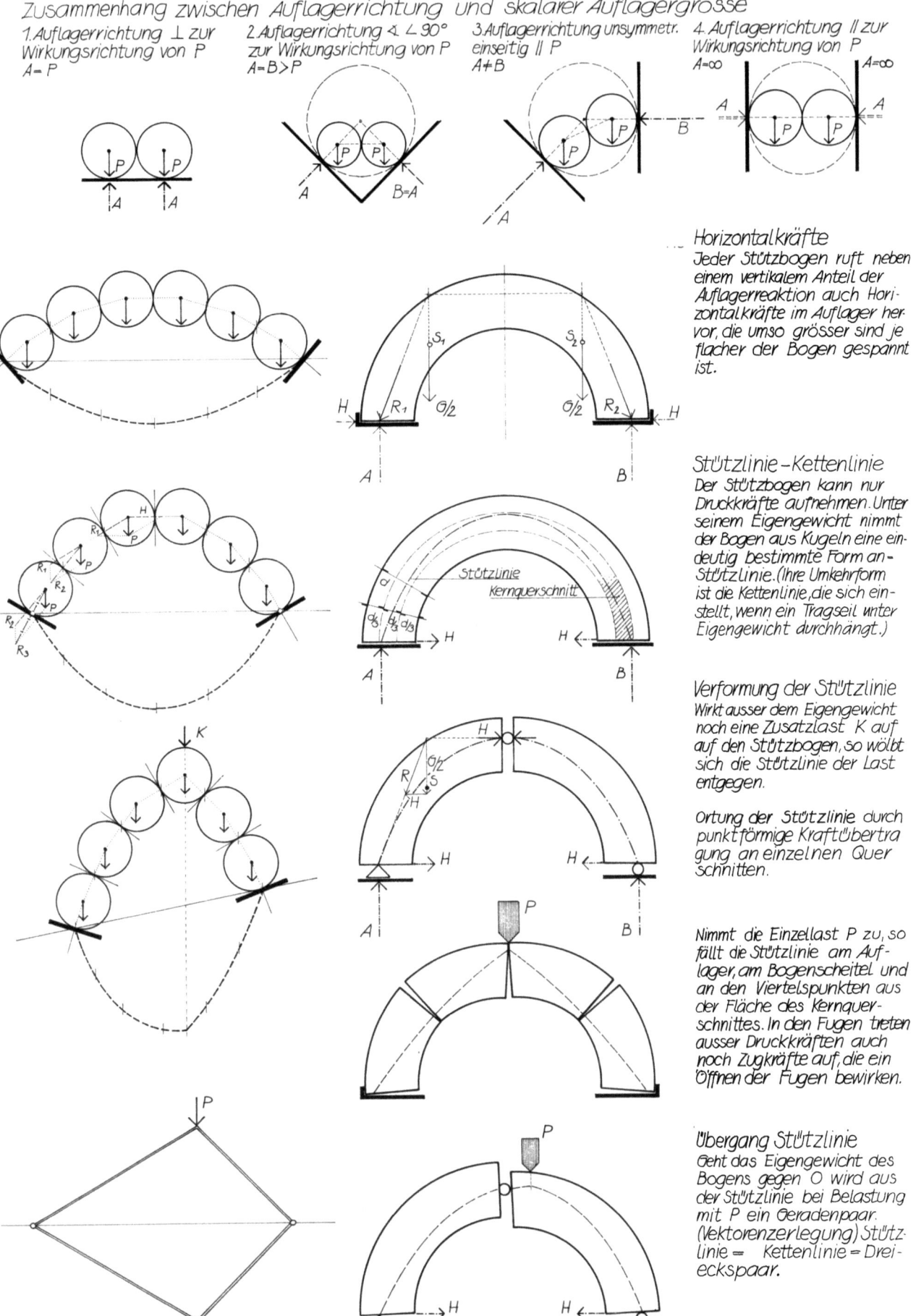

Zusammenhang zwischen Auflagerrichtung und skalarer Auflagergrösse

1. Auflagerrichtung ⊥ zur Wirkungsrichtung von P
   A = P
2. Auflagerrichtung ∢ ∠ 90° zur Wirkungsrichtung von P
   A = B > P
3. Auflagerrichtung unsymmetr. einseitig ∥ P
   A ≠ B
4. Auflagerrichtung ∥ zur Wirkungsrichtung von P
   A = ∞

Horizontalkräfte
Jeder Stützbogen ruft neben einem vertikalem Anteil der Auflagerreaktion auch Horizontalkräfte im Auflager hervor, die umso grösser sind je flacher der Bogen gespannt ist.

Stützlinie – Kettenlinie
Der Stützbogen kann nur Druckkräfte aufnehmen. Unter seinem Eigengewicht nimmt der Bogen aus Kugeln eine eindeutig bestimmte Form an - Stützlinie. (Ihre Umkehrform ist die Kettenlinie, die sich einstellt, wenn ein Tragseil unter Eigengewicht durchhängt.)

Verformung der Stützlinie
Wirkt ausser dem Eigengewicht noch eine Zusatzlast K auf auf den Stützbogen, so wölbt sich die Stützlinie der Last entgegen.

Ortung der Stützlinie durch punktförmige Kraftübertragung an einzelnen Querschnitten.

Nimmt die Einzellast P zu, so fällt die Stützlinie am Auflager, am Bogenscheitel und an den Viertelspunkten aus der Fläche des Kernquerschnittes. In den Fugen treten ausser Druckkräften auch noch Zugkräfte auf, die ein Öffnen der Fugen bewirken.

Übergang Stützlinie
Geht das Eigengewicht des Bogens gegen 0 wird aus der Stützlinie bei Belastung mit P ein Geradenpaar. (Vektorenzerlegung) Stützlinie = Kettenlinie = Dreieckspaar.

T-2.10 Vektoraktive Tragsysteme – Ebene Fachwerke

Diese Tragsysteme sind erst relativ jung. Auch wenn man sich in früherer Zeit schon intensiv diesem Tragsystem in zimmermannsmäßiger Holzkonstruktion genähert hat, so war es erst am Beginn des 19. Jahrhunderts mit Hilfe der grafischen Statik (Cremona) möglich, das Tragverhalten dieser Systeme soweit zu durchschauen, daß man größere Spannweiten damit überbrücken konnte. Vereinfacht kann man sich einen Fachwerkträger so vorstellen, daß aus einem Massenträger jene Massenteile, die zum Tragverhalten nicht so wesentlich beitragen, herausgeschnitten wurden. Übrig bleibt ein Gerüst von Stäben, die ausschließlich auf Zug oder Druck beansprucht sind. Zum Unterschied der rein technischen Ausführung wird bei der statischen Betrachtung davon ausgegangen, daß in den Fachwerksknoten (Punkte, in denen sich mehrere Stäbe treffen) keine Momente übertragen werden können. Das bedeutet einen gelenkigen Anschluß aller Stäbe.

In der heutigen Zeit wird vor allem durch die Kombination von Baustoffen auch ein formaler Gewinn bei Fachwerken erzielt. So werden zum Beispiel druckbeanspruchte Fachwerkstäbe aus Holz und zugbeanspruchte Fachwerkstäbe aus Stahl hergestellt.

In einem ebenen Fachwerkträger herrschen, wie schon zuvor erwähnt, dieselben inneren Kräfte, wie in einem massenaktiven Balken. Dabei übernimmt der Obergurt dieselbe Funktion wie die druckbeanspruchte Randfaser eines Balkens. es herrschen demnach, bei vertikaler Belastung, im Obergurt Druckkräfte. Im Untergurt treten bei derselben Belastung Zugkräfte auf, denn dieser übernimmt die Funktion der zugbeanspruchten unteren Randfaser des Balkens. Etwas komplizierter wird es nun mit den Vertikal- und Diagonalstäben. Sind die Diagonalen schräg von unten nach oben zur Trägermitte hingeneigt, so übernehmen sie bei vertikaler Belastung Druckkräfte. Sie bilden demnach in Zusammenhang mit dem Obergurt Druckgewölbe zu den Auflagerpunkten und sind nichts anderes als die Druckhauptspannungstrajektorien im Massenträger. Unter dieser Voraussetzung herrschen in den senkrechten Vertikalstäben Zugkräfte, die wiederum im Zusammenklang mit dem Untergurt Zuggewölbe bilden und die Zughauptspannungstrajektorien des Massenträgers darstellen.

Sind die Diagonalen schräg von oben nach unten zur Trägermitte hingeneigt, so herrscht in ihnen bei vertikaler Belastung Zug und in den senkrechten Stäben Druck. Das Verhältnis zu den Hauptspannungen des Massenträgers ist analog.

Vektoraktive Tragsysteme – Ebene Fachwerke
Tragmechanismen

Aussteifung von Stabsystemen – In den Verbindungspunkten der Stäbe können keine Momente übertragen

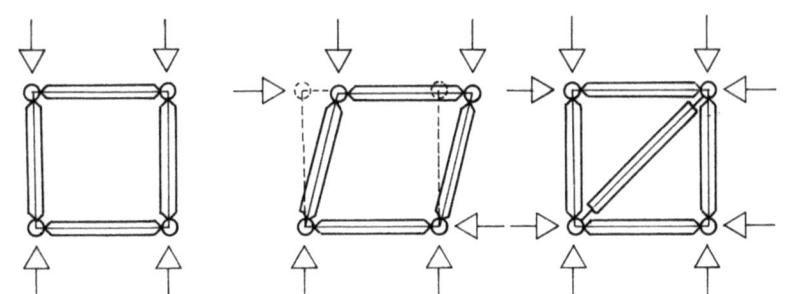

werden → es sind Gelenke! Vierecke können nur Kräfte, die parallel zu ihren Stabachsen liegende Wirkungslinien aufweisen, ohne Verschiebung übertragen. (labiler Zustand!) Schrägkräfte verschieben das Viereck. Ein weiterer Stab – die Diagonale ist erforderlich, die je nach Kraftrichtung auf Zug oder Druck beansprucht wird.

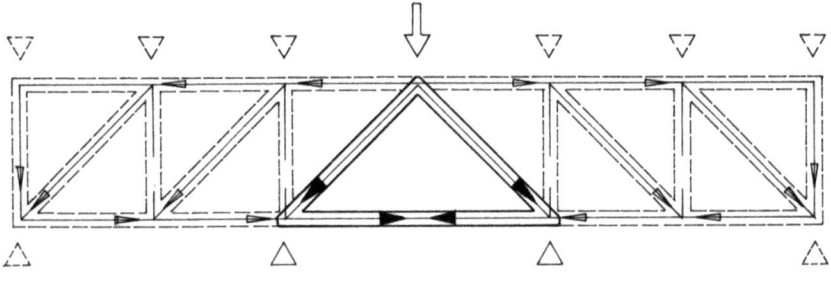

Entwicklung des Fachwerks aus dem Element des steifen Dreiecks, das in der Addition zu einem ebenen Fachwerkträger wird.
Die Krafteinleitung in das System (aus Belastungen) ist nur in den Knotenpunkten möglich, da sonst zu den Normalkräften in den Stäben zusätzliche Biegespannungen kommen.

ebener Fachwerkträger mit parallelen Gurten
Einzellasten in den Knoten aufgebracht

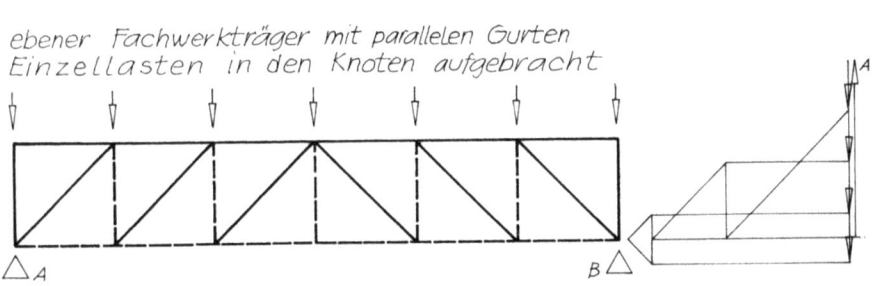

Bei senkrechter Belastung (Eigengewicht + Hauptanteil aller Verkehrslasten) tritt im Obergurt immer Druck- und im Untergurt immer Zugbelastung auf. Im vorliegenden Falle werden die Diagonalen auf Druck- und die Vertikalen auf Zug beansprucht.

ebener Fachwerkträger mit parallelen Gurten
Einzellasten

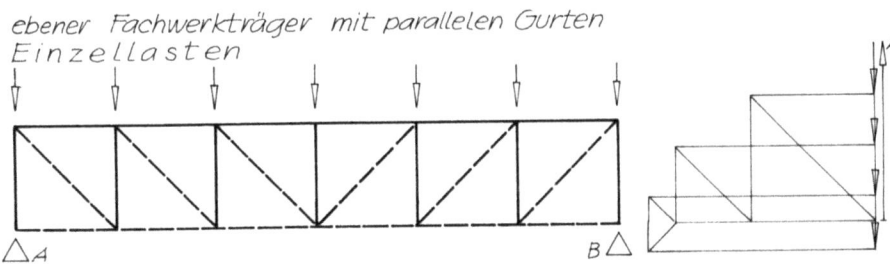

Gegenüber dem vorangegangenen Beispiel ändern sich durch eine geänderte Lage der Diagonalen die Belastungen.
Diagonalen – Zug
Vertikalen – Druck
(günstiger wegen der Ausknick-Gefahr-Knicklänge.)

ebener Fachwerkträger in Dreiecksform
Einzellasten

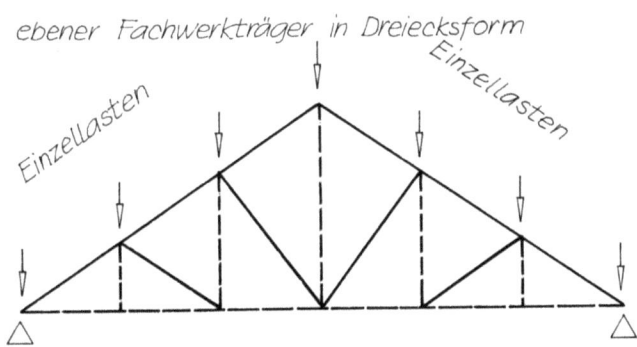

Die veränderte Systemgeometrie führt trotz einer Ähnlichkeit mit dem vorangeg. System neuerlich zu anderen Belastungen.
Obergurt, Diagonalen – Druck
Untergurt, Vertikalen – Zug

T-2.12 Vektoraktive Tragsysteme – Ebene Fachwerke
Tragmechanismen

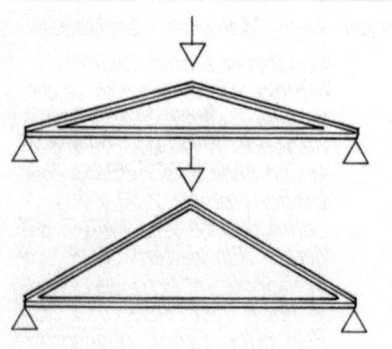
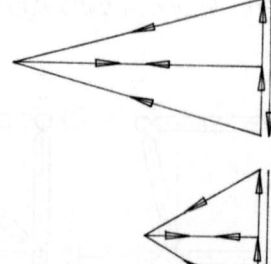

Abhängigkeit von der Stabneigung und der Stabkraft. Je geringer die Neigung der Schrägstäbe zur Horizontal. ist desto grösser werden die Stabkräfte.
Eine geringere Gesamttragwerkshöhe bedingt zwangsläufig eine Vergrösserung der Stabkräfte.

Vergleich Fachwerkträger mit dem Träger

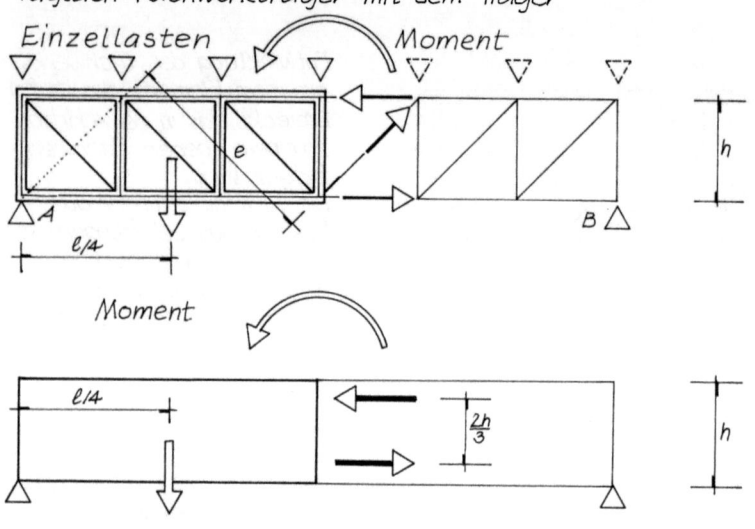

Der halbe Fachwerksträger wird durch ein Moment Obergurt·Trägerhöhe + Diagonalkraft·Hebelsarm e gegen das Moment der äusseren Kräfte (Auflagerkraft·$\ell/4$) im Gleichgewicht gehalten.
Dem inneren Kräftepaar des Balkens entspricht das Kräftepaar der Gurtkräfte. Die massenaktiven Schubkräfte des Balkens werden durch die Diagonalkräfte ausgeglichen.
Die Querkräfte entsprechen den Stabkräften der Vertikalen.

Fachwerk - Vorspannung - unterspannter Träger

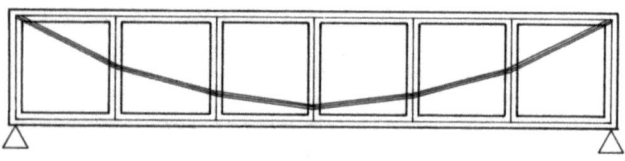

Anstatt einer Diagonalenschar ist auch ein Seil in vorgespannter Form (nach dem Verlauf des Hauptzuggewölbes im Balken) möglich.

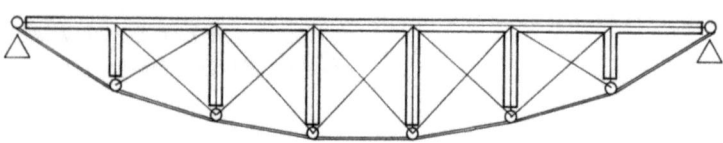

Wenn es die Bauaufgabe erlaubt kann auf den Untergurt verzichtet werden. Übergang zum Unterspannten Balken.

Stabanschlüsse

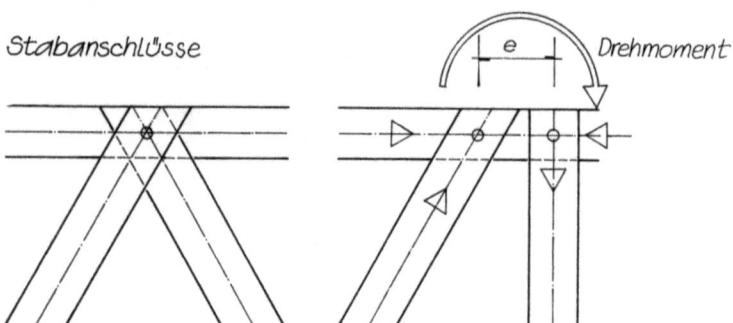

Im Idealfall müssen sich die Systemlinien in einem Punkt schneiden.
Trifft das nicht zu, treten Biegemomente auf, die die Stäbe zusätzlich belasten.

Raumfachwerke

Auf den Seiten T-2.21 bis T-2.27 sind geometrische Grundkörper, ihre gegenseitigen Abhängigkeiten und ihre Entstehung dargestellt. Obwohl es sich hierbei um reine Stereometrie handelt, ist dieses Kapitel in die Betrachtung der Tragwerkslehre mit aufgenommen worden. Für den schöpferisch tätigen Architekten stellt die Kenntnis dieser Materie die Grundlage dar für den Entwurf von räumlichen Fachwerksystemen und von Faltwerken. Die Polyeder vom Tetraeder bis zum Ikosaeder und Dodekaeder sind regelmäßige Vielflächer. Sie alle lassen sich einer Kugel einschreiben, wobei jede Körperspitze die Kugeloberfläche berührt.

Der Vergleich der Volumina - Volumen der Kugel und Volumen des Polyeders - zeigt, daß eine Kugeloberfläche in Annäherung durch einen Vielflächer nachgebildet werden kann. Je größer die Anzahl der Teilflächen eines Polyeders ist, desto mehr nähert er sich der Kugeloberfläche an. (Siehe dazu auch Blatt T-2.32)

Im Anschluß an die regelmäßigen Polyeder sind auf Blatt T-2.23 einige sphärische Polyeder dargestellt. Sie bilden die Grundlage für die Darstellung einer geodätischen Kuppel. Neben den regelmäßigen Vielflächern gibt es noch eine Reihe von Polyedern, die aus gleichen Begrenzungsflächen zusammengesetzt sind, die aber nicht mehr einer Kugel so einzuschreiben sind, daß sämtliche Polyederspitzen die Kugeloberfläche berühren.

Vor allem die aus hexagonalen und orthogonalen Begrenzungsflächen zusammengesetzten Polyeder sind wegen ihrer leichten Addierbarkeit Grundkörper für Raumfachwerke.

Blatt T-2.26 zeigt, welche Vielfalt von Möglichkeiten sich aus der Kombination der ersten drei Polyeder entwickelt.

Gekrümmte Fachwerksysteme

Alle Tragsysteme aus einfach und zweifach gekrümmten Flächen lassen sich auch in Fachwerksystemen darstellen. Dies reicht von der einfachen Tonnenschale über die Durchdringung von Tonnenschalen - Klostergewölbe und Kreuzgewölbe - über Kuppelsysteme bis hin zu gegensinnig gekrümmten Flächen. Sind die einfach gekrümmten Fachwerke und ihre Durchdringungen in ihrem Aufbau noch relativ leicht zu durchschauen, so ist die Entstehung einer Fachwerkkuppel sehr schwierig. Der Ausgangspunkt für diese Tragsysteme war der Wunsch nach einem halbkugelförmigen Innenraum und einer dünnen und leichten Raumschale (Zeiss-Planetarium in Jena). In diesem Falle wurde die Kugeloberfläche aus gleichen Stäben gebildet, die später in eine dünne Betonschale eingebettet wurden. Dies war der Beginn, sich mit Stabkuppeln näher auseinanderzusetzen. Vor allem der amerikanische Architekt Buckminster-Fuller hat sich mit diesem Problem sehr intensiv befaßt. Auf Blatt T-2.32 sind vier relativ einfache Stabkuppeln gezeigt.

T-2.21 Vektoraktive Tragsysteme – Raumfachwerke
Regelmäßige Polyeder

Aufriss Tetraeder

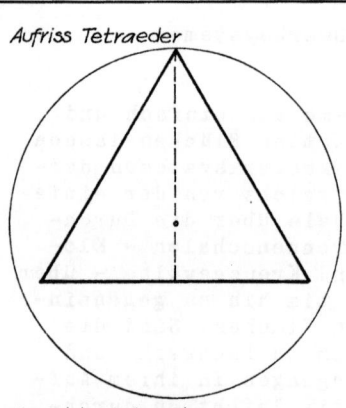

Grundriss Tetraeder

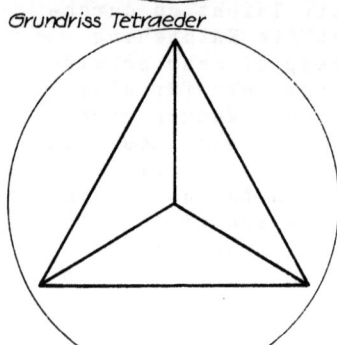

Grund- u. Aufriss des Würfels

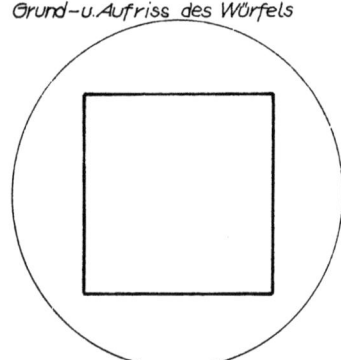

Aufriss Oktaeder

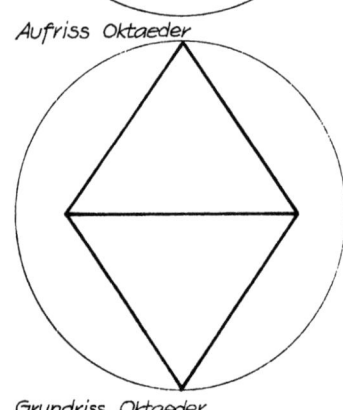

Grundriss Oktaeder

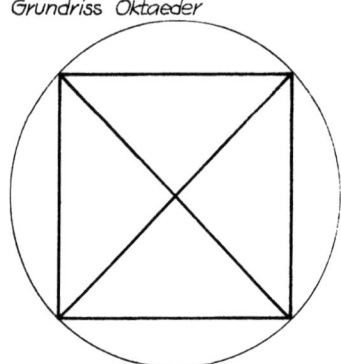

Tetraeder
Oberfläche aus vier gleichseitigen Dreiecken
$V_k : V_T = 1 : 0,12$
V_k = Volumen der umschriebenen Kugel, V_T = Volumen des Tetraeders

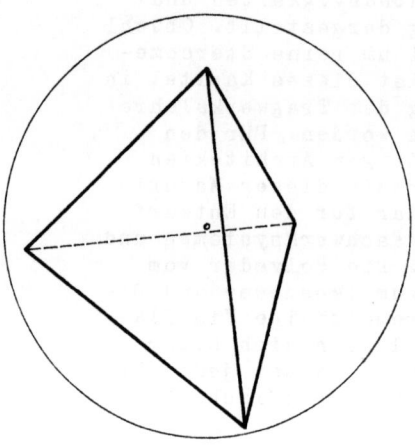

Würfel oder Hexaeder, sechs Quadrate
$V_k : V_H = 1 : 0,36$

Die Diagonalen der Quadrate sind die Seiten eines Tetraeders.

Oktaeder
Oberfläche aus acht gleichseitigen Dreiecken
$V_k : V_O = 1 : 0,32$

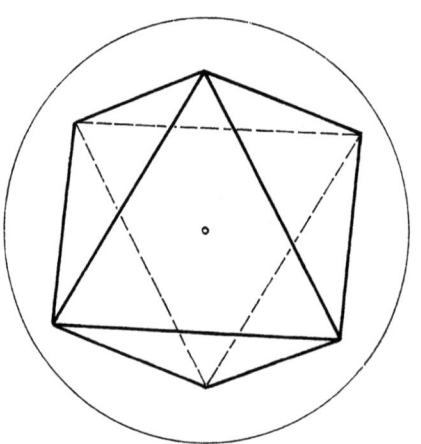

Ikosaeder
Oberfläche aus zwanzig gleichseitigen Dreiecken
$V_k : V_I = 1 : 0{,}6$ V_k Volumen der umschriebenen Kugel, V_I = Volumen des Ikosaeder

Aufriss Ikosaeder

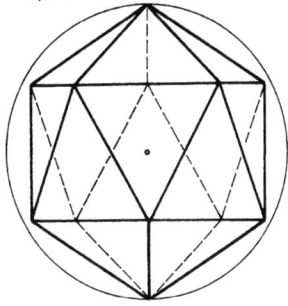

Grundriss Ikosaeder

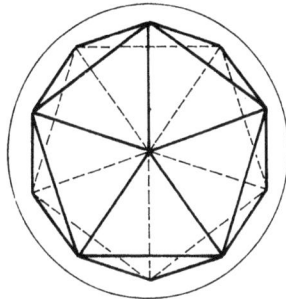

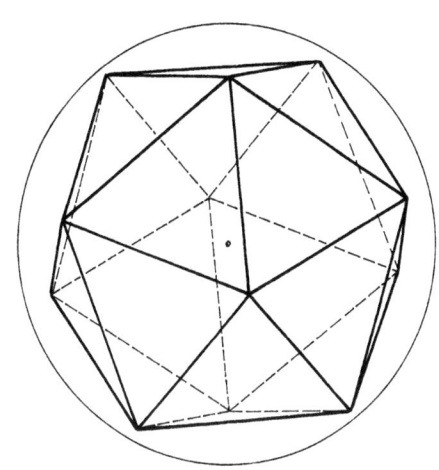

Dodekaeder
Oberfläche aus zwölf regelmässigen Fünfecken
$V_k : V_D = 1 : 0{,}66$

Aufriss Dodekaeder

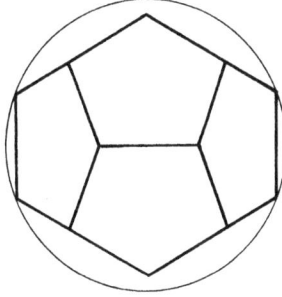

Grundriss Dodekaeder

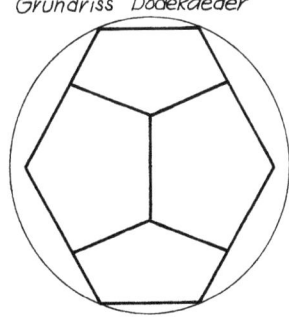

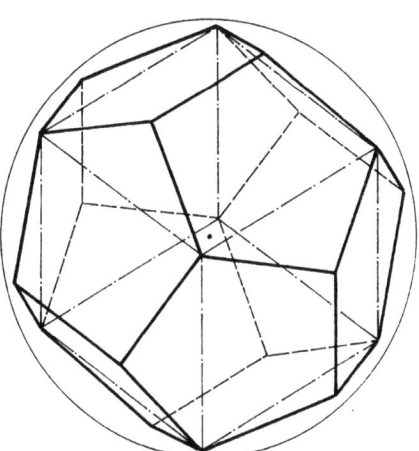

T-2.23 Vektoraktive Tragsysteme – Raumfachwerke
Geodätische Kuppeln

sphärisches Oktaeder
acht gleich grosse sphärische Dreiecke mit gleichen Seitenlängen

sphärisches Ikosaeder
zwanzig gleichseitige gleichgrosse sphärische Dreiecke

sechzig gleiche gleichseitige sphärische Dreiecke - entstanden durch 15 Grosskreise und Winkelteilung.

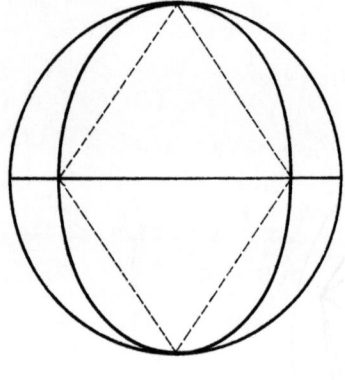
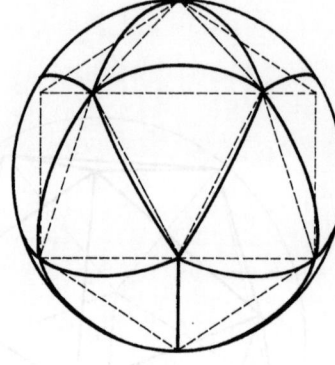

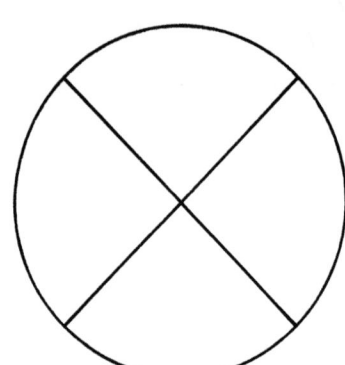
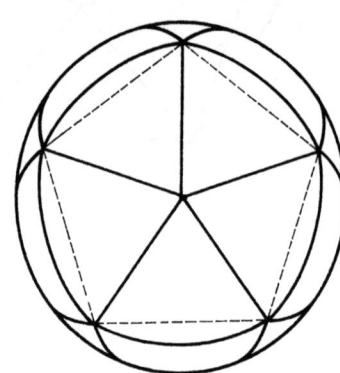
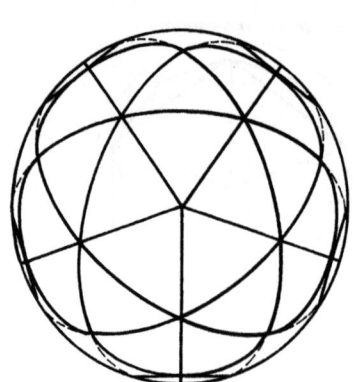

Häufige Rastersysteme für geodätische Kuppeln

Dreieckraster aus gleichseitigen Dreiecken (horizontale Teilung der Rhomben)

Dreieckraster aus gleichschenkeligen Dreiecken (senkrechte Teilung der Rhomben)

Rhombenraster hexagonal

Sechseckraster aus gleichgrossen gleichseitigen Sechsecken mit einem Schluss-Fünfeck.

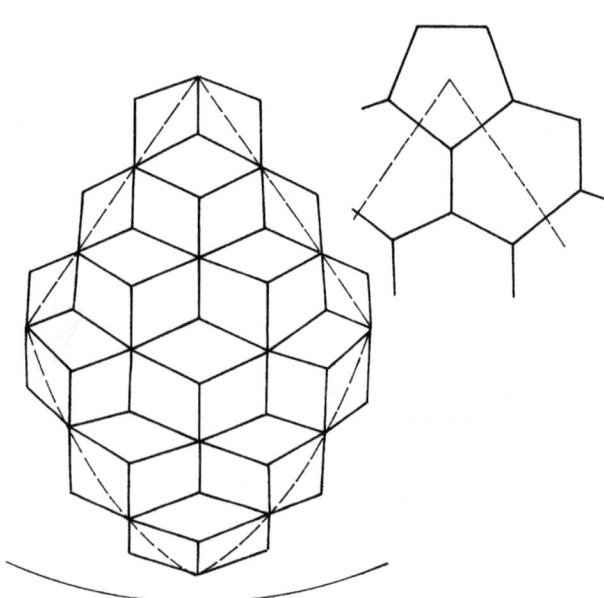

Vektoraktive Tragsysteme – Raumfachwerke
Unregelmäßige Polyeder
T-2.24

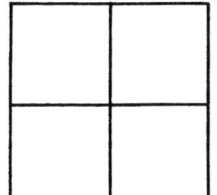
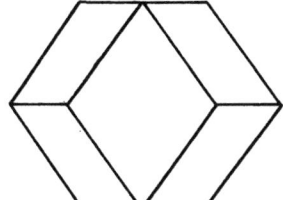
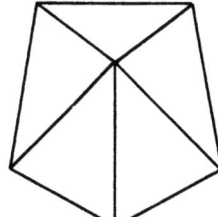
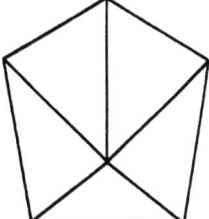

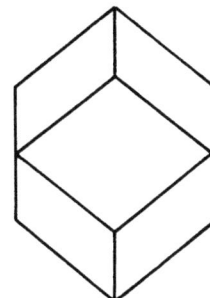
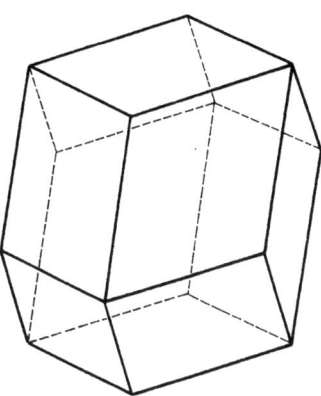

Rhombendodekaeder aus 12 gleichen Teilen (Rhomben) mit gleichen Seitenlängen.

12 flächiges Polyeder aus 12 Dreiecken von denen jeweils 4 gleich sind.

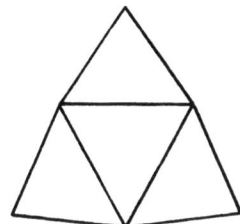
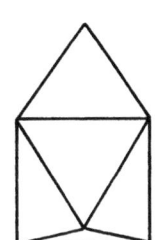
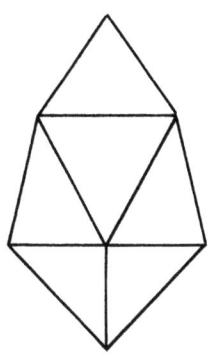
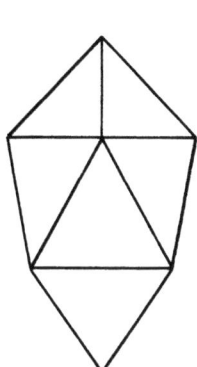

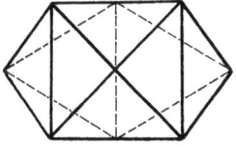
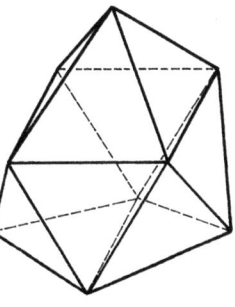

14-flächiges Deltaeder aus 14 gleichen Teilen (gleichseitige Dreiecke) mit gleichen Seitenlängen.

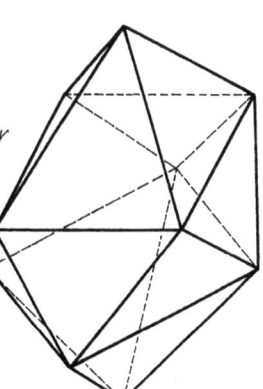

16 flächiges Deltaeder aus 16 gleichen Teilen (gleichseitige Dreiecke) mit gleichen Seitenlängen.

T-2.25 Vektoraktive Tragsysteme – Raumfachwerke
Unregelmäßige Polyeder

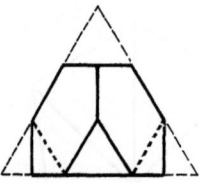
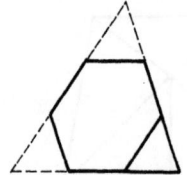
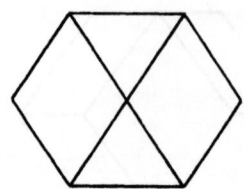
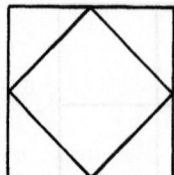

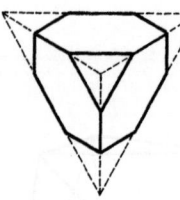
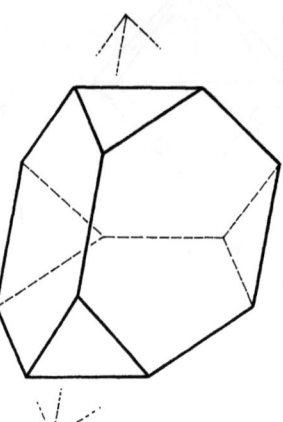

Tetraeder mit abgeschnittenen Spitzen aus 4 gleichseitigen Dreiecken und 4 regelmässig Sechsecken. (Kanten sind alle gleich lang.)

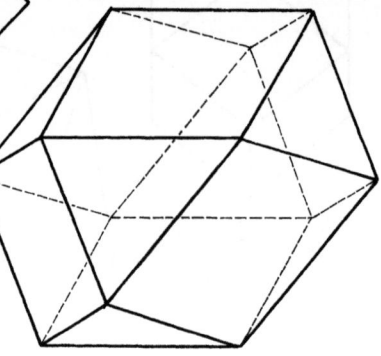

Kubooktaeder aus 8 gleichseitigen Dreiecken und 6 Quadraten. (Kanten sind alle gleich lang.)

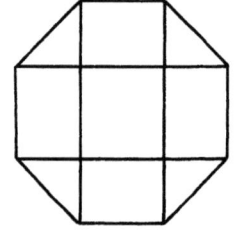
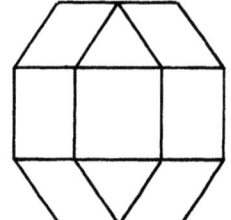
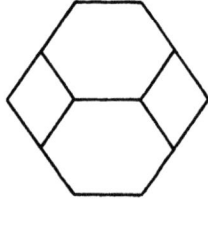
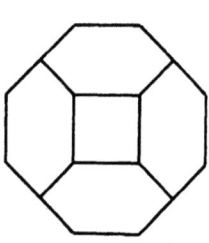

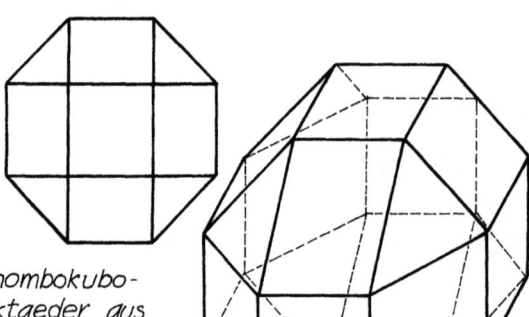

Rhombokubooktaeder aus 8 gleichseitigen Dreiecken und 18 Quadraten. (Kanten sind alle gleich lang.)

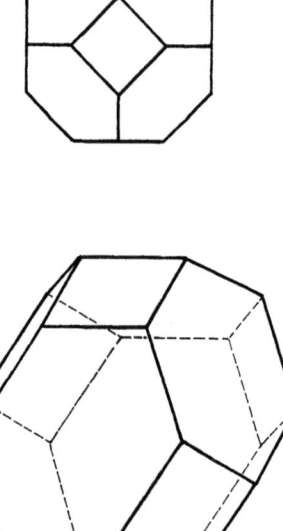

Oktaeder mit abgeschnittenen Spitzen aus 6 Quadraten u. 8 regelmässigen Sechsecken. (Kanten sind alle gleich lang.)

Vektoraktive Tragsysteme – Raumfachwerke
Polyederdurchdringungen
T-2.26

Regelmässige Vielflächer (Polyeder)
Tetraeder
Würfel (Hexaeder)
Oktaeder

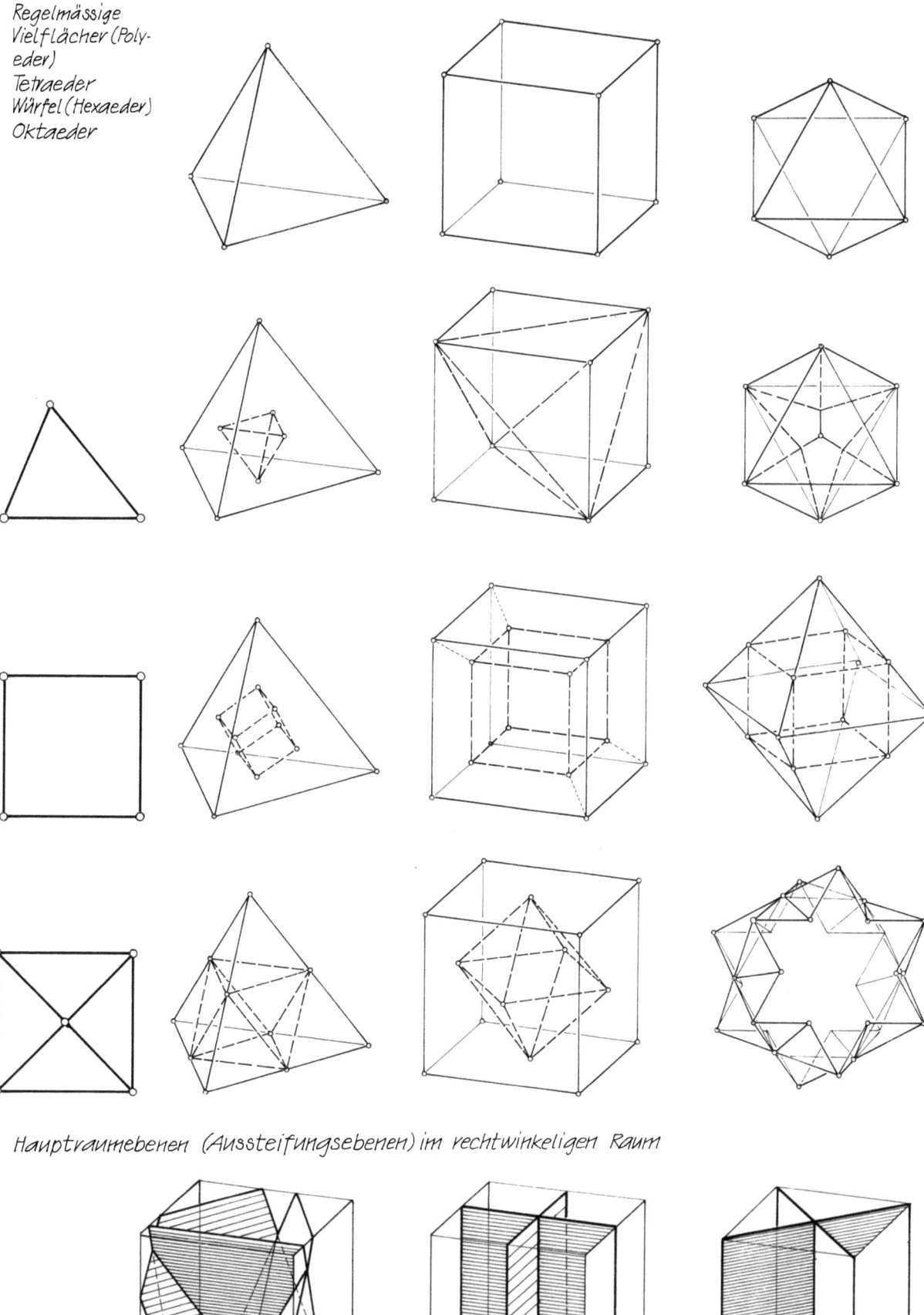

Hauptraumebenen (Aussteifungsebenen) im rechtwinkeligen Raum

T-2.27 Vektoraktive Tragsysteme — Raumfachwerke
Übergang zu flächenaktiven Tragsystemen und Pneusystemen

Kugelpackungen - Mittelpunkte sind Polyedereckpunkte
1. Fläche

Polbildung - Mittelpunkt - eine Kugel

Strecke - Distanz zwischen zwei Polen - zwei Kugeln

Fläche zwischen den Polen. - drei Kugeln.

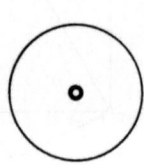
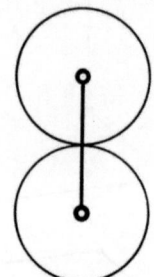
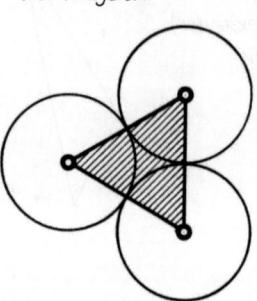

2. räumliche Bildung

vier sich berührende Kugeln gleicher Grösse führen zum Tetraeder.
Grundriss   Isometrie

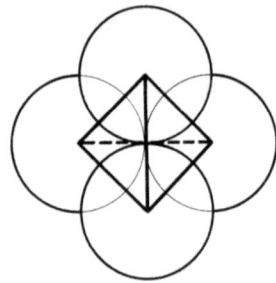
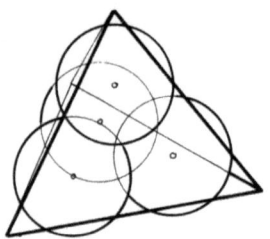

sechs sich berührende Kugeln gleicher Grösse ergeben den Oktaeder.
Grundriss   Isometrie

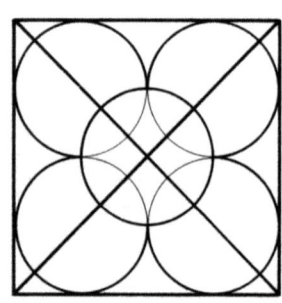
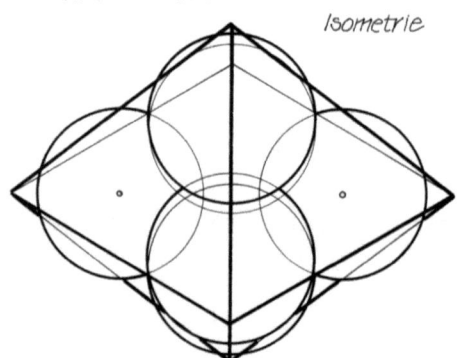

acht sich berührende Kugeln gleicher Grösse ergeben den Würfel (Hexaeder).
Grundriss   Isometrie

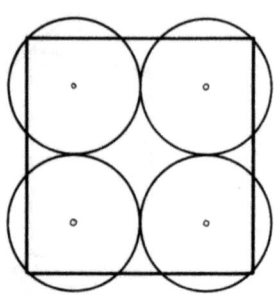
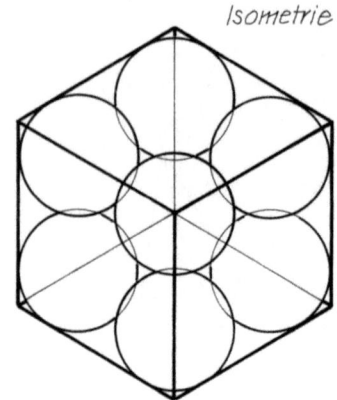

Vektoraktive Tragsysteme – Gekrümmte Fachwerke

T-2.31

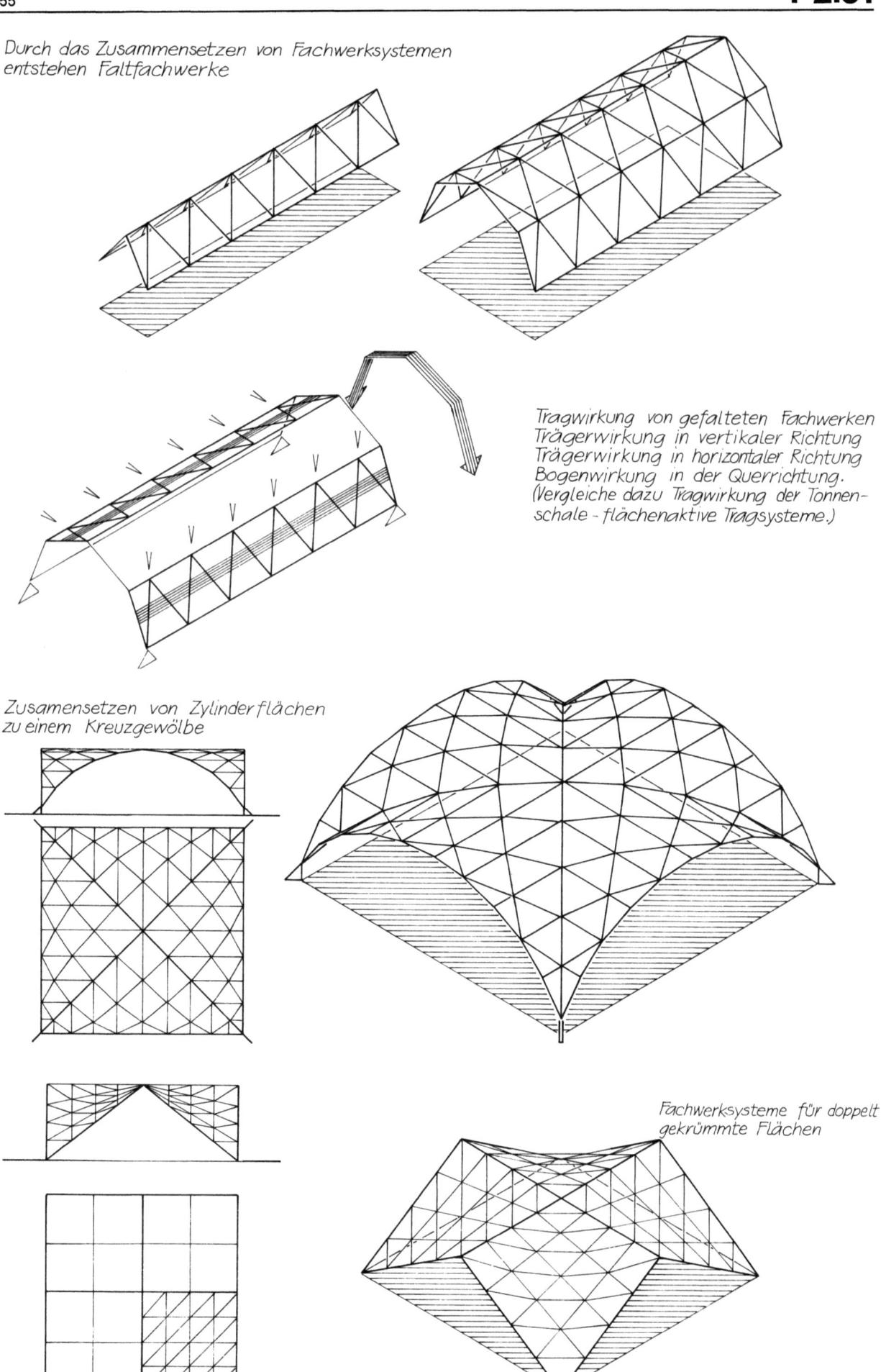

Durch das Zusammensetzen von Fachwerksystemen entstehen Faltfachwerke

Tragwirkung von gefalteten Fachwerken
Trägerwirkung in vertikaler Richtung
Trägerwirkung in horizontaler Richtung
Bogenwirkung in der Querrichtung.
(Vergleiche dazu Tragwirkung der Tonnenschale - flächenaktive Tragsysteme.)

Zusamensetzen von Zylinderflächen zu einem Kreuzgewölbe

Fachwerksysteme für doppelt gekrümmte Flächen

T-2.32 Vektoraktive Tragsysteme – Gekrümmte Fachwerke
Zweifach gekrümmte Fachwerke – Kugelsysteme

1

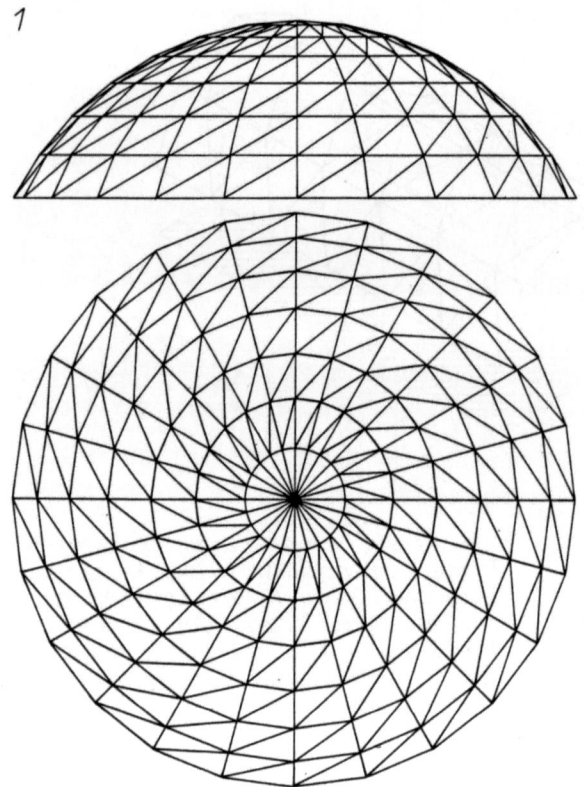

Schwedler-Kuppel aus Kugelringen mit diagonaler Fachwerkaussteifung (Fachwerksaussteifung links- oder rechtssteigend.)

2

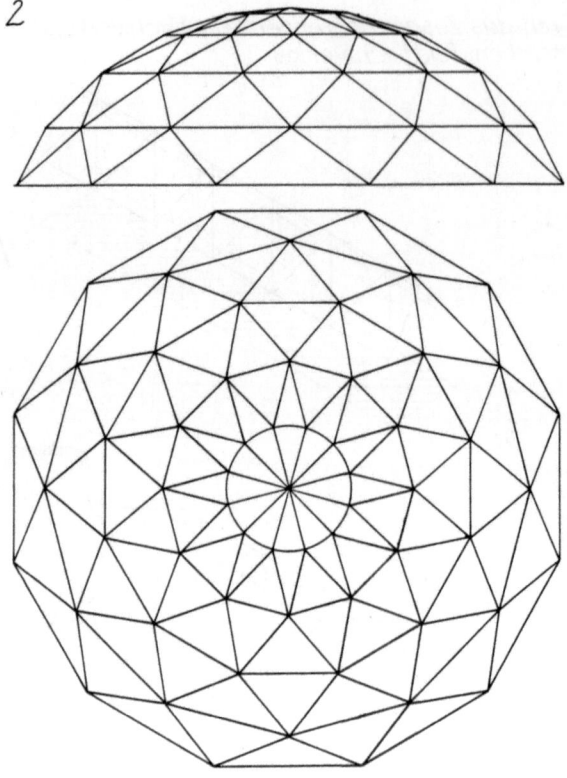

Gitterkuppel aus Kugelringen mit V-Fachwerkteilung

3

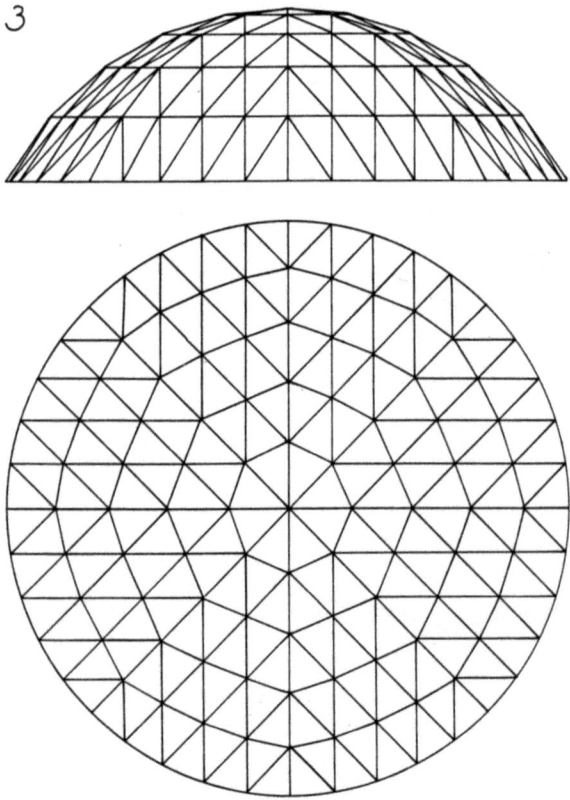

Parallelfachwerk als Kugelsegment oder auch Parallelgitter-Kuppel

4

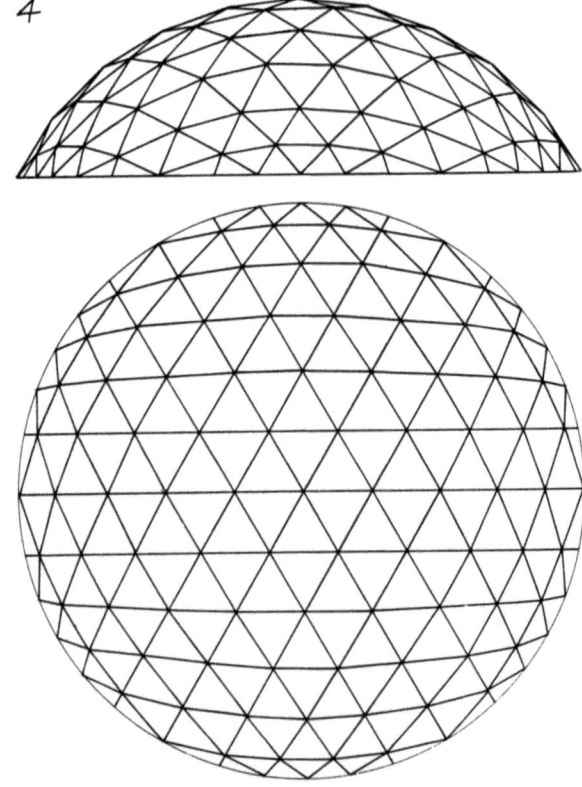

hexagonale Fachwerkteilung an Kugelstreifen oder auch hexagonale Lamellenkuppel

Fall 1 und 2 ungleiche Stablängen und ungleiche Deckungsflächen bei einfachem Aufbau
Fall 3 und 4 annähernd ähnliche Stablängen und Deckungsflächen bei komplizierterem Aufbau

Vektoraktive Tragsysteme – Ebene, räumliche Fachwerke — T-2.40

Ausgehend von den Überlegungen, die auf den Seiten T-2.21 - T-2.27 geschildert wurden, lassen sich räumliche Fachwerke in der Ebene entwickeln. Ausgangspunkt dieser Fachwerke ist in der Regel ein geometrischer Grundkörper, der in sich ausgesteift sein muß. Durch Addition in zwei Richtungen lassen sich damit Tragwerke entwickeln, die bei einer sehr geringen Masse große Spannweiten zu überbrücken in der Lage sind. Ihr statisches Tragverhalten entspricht dem einer Platte (Balkenrost). Ungefähre Abschätzungen der erforderlichen Höhen lassen sich aus dem Blatt T-4.14 entnehmen.

Auf Blatt T-2.42 sind zwei Raumfachwerke gezeigt, die sich aus gleichen Stablängen zusammensetzen lassen. Die Basis dieser beiden Systeme ist der geometrische Grundkörper Tetraeder und Oktaeder. Wie sich aus dem Begleittext der Zeichnungen ersehen läßt, werden für diese beiden Raumfachwerke relativ wenig Stäbe benötigt, um es in sich auszusteifen und tragfähig zu machen.

Bei den Raumfachwerken bestimmt nicht die Anzahl der verwendeten Stäbe die Tragfähigkeit. (Es wäre ein Irrtum, davon auszugehen: viele Stäbe = hohe Tragfähigkeit, wenig Stäbe = geringe Tragfähigkeit.) Ingeniermäßige Intellegenz und genaue Kenntnis der Stereometrie eröffnen dem schöpferisch tätigen Bauingenieur und Architekten die Möglichkeit, große und polygonal geformte Räume zu überdecken, wobei die Ablastung (Auflagerpunkte) auf einzelne wenige Stellen beschränkt werden kann.

Aus den Raumfachwerken selbst lassen sich durch Aneinanderreihen von verschieden geneigten Flächen (Faltwerke) weitere räumliche Tragwerke bilden, wobei die stereometrischen Bedingungen der Grundkörper die Faltwinkel und die Additionsmöglichkeiten bestimmen (siehe hierzu flächenaktive Tragsysteme - Faltwerke Blätter T-4.21 - T-4.23).

T-2.41 Vektoraktive Tragsysteme – Ebene, räumliche Fachwerke
Systeme mit ungleichen Stablängen

Kuben (Hexaeder) wahlweise auch rechteckige Prismen

einfaches Packsystem der kubischen oder prismatischen Einheiten, jedoch grosse Stabanzahl, da in allen Ebenen durch Diagonalen auszusteifen ist. (Für einen Kubus sind 12 Kanten- und 6 Diagonalstäbe erforderlich.) Σ 18 Stäbe

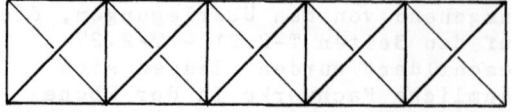

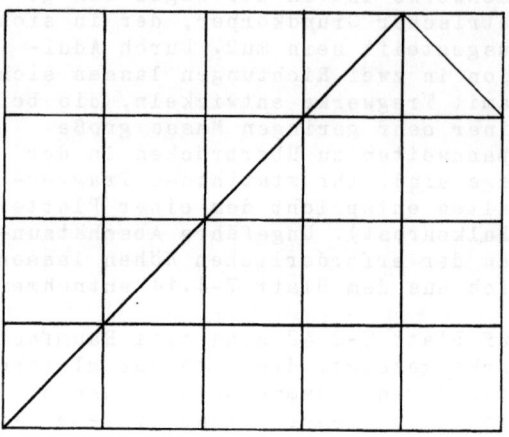

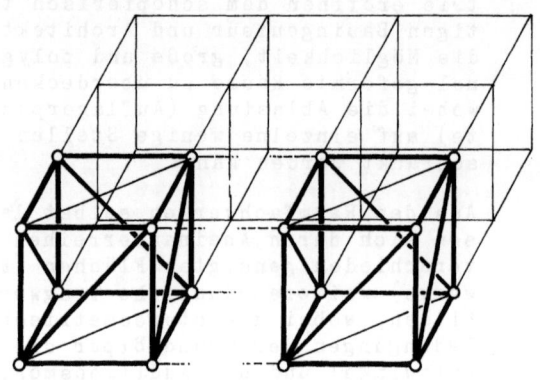

Prismen mit gleichseitigen Dreiecken als Basis

einfaches Packsystem der prismatischen Einheiten. Durch die Verwendung des Dreieckes entfällt in einer Ebene die Aussteifung. (Für ein Prisma sind 9 Kanten- u. 3 Diagonalstäbe erforderlich.) Σ 2·(9+3)−5 = 19 Stäbe

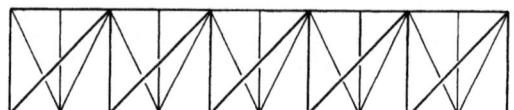

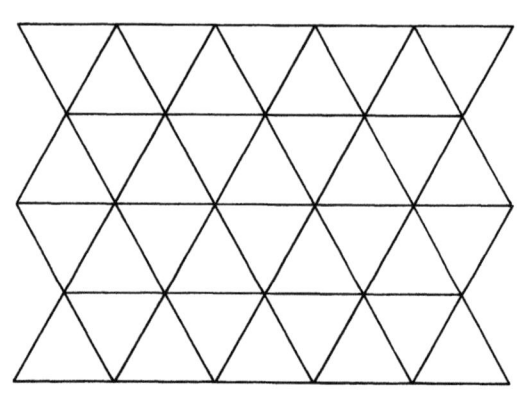

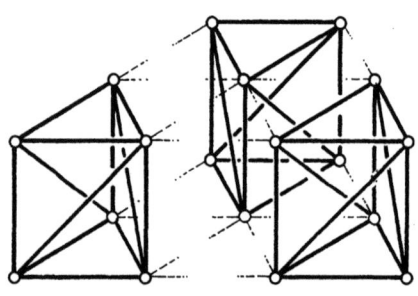

dreieckige Prismen in horizontaler Packung

einfaches Packsystem der prismatischen Einheiten. (Für ein Prisma sind 9 Kanten- und 2 Diagonalstäbe erforderlich.) Σ 2·(9+2)−5 = 17 Stäbe

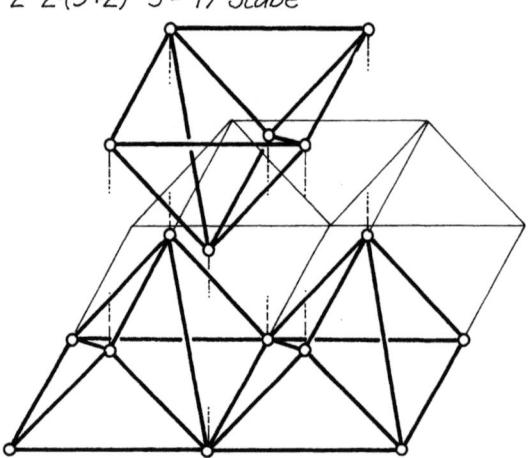

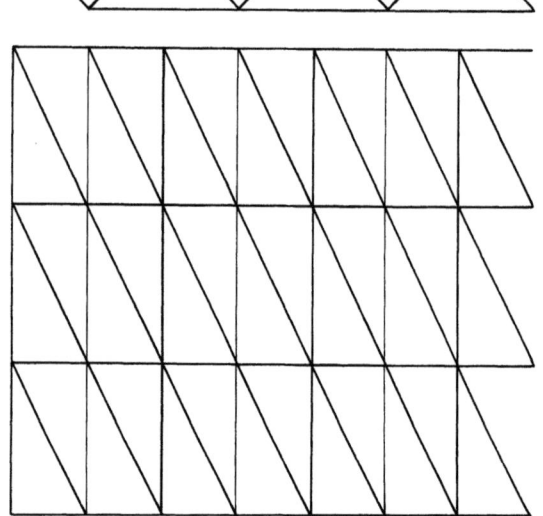

Vektoraktive Tragsysteme – Ebene, räumliche Fachwerke
Systeme mit gleichen und ungleichen Stablängen

T-2.42

Halboktaeder-Tetraeder-Packung

Komplizierteres Packsystem der Einheiten. (Tetraeder 6 Kantenstäbe, Halboktaeder 5(8) Kantenstäbe – 3 Stäbe der beiden Einheiten sind identisch.)
Σ 8 + 2·3 = 14 Stäbe gleicher Länge

Oktaeder-Tetraeder-Packung

kompliziertes Packsystem der beiden Einheiten. (Für das Oktaeder sind 12 Kantenstäbe und für das Tetraeder 6 erforderlich.) Σ 12 + (6−3) = 15 Stäbe gleicher Länge.

Sechseckpyramide und Doppeltetraeder-Packung.

sehr kompliziertes Packsystem der Einheiten. (Pyramide 12 und Doppeltetraeder 9 Kantenstäbe.) Σ 12 + 2·(9−3) = 24 Stäbe ungleicher Länge.

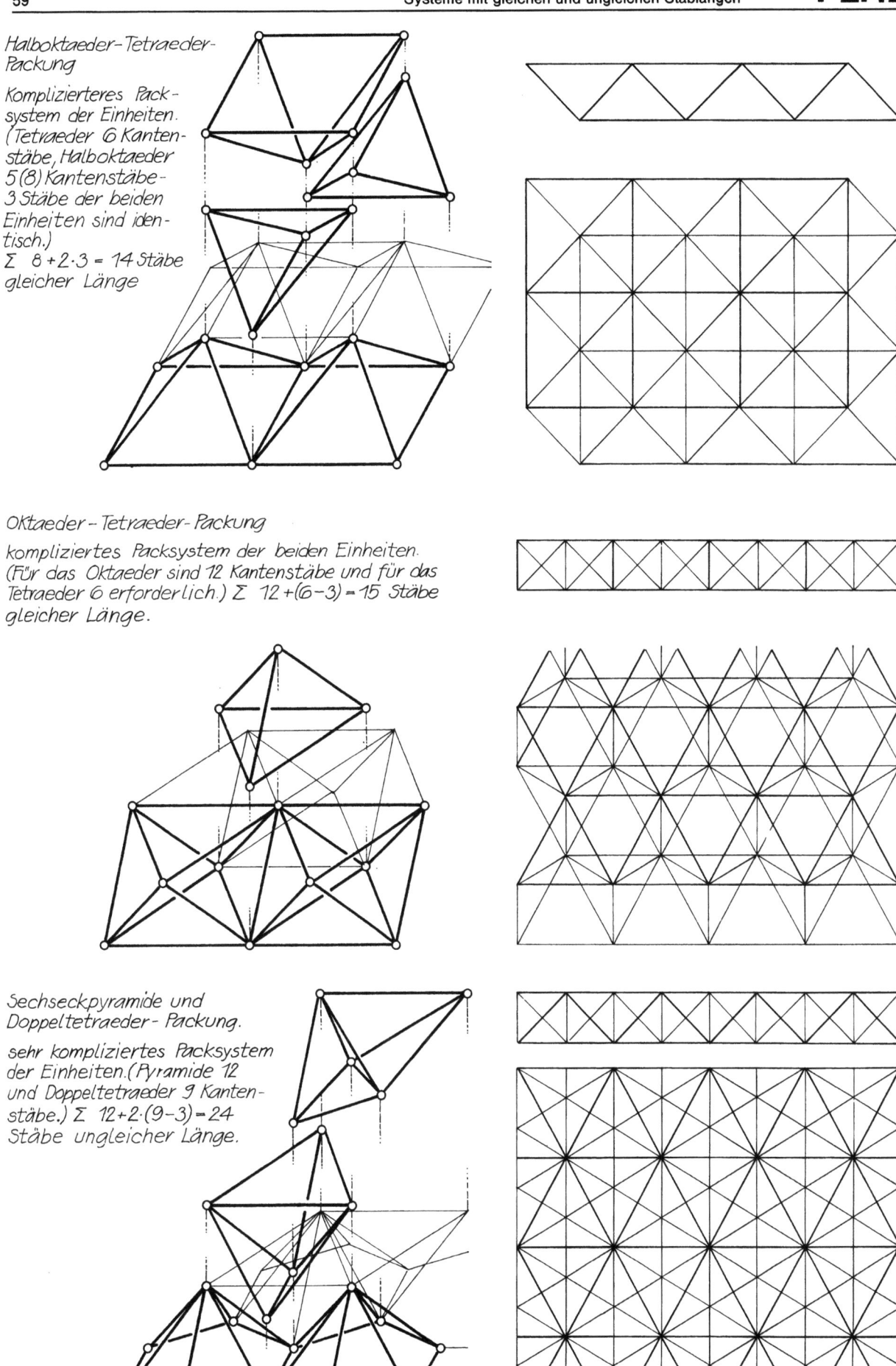

T-2.50 Vektoraktive Tragsysteme — Türme
Würfel, Tetraeder

Strukturysteme aus Druck- und Zugstäben

Räumliche Fachwerke bestehen aus Zug- und Druckstäben, wie dies auch bei normalen ebenen Fachwerken der Fall ist. Werden geometrische Grundkörper übereinander geschichtet, so entstehen Türme, Stützen oder auch Ausstellungssysteme. Die Transparenz (optische Leichtigkeit) solcher Systeme läßt sich dadurch steigern, daß lediglich die Druckstäbe, der Knickung wegen aus Stäben mit einer größeren Querschnittsfläche gebildet werden, während die Zugglieder aus Seilen oder dünnen Stäben bestehen können.

Voraussetzung für eine ausreichende Aussteifung auch gegen seitliche Belastungen ist eine Vorspannung in den Zuggliedern, die natürlich eine Erhöhung der Druckspanungen in den Druckstäben hervorruft.

Auf den Blättern T-2.51 - T-2.56 sind eine Reihe von Möglichkeiten für derartige Türme, Stützen oder Ausstellungssysteme gezeigt, wobei der Grundkörper Würfel immer beibehalten wurde. Je nach erforderlicher Nutzung kann die Anzahl der Druckstäbe letztlich bis auf zwei je Etage reduziert werden. Diese räumliche Fachwerkstruktur (siehe hierzu Seite T-2.55) ist nicht mehr in der Lage, große zusätzliche vertikale Nutzlasten aufzunehmen. Die Anzahl der Zugglieder ist sehr groß; dadurch sind Formänderungen auch im elastischen Bereich nicht zu vermeiden.

Auf Seite T-2.57 sind unter demselben Gesichtspunkt wie zuvor vertikale Schichtungen von räumlichen Fachwerken gezeigt, die aus Dreiecksprismen bestehen. Die Möglichkeiten sind dabei nicht so zahlreich, wie bei dem Würfelsystem, da das in sich steife Dreieck schon Grundstruktur des Dreiecksprismas ist.

Vektoraktive Tragsysteme – Türme
Würfel, Tetraeder

T-2.51

Ausgangspunkt ist der Würfel (Quader) wegen seiner orthogonalen Addierbarkeit zu grossen Strukturen

1. Würfel bestehend aus 6 Flächen (Quadraten), die jede für sich durch eine Druck-(Zug-)diagonale ausgesteift ist; also eigentlich aus 12 Dreiecken.
18 Druckstäbe

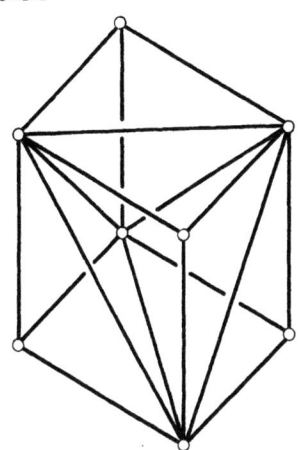

Aussteifungs-prinzip

Druck – Druck – Druck

2. Würfel auf einer Grundfläche befestigt. Durch die Auflösung des Tetraeders (bestehend aus den Flächendiagonalen) können diese als Zugstäbe ausgebildet werden.
8 (12) Druckstäbe, 5 (6) Zugstäbe

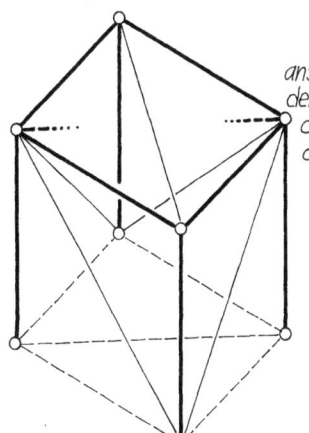

anstatt der Zugdiagonale ist in der oberen Fläche auch eine Druckdiagonale möglich – Beibehaltung des Tetraeders.

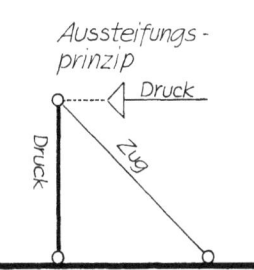

Aussteifungs-prinzip

Druck / Zug / Druck

3. Würfel auf einer Grundfläche befestigt. Tetraeder aus Druckstäben, der in den Punkten 1 und 2 nach unten abgespannt ist (Stab 1̄2̄ kann ein Zugstab sein).
6 (5) Druckstäbe, 2 (3) Zugstäbe

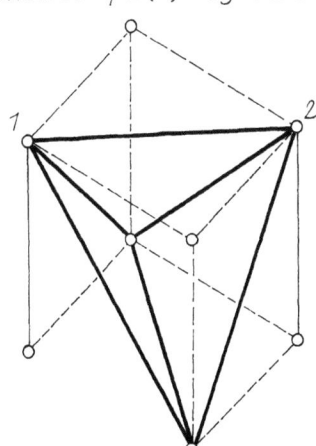

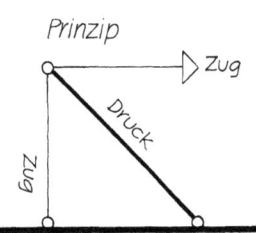

Prinzip

Zug / Druck / Zug

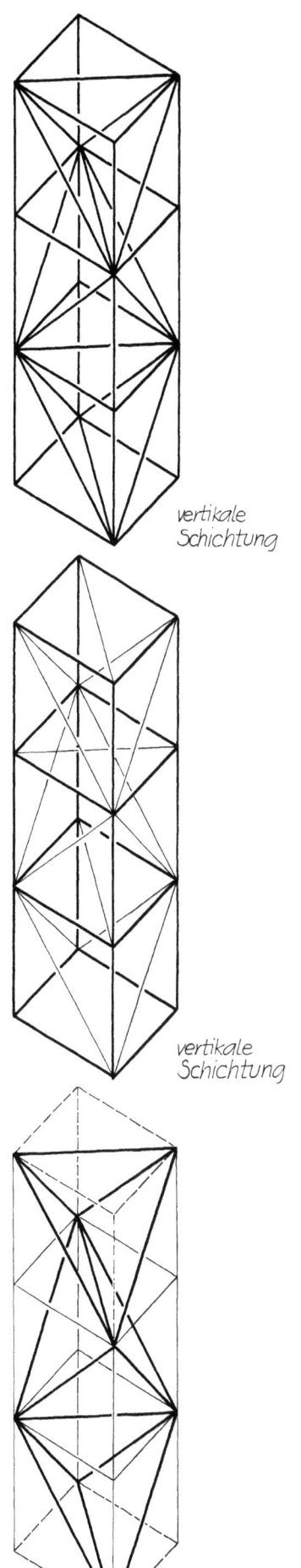

vertikale Schichtung

vertikale Schichtung

vertikale Schichtung

T-2.52 Vektoraktive Tragsysteme – Türme
Würfel, Tetraeder

Würfel, die durch eine Aussteifung einiger bis aller Seitenflächen stabilisiert werden.

4. Würfel, bei dem alle 6 Flächen durch zwei Zugstäbe ausgesteift sind.
12 Druckstäbe, 12 Zugstäbe

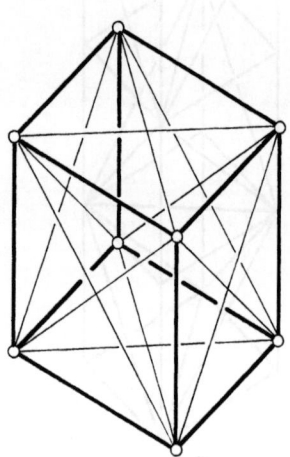

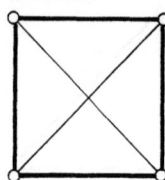

Aussteifungsprinzip

5. Würfel, bei dem zwei gegenüberliegende Flächen und die sie verbindende Diagonalfläche durch paarweise Zugdiagonalen ausgesteift sind. Z-förmige Aussteifung.
14 Druckstäbe, 6 Zugstäbe

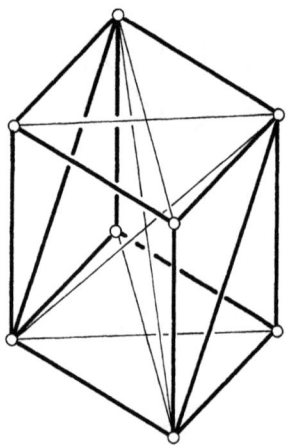

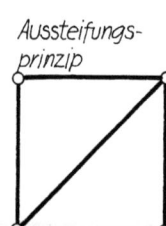

Aussteifungsprinzip

6. Würfel aus „Dreigelenksbögen"
28 Druckstäbe (4 verschiedene Stablängen müssen als Nachteil gewertet werden – sonst besonders stabile Konstruktion.)

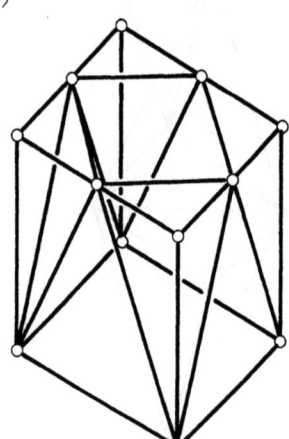

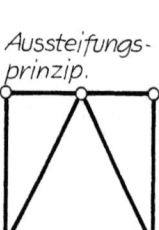

Aussteifungsprinzip.

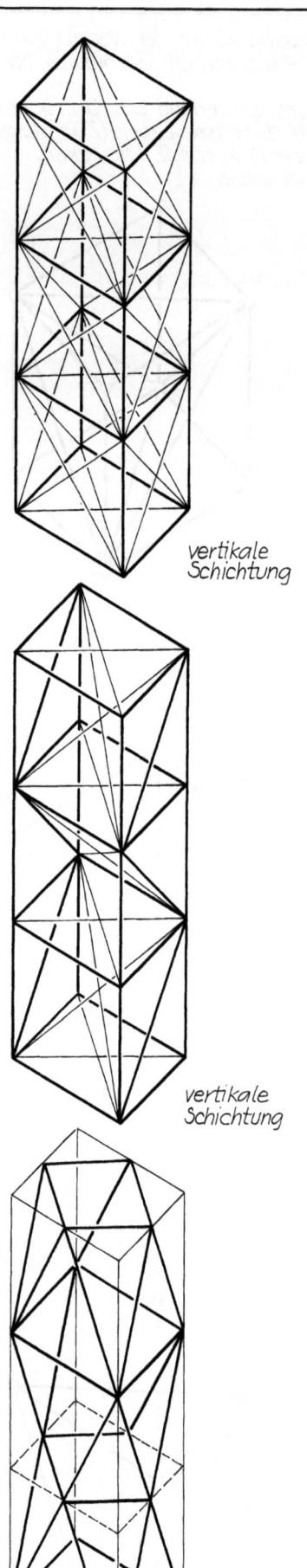

vertikale Schichtung

Vektoraktive Tragsysteme – Türme
Würfel, Tetraeder
T-2.53

Die Aussteifungssysteme dieser Seite basieren auf der Verwendung der Raumdiagonalen.

7. Würfel aus zwei sich rechtwinkelig kreuzenden Diagonalebenen, die mit Zugdiagonalen ausgesteift sind.
8 Druckstäbe, 12 Zugstäbe

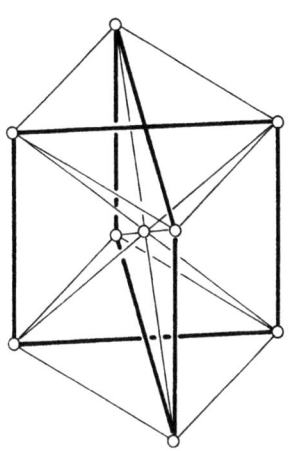

Aussteifungsprinzip

8. Würfel aus zwei vierseitigen Pyramiden zusammengesetzt.
16 Druckstäbe, 4 Zugstäbe

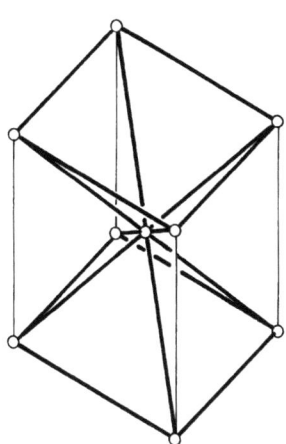

Aussteifungsprinzip

9. Würfel aus Raumdiagonalen, die als Druckstäbe verwendet werden.
4 Druckstäbe (ev. 8), 12 Zugstäbe

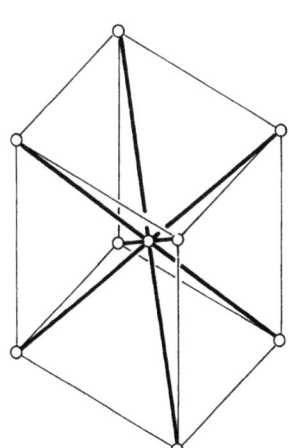

Aussteifungsprinzip

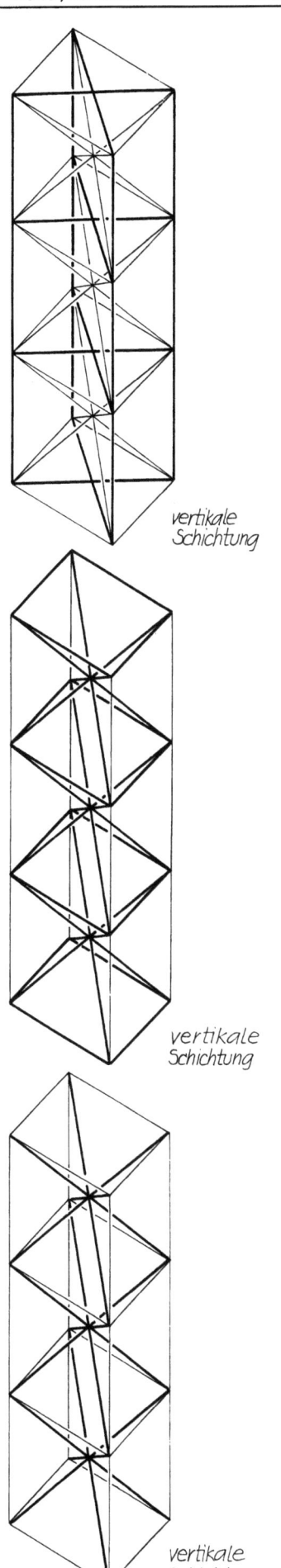

vertikale Schichtung

vertikale Schichtung

vertikale Schichtung

T-2.54 Vektoraktive Tragsysteme – Türme
Würfel, Tetraeder

Aussteifungssysteme über Diagonalflächen des Würfels. Bei einer vertikalen Schichtung wird dabei das Diagonalflächensystem je Etage um 90° gedreht.

10. Dachförmig angeordnete Diagonalflächen bilden einen Würfel. Die Zug-Druckdiagonalen dieser Flächen bilden durch die Verdrehung eine ineinanderliegende Wendel.
9 Druckstäbe 6 Zugstäbe, die sich bei der Schichtung auf 4 red.

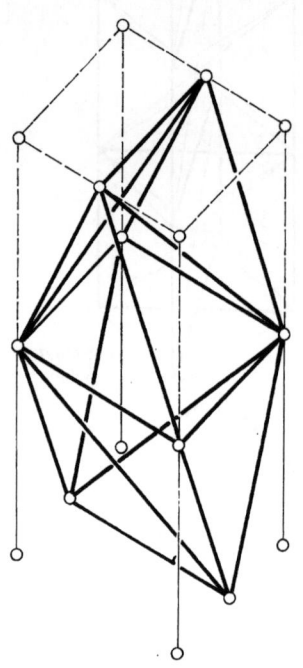
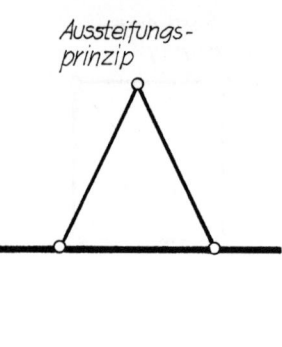

Aussteifungsprinzip

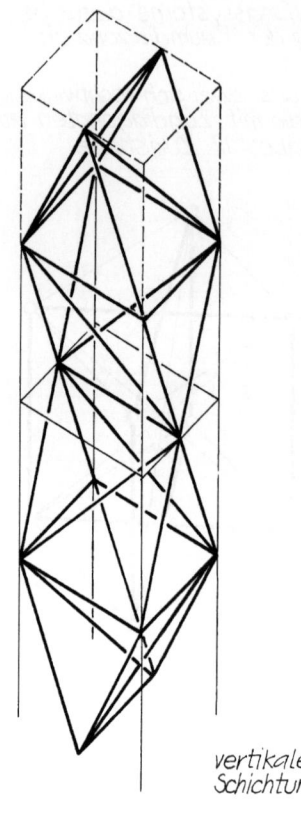

vertikale Schichtung

11. Die Diagonalflächen sind gegenüber 10 um 45° gedreht – dem Würfel eingeschriebener Tetraeder.
4 Druckstäbe 3 Zugstäbe, die sich bei einer Schichtung auf 5 erhöhen

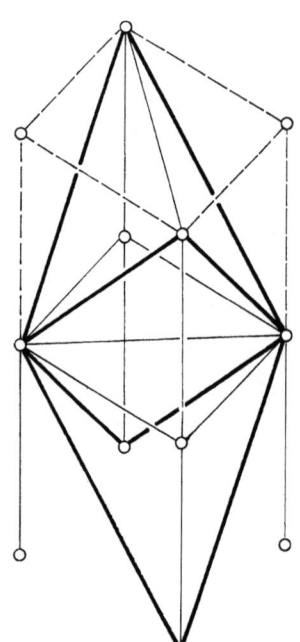
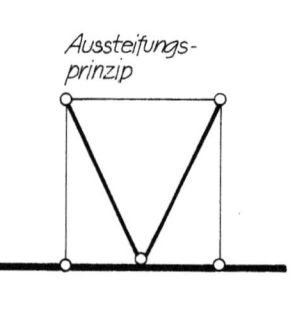

Aussteifungsprinzip

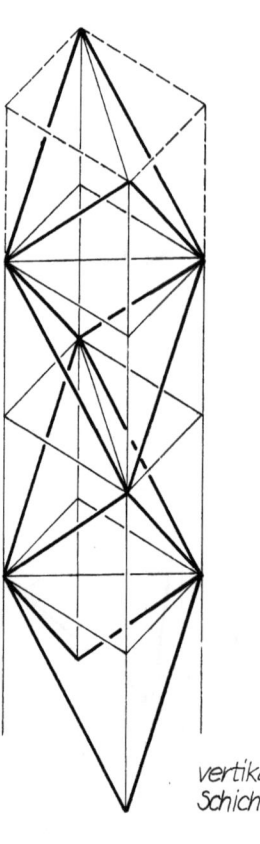

vertikale Schichtung

Vektoraktive Tragsysteme – Türme
Würfel, Tetraeder

T-2.55

Ansicht

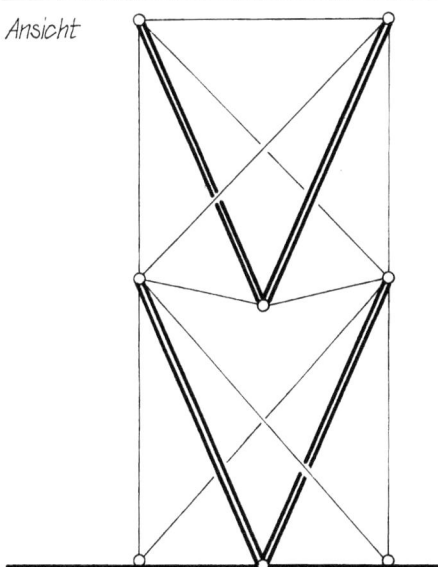

Ansicht über die Ecke

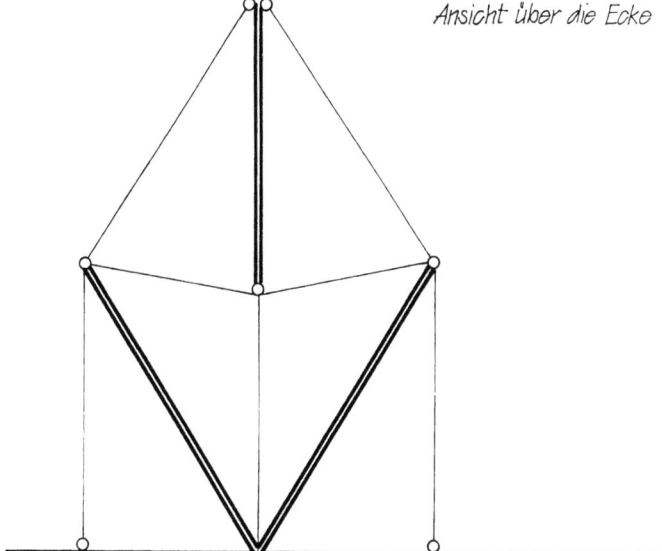

Grundriss

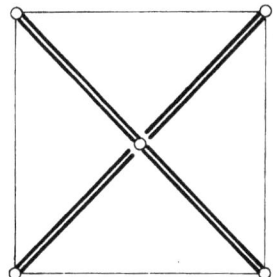

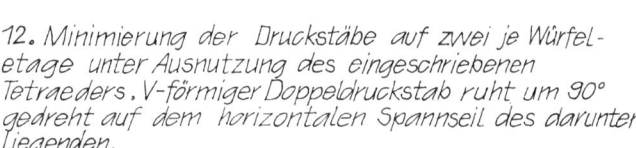

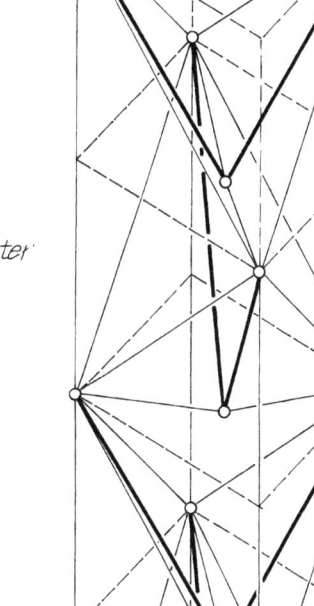

Schema der vertikal. Schichtung

12. Minimierung der Druckstäbe auf zwei je Würfel-
etage unter Ausnutzung des eingeschriebenen
Tetraeders. V-förmiger Doppeldruckstab ruht um 90°
gedreht auf dem horizontalen Spannseil des darunter
liegenden.
Aussteifungsprinzip wie bei Nr 10-T 2.54
2 Druckstäbe, 7 Zugstäbe.

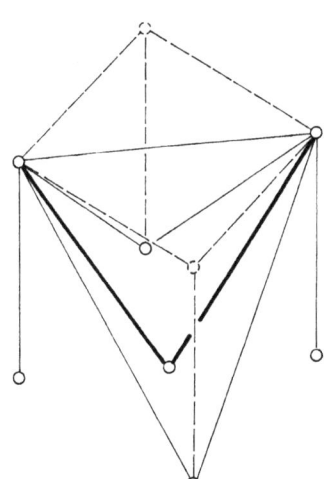
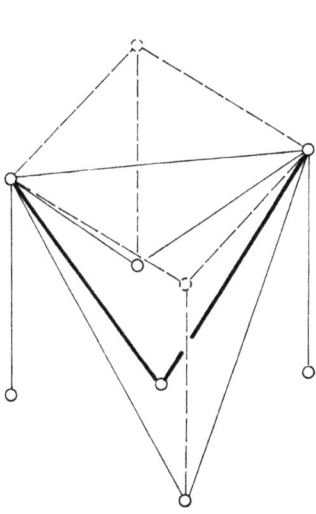

T-2.56 Vektoraktive Tragsysteme – Türme
Würfel

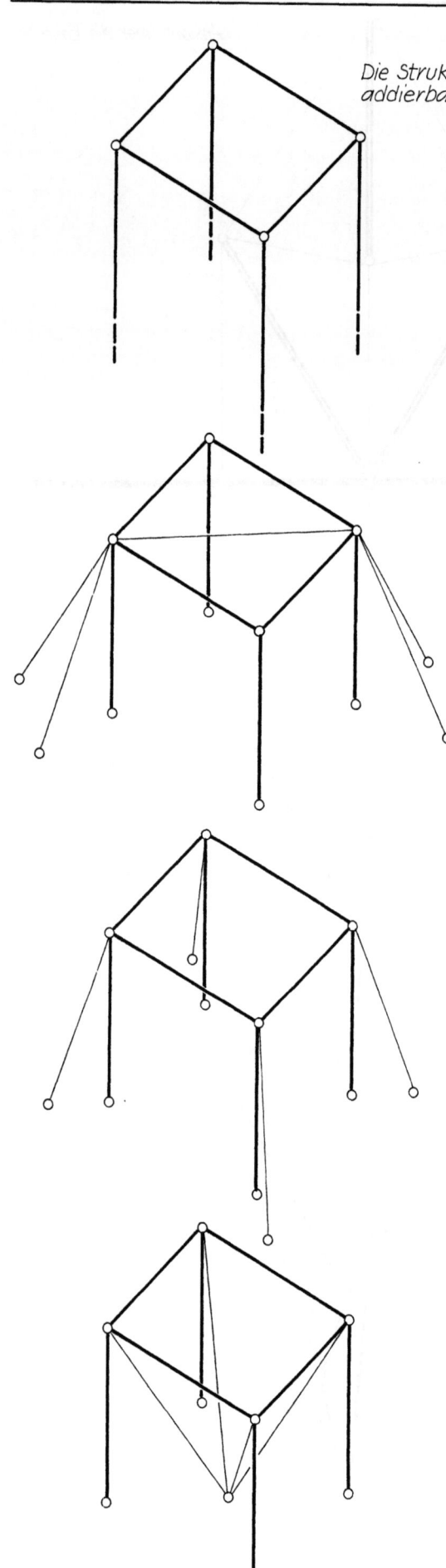

Die Struktursysteme dieser Seite sind allgemein nur in der Horizontalen addierbar, die vertikale Schichtung ist kaum möglich.

13. Würfel auf einer Grundfläche – die senkrechten Stäbe sind eingespannt (Ausnahme!)
4 Biegestäbe, 4 Zug-Druckstäbe

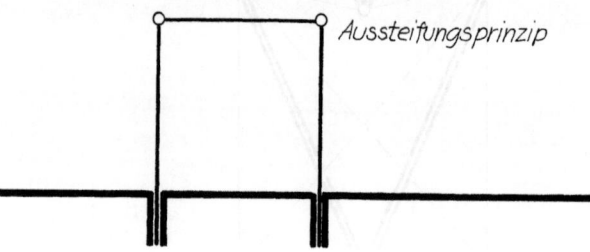

Aussteifungsprinzip

14. Würfel auf einer Grundfläche befestigt.
Geteilte Abspannung über die Diagonale.
8 Druckstäbe, 5 Zugstäbe

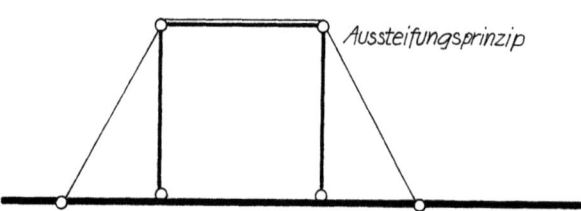

Aussteifungsprinzip

15. Würfel auf einer Grundfläche befestigt.
Abspannung ungeteilt über jede Diagonale.
8 Druckstäbe, 4 Zugstäbe;
gegen Verdrehung nur bedingt ausgesteift

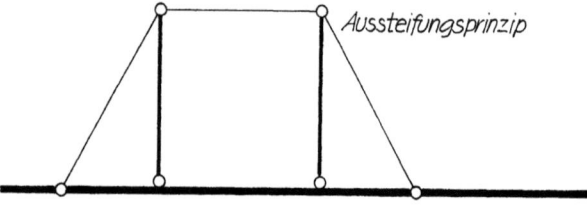

Aussteifungsprinzip

16. Würfel auf einer Grundfläche befestigt.
Abspannung nach der Mitte der Grundfläche.
8 Druckstäbe, 4 Zugstäbe;
gegen Verdrehung nur bedingt ausgesteift

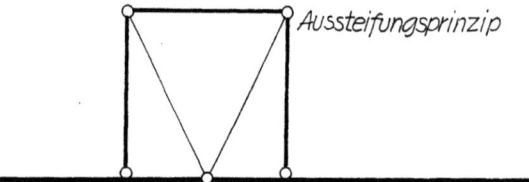

Aussteifungsprinzip

Vektoraktive Tragsysteme – Türme
Dreiecksprismen

Strukturysteme auf Dreiecksbasis, die Variationen sind gegenüber dem Würfel viel geringer.

17. Dreiecksprisma aus drei unregelmässigen Tetraedern
Aussteifende Diagonalen in den Seitenflächen.
12 Druck (Zug-)stäbe; wenn die Seitenflächen durch sich kreuzende Zugstäbe ausgesteift werden: 9 Druckstäbe, 6 Zugstäbe

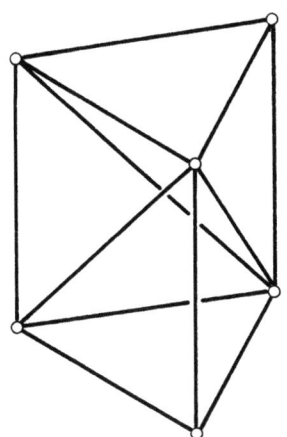
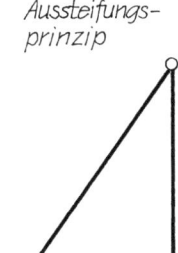

Aussteifungsprinzip

18. Dreiecksprisma aus „Dreigelenksbögen"
21 Druck (Zug-)stäbe, 3 unterschiedliche Stablängen sonst sehr stabile Struktur.

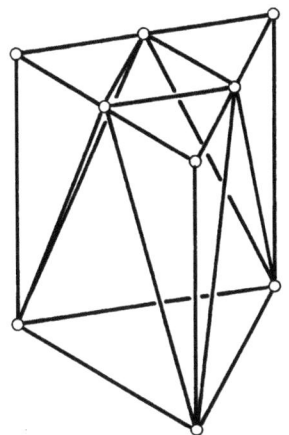
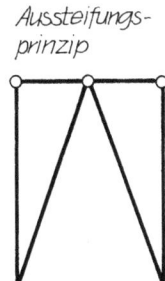

Aussteifungsprinzip

19. Zwei unregelmässige Tetraeder bilden eine Etage, wobei sie sich an einer Seite berühren.
11 Druckstäbe, 2 Zugstäbe

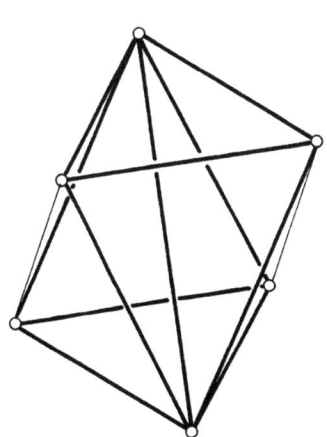

Aussteifungsprinzip

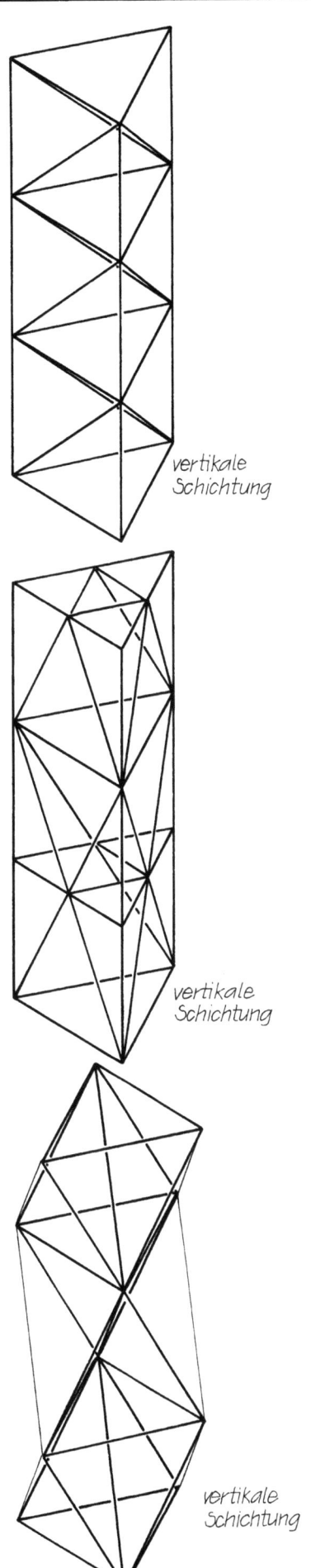

vertikale Schichtung

T-3.01 Massenaktive Systeme – Der Balken
Innere Kräfte

Alle Belastungen, die an einem Balken angreifen, bilden zusammen mit den Auflagerkräften, mit denen sie im Gleichgewicht sein müssen, die äußeren Kräfte. Diese äußeren Kräfte rufen im Balkenquerschnitt Kräfte hervor, die wir als innere Kräfte bezeichnen. Die inneren Kräfte werden also von den äußeren Kräften verursacht. Sollen die Wirkungen der äußeren Kräfte auf den Balken untersucht werden, so führt man gedachte Schnitte quer durch den Balken. Soll der verbleibende Balkenteil mit seinen äußeren Kräften in Ruhelage (Gleichgewichtszustand) bleiben, so müssen an der Schnittebene Schnittkräfte oder auch innere Kräfte angreifen. Um diese inneren Kräfte zu beurteilen, kann man sowohl die linke als auch die rechte Balkenhälfte betrachten. Aus Gründen der Vereinfachung wird man immer jene Balkenhälfte untersuchen, an der die geringere Anzahl der äußeren Kräfte angreift.

Auf Blatt T-3.11 ist ein Träger dargestellt, an dem zwei äußere Kräfte angreifen (F1 und F2). Diese Kräfte werden durch die Auflagerkräfte A und B im Gleichgewicht gehalten. Wir nehmen weiter an, daß im Punkt A ein festes Auflager und im Punkt B ein verschiebliches Auflager vorhanden ist. Für die Betrachtung der inneren Kräfte schneiden wir den Träger an der Stelle i. Unter der Voraussetzung, daß der Gleichgewichtszustand erhalten bleibt, müssen die drei Gleichgewichtsbedingungen:

Summe aller Horizontalkräfte = 0
Summe aller Vertikalkräfte = 0
Summe aller Momente = 0

erfüllt sein.

Normalkräfte

Dies sind die Kräfte, die in der Richtung der Trägerachse verlaufen. In dem gegebenen Fall wird die horizontale Komponente der Kraft F2 durch die horizontale Komponente der Auflagerkraft A im Gleichgewicht gehalten. Im Querschnitt i treten demnach Druckkräfte auf, die sowohl links als auch rechts des Schnittes auf die Schnittebene drücken. Zur weiteren Definition wird bestimmt, daß Zugkräfte ein positives Vorzeichen und Druckkräfte ein negatives Vorzeichen erhalten. In unserem Falle treten Druckkräfte auf, die Normalkraft ist demnach negativ.

Will man eine Verteilung der Normalkraft über die Trägerlänge zeichnen, so wird ein Kräftemaßstab angenommen und diese Kraft negativ nach unten an der Schnittstelle i aufgetragen.

Auch an der weiteren Schnittstelle i' bleibt die Normalkraft "N" gleichgroß. Im vorliegenden Falle bedeutet dies, daß zwischen der Angriffsstelle von F2 und dem Auflager A die Normalkraft immer dieselbe Größe hat.

Querkraft "Q"

Hier gilt die Gleichgewichtsbedingung daß die Summe aller Vertikalkräfte gleich 0 sein muß. An der Schnittstelle i wirkt links von ihr die Vertikalkomponente der Auflagerkraft A und entgegengesetzt F; es verbleibt als Kraft die Differenz der beiden Kräfte. Für die weitere Schnittstelle i verbleibt links von ihr lediglich die Vertikalkomponente der Auflagerkraft A; die Querkraft entspricht in Größe und Richtung dieser Kraft. Auch hier ist eine Definition durch Vorzeichen erforderlich. Wirkt die Querkraft links der Schnittstelle nach oben, so ist sie positiv; wirkt sie links der Schnittstelle nach unten, so ist sie negativ. Ebenso wie für die Normalkraft kann auch für die Querkraft eine Verteilung über die gesamte Trägerlänge vorgenommen werden. Dabei werden positive Querkraftsanteile von einer Nullinie nach oben angetragen, negative nach unten. Änderungen der Querkräfte treten immer dort auf, wo die Wirkungslinien der senkrechten Kraftkomponenten liegen.

Biegemoment "M"

In diesem Falle gilt die Gleichgewichtsbedingung: die Summe aller Momente = 0. Als Drehpunkt der Momente wird der Schwerpunkt der Querschnittsfläche angenommen. Für die Wahl eines Vorzeichens dieser Biegemomente ist es erforderlich, eine Randfaser oder "Kennfaser" an dem Balken anzunehmen. Es gilt: wird die Bezugs- oder Kennfaser durch ein Biegemoment gezogen, so erhält es ein positives Vorzeichen, wird die Bezugs- oder Kennfaser durch das Biegemoment gedrückt, so wird das Vorzeichen negativ. Es sei hier ausdrücklich darauf hingewiesen, daß dies nichts mit der Festlegung des Vorzeichens bei Drehmomenten zutun hat.

Bei Trägern hat es sich eingebürgert, daß die Kenn- oder Bezugsfaser an der Balkenunterseite gedacht wird.

Ist ein Träger mit mehreren senkrechten Einzelkräften belastet, so wird die Größe der Auflagerkräfte A und B mittels des Seileckes bestimmt. (Siehe T-0.3)

Für die rechnerische Bestimmung der Auflagerkräfte kann man wechselweise die Momente um die Punkte A und B bilden, die durch die entsprechende Auflagerkraft im Gleichgewicht gehalten werden müssen. Die zeichnerische Bestimmung der Momente ist relativ aufwendig. Es besteht eine Ähnlichkeit zwischen dem Seileck und der Momentenfläche. Viel einfacher ist es jedoch, die Momente punktweise zu bestimmen.

Gleichlast

Für die Betrachtungen, die in diesem Buche angestellt werden, ist das Auftreten der Gleichlast der Regelfall. Eine Gleichlast, die über die gesamte Trägerlänge hinweg gleich groß ist, bewirkt zwei gleich große Auflagerkräfte A und B. In der Trägermitte tritt das maximale Feldmoment auf, das sich entsprechend einer quadratischen Parabel verteilt. Die Ableitung dieser Momentenlinie und der entsprechenden Querkraftslinie möge dem Blatt T-3.12 entnommen werden.

In ähnlicher Weise lassen sich die Momente und die Querkräfte an Freiträgern bestimmen.

Für den statisch Interessierten ist auf Blatt T-3.13 noch die Momentenverteilung und die Querkraftslinie bei Krakträgern dargestellt. In vereinfachender Weise sind die Einflüsse von Trägerspannweite und Auskragung eines Balkens auf den Verlauf der Momentenlinie im Blatt T-3.14 gezeigt. Es zeigt sich, daß zu weite Auskragungen sehr große Stützmomente hervorrufen, während geringe Auskragungen das maximale Moment in Feldmitte bewirken.

Auf Blatt T-3.15 ist dargestellt, auf welche Art und Weise das Wirken der äußeren Kräfte an einem Balken sichtbar gemacht werden kann. Ganz grundsätzlich hat der Balken eine Umleitfunktion. Ihm gelingt es, beliebig angreifende Kräfte in seiner Querschnittsfläche zu bündeln und zu den Auflagern abzuleiten. Diese Bündelung und Umleitung der Kräfte wird durch die stoffliche Masse und ihre Kontinuierlichkeit bewirkt. Anhand einer Reihe von Modellen, lassen sich die aufgestellten Behauptungen nachweisen.

1. Querschnittsebenen bleiben als Ebenen erhalten und neigen sich infolge Biegung zueinander.

2. Infolge vertikaler Belastungen entstehen an der Balkenoberseite Druckspannungen und an der Balkenunterseite Zugspannungen.

3. Diese Druckspannungen nehmen kontinuierlich von der Randfaser zur Balkenmitte hin ab. In der Balkenmitte (längs der horizontalen Schwerachse des Balkenquerschnittes) treten weder Zug- noch Druckspannungen auf.

4. Die äußeren Kräfte werden durch entsprechende innere Kräfte im Gleichgewicht gehalten. Tritt reine Biegung auf, so entspricht dem Moment der äußeren Kräfte ein Moment der inneren Kräfte.

5. Infolge reiner Biegung entstehen nicht nur horizontale Druck- und Zugkräfte, die die einzelnen Balkenfasern gegeneinander verschieben wollen, sondern auch Vertikalkräfte - die Querkräfte - die in der Kombination mit den Zug- und Druckkräften zu den Hauptspannungen des Balkens werden.

Die Hauptspannungen ergeben für einen Balken ein isostatisches Liniennetz. Dieses ist in Folge der Auflagerbedingungen an den Balkenenden gestört. Die Linien der Hauptspannungen oder auch der Linien der Hauptkraftrichtungen bilden in einem Träger ein sich rechtwinkelig kreuzendes Netz von Zug- und Druckgewölben.

T-3.11 Massenaktive Tragsysteme — Der Balken
Innere Kräfte

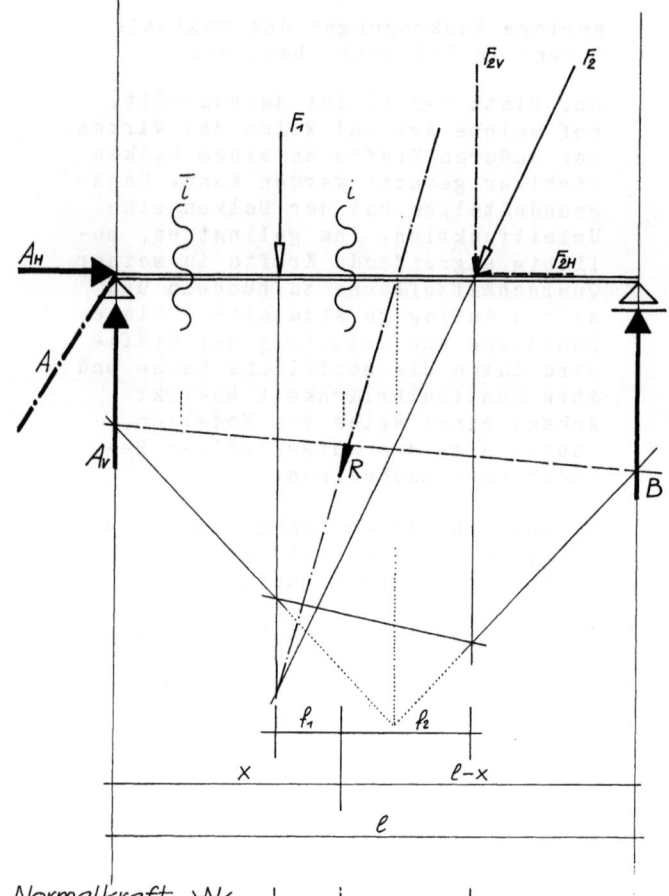

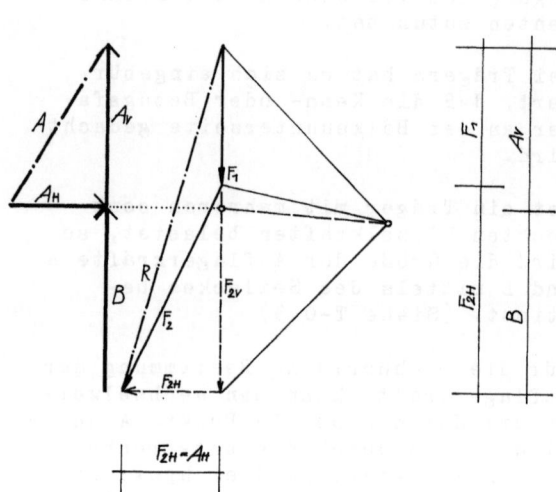

Die Belastungen bilden zusammen mit den Auflagerkräften, mit denen sie im Gleichgewicht sein müssen, die äusseren Kräfte. Diese äusseren Kräfte bewirken in dem Träger Kräfte, die den äuss. Kräften ihre Ursache verdanken. Diese inneren Kräfte verformen den Träger; zB: er biegt sich durch.

Normalkraft ›N‹

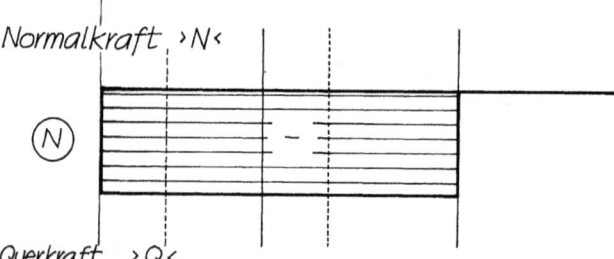

N für eine Schnittstelle i = Σ aller parallel zur Balkenachse wirk. Kräfte links o. rechts von i
Vorzeichen: Zugkräfte (+); Druckkräfte (−)

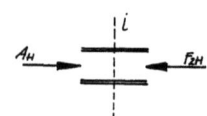 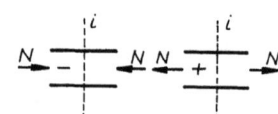

Querkraft ›Q‹
Träger im Gleichgewicht → ΣV=0; die Kraftecke schliessen sich durch Addition der äusseren Kräfte; nicht durch Ergänzung durch innere Kräfte

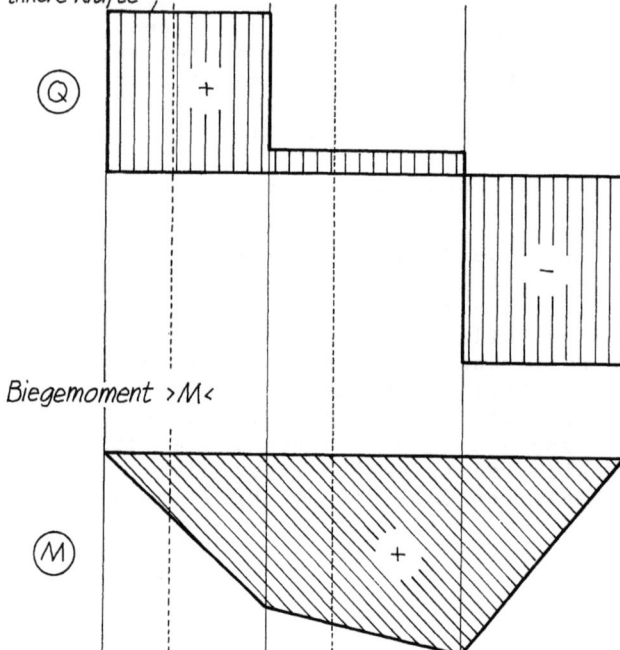

Q für eine Schnittstelle i = Σ aller senkrecht zur Balkenachse wirkenden Kräfte links o. rechts von i
Vorzeichen: Links von i nach unten (−)
 links von i nach oben (+)

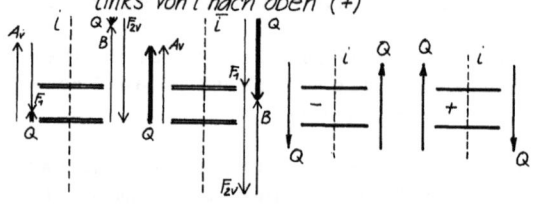

Biegemoment ›M‹

M für eine Schnittstelle i = Σ aller Momente links o. rechts von i bezogen auf den Schwerpunkt des Querschnittes.
Vorzeichen: Einführen einer Randfaser des Balkens als Bezugsfaser, stets am unteren Rand
 Bezugsfaser durch M gezogen (+)
 Bezugsfaser durch M gedrückt (−)

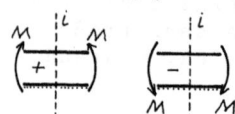

$M;links = +A_v \cdot x - F_1 \cdot f_1$
$M;rechts = +F_{2v} \cdot f_2 - B \cdot (\ell - x)$
$M;links = 0$? $A_v > F_1$; $x > f_1$; $A_v \cdot x > F_1 \cdot f_1$ → $M;links \neq 0$

Massenaktive Tragsysteme – Der Balken
Biegemomente
T-3.12

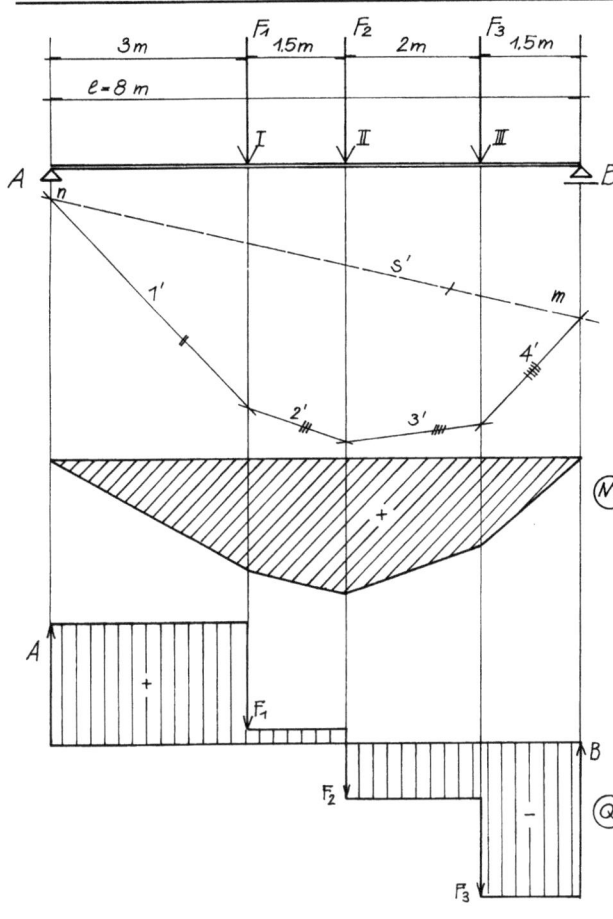

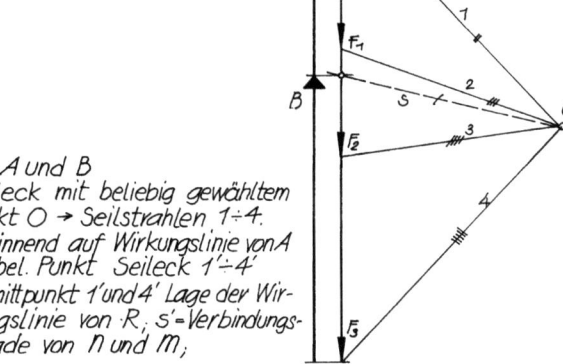

$F_1 = 3 kN; F_2 = 2 kN; F_3 = 4 kN$
Auflagerkräfte, Momente und Querkräfte infolge Einzellasten.

1. ? A und B
Seileck mit beliebig gewähltem Punkt $O \rightarrow$ Seilstrahlen $1 \div 4$. beginnend auf Wirkungslinie von A an bel. Punkt Seileck $1' \div 4'$ Schnittpunkt $1'$ und $4'$ Lage der Wirkungslinie von R; s'-Verbindungsgerade von n und m;

$A \rightarrow$ Momente um $B = 0$; $B \rightarrow$ Momente um $A = 0$; $A + B = \Sigma V$
Mom. um $B = 0 = A \cdot \ell - F_1 \cdot 5m - F_2 \cdot 3,5m - F_3 \cdot 1,5m$;
$A = (3 \cdot 5 + 2 \cdot 3,5 + 4 \cdot 1,5) : \ell = 3,5 kN$
$B = \Sigma V - A = 3 + 2 + 4 - 3,5 = 5,5 kN$

2. ? sind die Momente in den Punkten I, II, III
zeichn. aufwendig M ähnlich dem Polygon $1', 2', 3', 4', s'$
rechnerisch viel einfacher
$M_I = +A \cdot 3m = 3,5 kN \cdot 3m =$ 10,5 kNm
$M_{II} = +A \cdot 4,5m - F_1 \cdot 1,5m = 3,5 \cdot 4,5 - 3 \cdot 1,5 =$ 11,25 kNm
$M_{III} = B \cdot 1,5m = 5,5 kN \cdot 1,5m =$ 8,25 kNm

3. ? Q in I, II, III
$Q_I = +A - F_1 = 0,5 kN$; $Q_{II} = +A - F_1 - F_2 = -1,5 kN$; $Q_{III} = +A - F_1 - F_2 - F_3 = -5,5 kN (= -B)$

Gleichlast $q = 2 kN/m$ (setzt sich aus Eigengewicht + Nutzlast zusammen)

1. ? A und B
$A = B = q \cdot \ell/2 = 2 kN/m \cdot 4m = 8 kN$

2. ? Momente in $i_I; i_{II}; i_{III}$
$M_I = A \cdot 2m - q \cdot 2m \cdot 1m =$ ($q \cdot 2m = F_I$)
 $= 8 kN \cdot 2m - 2 kN/m \cdot 2m \cdot 1m = 16 kNm - 4 kNm = 12 kNm$
$M_{II} = A \cdot 4m - q \cdot 4m \cdot 2m = (q \cdot 4m = F_{II})$ $= 16 kNm$
$M_{III} = B \cdot 1m - q \cdot 1m \cdot ½m = (q \cdot 1m = F_{III})$ $= 7 kNm$
Momentenlinie – kein Polygonzug sondern eine Kurve!
$M_{II} = $ Moment in Trägermitte = maximales Moment M_{max}
$M_{max} = A \cdot \ell/2 - q \cdot \ell/2 \cdot \ell/4 = A \cdot \ell/2 \cdot \ell/4 = /A = q \cdot \ell/2$
$\frac{q \cdot \ell^2}{4} - \frac{q \cdot \ell^2}{8} = \frac{q \cdot \ell^2}{8}$; (quadratische Parabel $x = a \cdot y^2$) Momentenlinie quadr. Parabel.
M an beliebiger Stelle x $M_x = A \cdot x - q \cdot x \cdot x/2 = q/2 \cdot (\ell x - x^2)$

3. ? Q in den $i_I; i_{II}; i_{III}$
$Q_A = +A = q \cdot \ell/2 = 2 kN/m \cdot 4m =$ 8 kN
$Q_I = A - q \cdot 2m = 2 kN/m \cdot 4m - 2 kN/m \cdot 2m =$ 4 kN
$Q_{II} = A - q \cdot 4m = 2 kN/m \cdot 4m - 2 kN/m \cdot 4m =$ 0
$Q_{III} = B + q \cdot 1m = -2 kN/m \cdot 4m + 2 kN/m \cdot 1m =$ 6 kN
$Q_B = -B = -2 kN/m \cdot 4m =$ 8 kN
$Q_x = A - q \cdot x = q \cdot (\ell/2 - x)$
Querkraftslinie ist eine Gerade
$M_{max} = Q = 0$ in Feldmitte
$M_x = q/2 \cdot (\ell x - x^2)$ $\frac{dM_x}{dx} = q/2 \cdot 2 (\ell/2 - x) = q \cdot (\ell/2 - x) = Q_x$

$x = \ell/2$ $M_x = q/2 \cdot (\ell \cdot \ell/2 - \ell^2/4) = \frac{q \cdot \ell^2}{8} = M_{max}$

$Q_x = q/2 \cdot (\ell/2 - \ell/2) = 0 = Q_{min}$

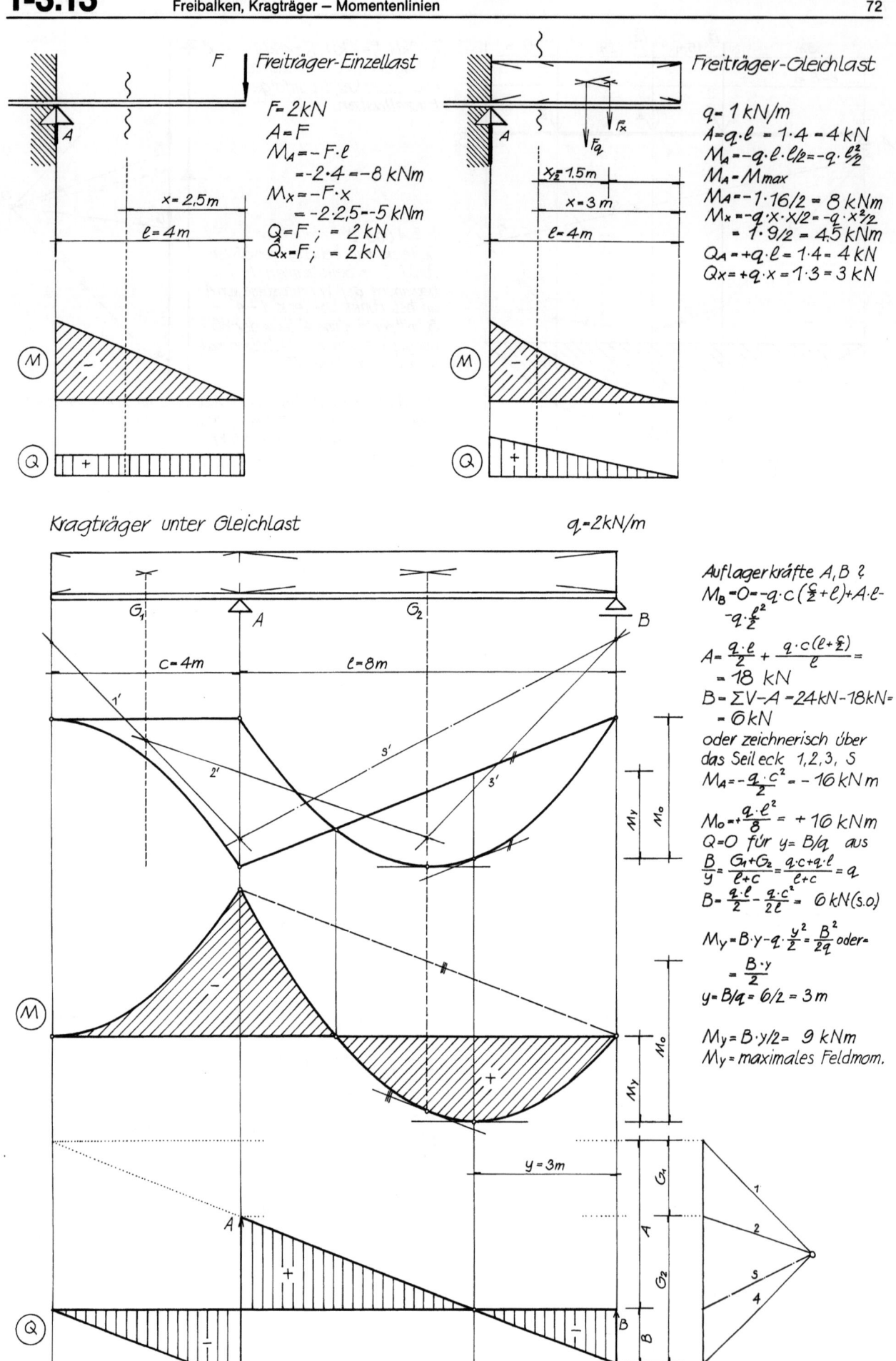

Massenaktive Tragsysteme – Der Balken
Freibalken, Kragträger – Momentenlinien

T-3.13

Momente unter wechselnder Belastung
Die Gleichlast q setzt sich allgemein aus dem Eigengewicht g und der Verkehrslast p zusammen

1. $p = 3g$; $q = p+g$
2. $p = g$; $q = p+g$

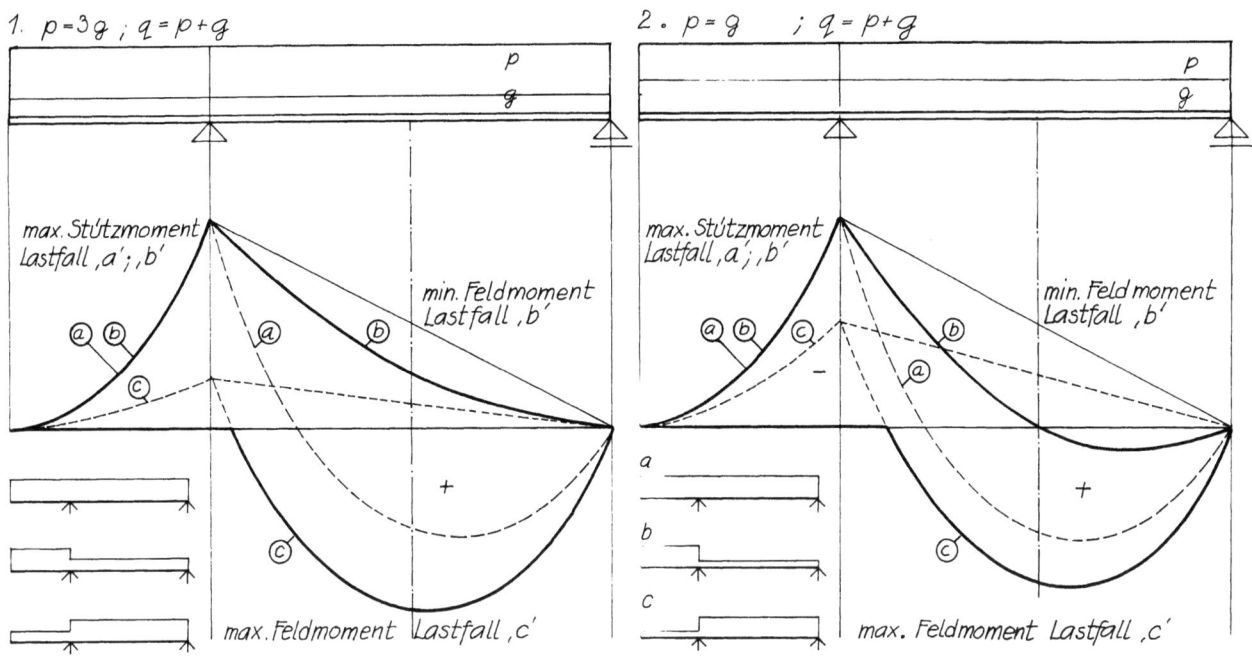

3. beidseitiger Kragträger $p = 3g$; $q = p+g$

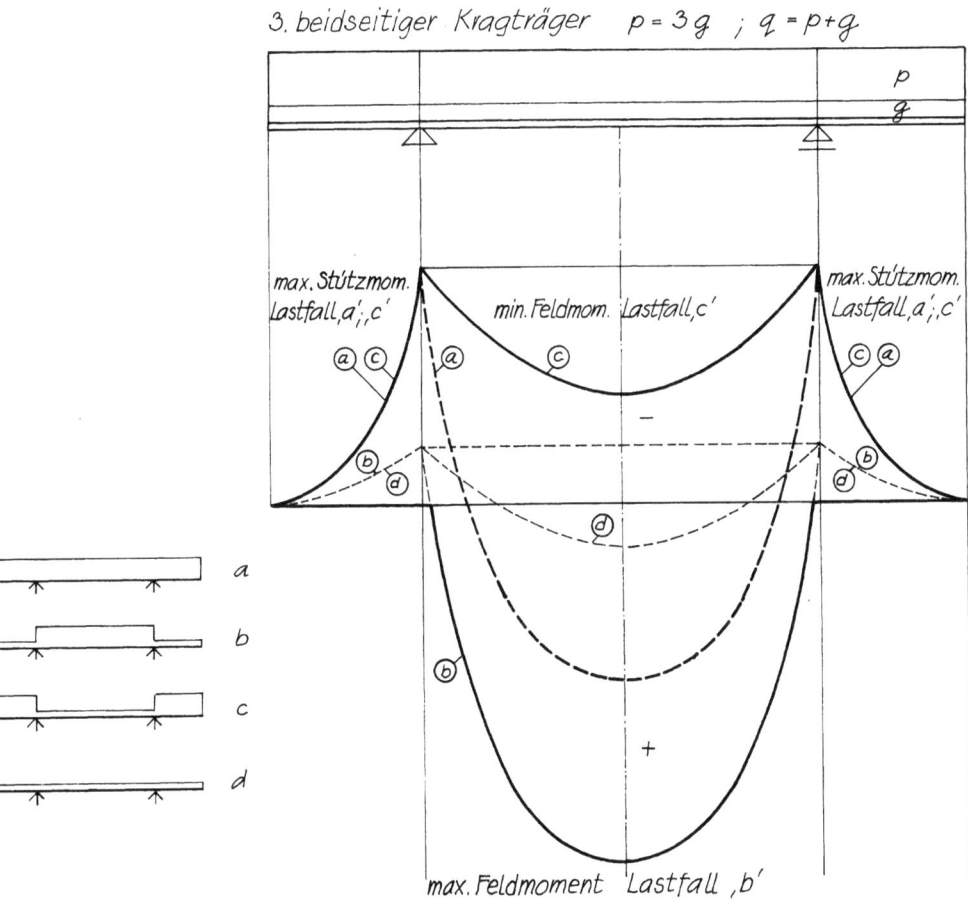

Es ist bemerkenswert, dass durch wechselnde Lastfälle die Feldmomente Maximalwerte annehmen, die über den Höchstwerten liegen, die sich aus der Gesamtbelastung $g+p$ ergeben.
Die Differenz wird umso grösser je kleiner g im Verhältnis zu p ist.
Das Gesamtmoment über die gesamte Trägerlänge ist die Hüllkurve aller Momentenlinien der einzelnen Lastfälle

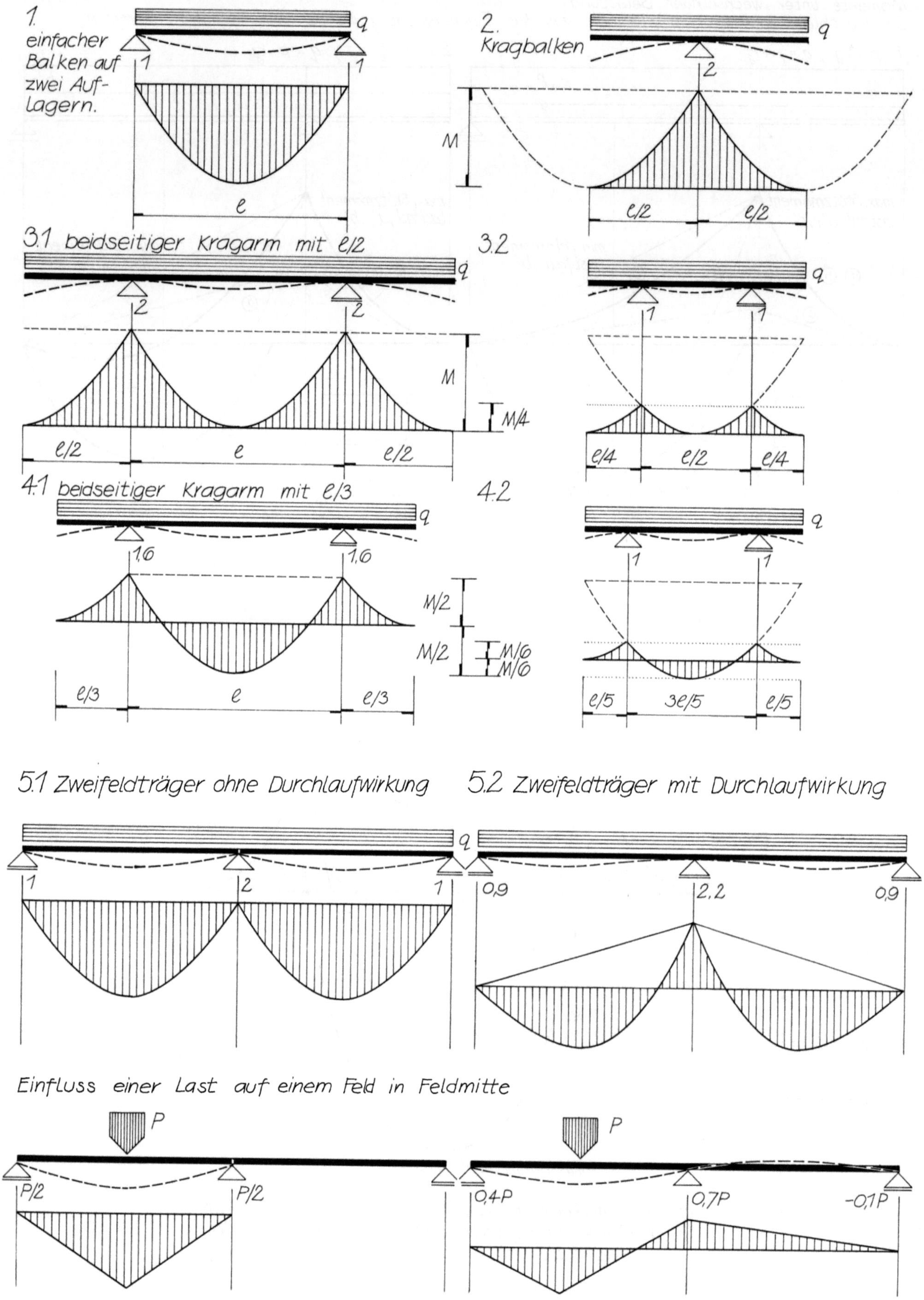

T-3.14 Massenaktive Tragsysteme – Der Balken
Kragträger, Durchlaufträger – Momentenlinien

1. einfacher Balken auf zwei Auflagern.

2. Kragbalken

3.1 beidseitiger Kragarm mit $e/2$

3.2

4.1 beidseitiger Kragarm mit $e/3$

4.2

5.1 Zweifeldträger ohne Durchlaufwirkung   **5.2** Zweifeldträger mit Durchlaufwirkung

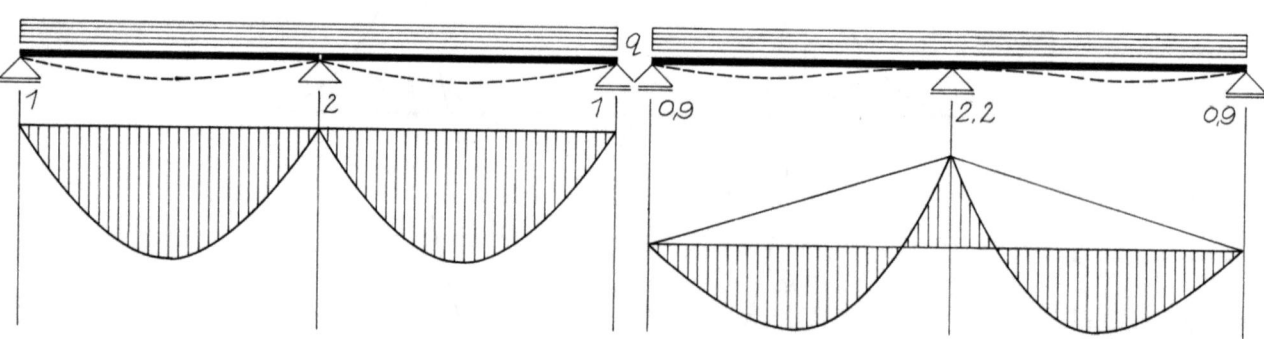

Einfluss einer Last auf einem Feld in Feldmitte

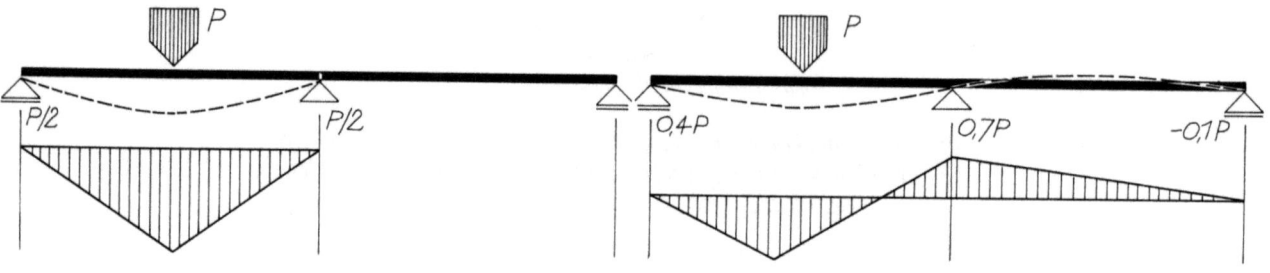

Massenaktive Tragsysteme – Der Balken
Schnittgrößen — T-3.15

System der Kraftumlenkung
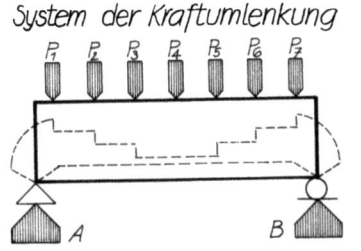

Biegung
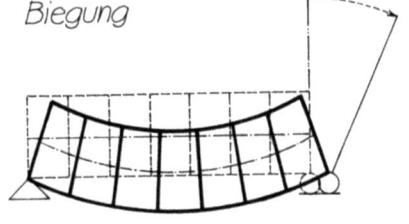

Die äusseren Kräfte P_1–P_7 werden durch die stoffliche Masse und Kontinuierlichkeit umgelenkt.

Die äusseren Kräfte und ihre Reaktionen bewirken eine Drehung der Querschnittsflächen – Krümmung der Längsachse.

Horizontale Scherkräfte
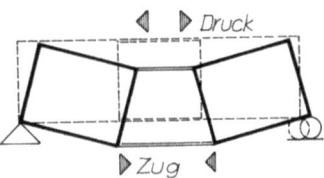

Zug – Druck
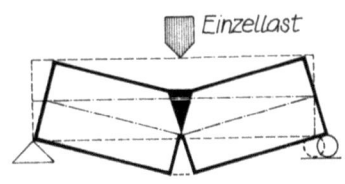
Einzellast

Verformung

Die Durchbiegung verursacht eine Verkürzung der oberen Fasern und eine Verlängerung der unteren. Die Mittellinie erfährt nur eine Verformung, keine Längenänderung.
oberste Randfaser grösste Verkürzung = Druckmaximum
unterste Randfaser grösste Verlängerung = Zugmaximum.

Das Moment der äusseren und inneren Kräfte.

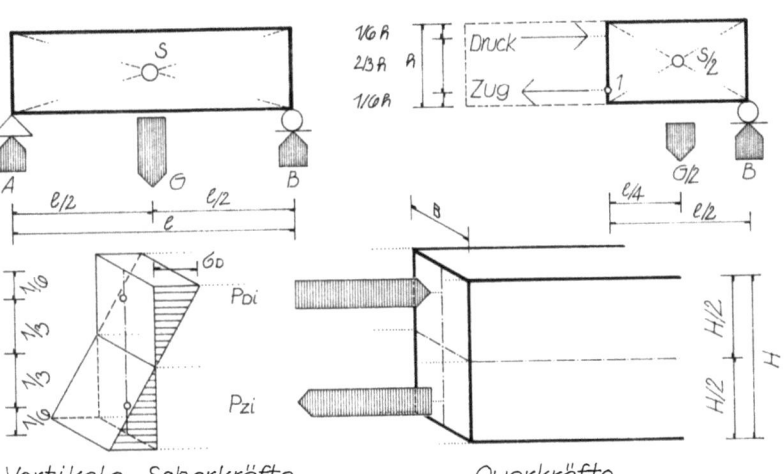

Balken:
2 Auflager, Eigengewicht G, Auflagerreaktionen $A = B = G/2$, G im Schwerpunkt.
Es herrscht Gleichgewicht wenn:
$\Sigma V = 0$ $(A+B=G)$, $\Sigma M = 0$, $\Sigma H = 0$

1/2 Balken wird entfernt – Folge: Ungleichgewicht. herstellen des Gleichgewicht durch neue Kräfte (Zug, Druck).
Momente um den Drehpunkt 1:
$M_a = G/2 \cdot L/4 - B \cdot L/2$ | $B = G/2$
$M_a = G/2 \cdot L/4 - G/2 \cdot L/2 = -G/2(L/2 - L/4) = -G L/8$
$G = q \cdot L$ dann $M_a = q \cdot L^2/8$
$M_i = P_{Di} \cdot a$; $\Sigma M = 0$; $M_i + M_a = 0$; $M_a = M_i$
$-G L/8 = P_{Di} \cdot a$ oder $-G \cdot L/8 = P_{zi} \cdot a$
$P_{Di} = B \cdot H/2 \cdot 1/2 \cdot \sigma_D$
$P_{zi} = B \cdot H/2 \cdot 1/2 \cdot \sigma_Z$ (wenn $\sigma_D = \sigma_Z$)
$M_1 = B \cdot H/2 \cdot 1/2 \cdot \sigma_D \cdot H \cdot 2/3 = B \cdot 2/6 H^2 \cdot 1/2 \sigma_D = 1/6 \cdot B \cdot H^2 \sigma_D$; $M_i = 1/6 \cdot B H^2 \cdot \sigma_{zul}$ ($1/6 \cdot B H^2 = W$)
$M_a = M_i = W \cdot \sigma_{zul}$; $W = M_a / \sigma_{zul}$.

Vertikale Scherkräfte

Querkräfte
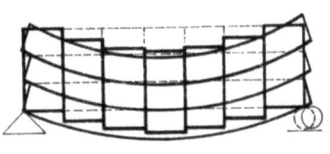

Durch die gegensinnige Wirkungsrichtung von Lasten und deren inneren Reaktionen versuchen die äusseren Kräfte die Vertikalebenen gegeneinander zu verschieben.
Es werden Querkräfte erzeugt, die die Vertikalebenen zu verschieben suchen und damit Durchbiegung bewirken.

Überlagerung der horizontalen und vertikalen Scherkräfte
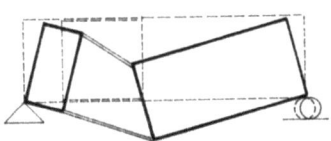
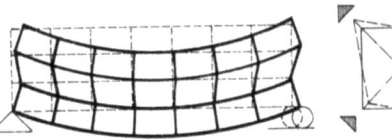

Infolge der Durchbiegung entstehen horizontale Scherkräfte –
Querkräfte und horizont. Scherkräfte vereinigen sich zu Druck- und Zugkräften. Verformung wird durch die Materialfestigkeit aufgenommen. Äusseres Drehmoment – Durchbiegung bis Inneres Drehmoment gross genug.

Hauptspannungen   Linien der Hauptkraftrichtungen
Isostatisches Liniennetz
Spannungsverteilung im Träger

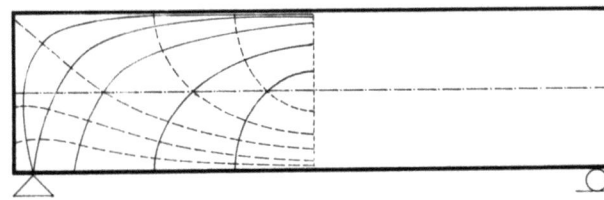
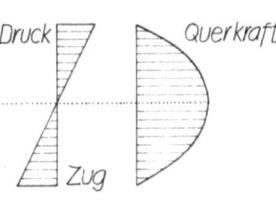

Druck — Querkraft — Zug

Zug- und Druckkräfte im Träger – Kraftrichtungen schneiden sich immer rechtwinklig.
Druckrichtung - Stützlinie
Zugrichtung - Kettenlinie.

T-3.02 Massenaktive Tragsysteme – Der Balken
Trägerformen – Holzträger

Seit Beginn des Bauens findet man immer wieder den Wunsch des Menschen, die Spannweiten von Tragsystemen zu erhöhen. Dabei steht gewiß nicht die ingenieurmäßige Leistung eines ausgeklügelten Tragwerkes im Vordergrund. Der Wunsch danach wird entweder durch die Form oder durch die Aufgabe bestimmt, die große Räume wünschenswert macht. Erst der Raum, dessen geringste Abmessung größer ist als die Spannweite üblicher Balken, forderte den Baumeister (Architekt und Bauingenieur) heraus. Für lange Zeit war der Bogen, das Gewölbe und die Kuppel jenes Tragwerk, mit dem man in der Lage war, große Räume zu bilden. Erst in den letzten 150 Jahren ist die Entwicklung der Baustatik soweit vorangetrieben worden, daß auch der Balken in veränderter Form in der Lage ist, große Spannweiten zu überbrücken.

Auf der Seite T-3.16 ist diese Entwicklung und die sich daraus ergebenden Konsequenzen schematisch dargestellt. Für die hier gezeigten Überlegungen war vorrangig der Baustoff ausschlaggebend. Waren doch die Möglichkeiten, andere Baustoffe zu verwenden (Stahl), wegen der technologischen Schwierigkeiten bei der Herstellung beschränkt.

Seite T-3.17 zeigt nun die geschichtliche Entwicklung des Holzes als massenaktives Tragsystem - den Balken. Man darf wohl davon ausgehen, daß die ersten Holzbalken, die verwendet wurden unbehauene Rundhölzer waren, wie sie die Natur lieferte. Erst viel später erlernte der Mensch auf rein empirischem Wege den Holzbalken so zu behauen, daß bei einem geringeren Gewicht des Einzelbalkens seine Tragfähigkeit etwa dem des Rundholzes entsprach. Bei der Querschnittsfläche entsprach das Verhältnis Trägerhöhe zu Trägerbreite etwa dem des goldenen Schnittes. (Es sind dies Trägerquerschnitte, bei denen ein seitliches Ausknicken nicht erfolgen kann. Bei der exakten Bemessung wird sich jedoch die Trägerhöhe nicht aus dem maximalen Moment ergeben, sondern aus der höchstzulässigen Durchbiegung.) Die maximale Spannweite für diese Träger mit der runden bzw. rechteckigen Querschnittsform liegt bei etwa fünf Meter. Größere Spannweiten, die sicherlich durch das natürliche Vorkommen des Baustoffes gegeben wären, sind wegen der zu großen Durchbiegung nicht möglich.

Das Dilemma der zu großen Durchbiegung wurde schon relativ früh erkannt und auch die Tatsache, daß die Trägerhöhe viel wesentlicher für das Tragverhalten eines Balkens war, als seine Breite. Die logische Konsequenz war es nun, zwei Balken aufeinander zu legen, wobei es zu verhindern galt, daß sich die beiden Balken an ihrer Berührungsfuge gegenseitig verschieben. Dies gelang durch das Einschieben kleiner Holzklötze (Dübel), deren Dichte von der Trägermitte zu den Auflagern hin stetig zuzunehmen hat. Diese Trägerform war für lange Zeit der Balken, der in der Lage war, größere Spannweiten zu überbrücken. Eine spätere Ableitung dieses Trägers ist der Klötzelträger, den man auch als eine frühe Form des Fachwerkträgers bezeichnen könnte.

Erst die Erkenntnisse der Festigkeitslehre ließen neue Trägerformen entstehen. Analog zu den I-Profilen des Stahlbaues gibt es heute den Profilträger und in etwas abgeleiteter Form den Wellstegträger.

Bei diesem Wellstegträger ist der massenarme Steg - aus Sperrholz - wellenartig geformt, damit er nicht ausbeult.) In ähnlicher Weise sind die Vollwandträger geformt, bei denen entweder der Steg mittig oder beidseitig außen liegen kann.

Holz ist neben Stahl ein ideales Material für die Herstellung von Fachwerkträgern, denn dieser Baustoff nimmt sowohl Zug- als auch Druckkräfte gleichmäßig auf.

Eine heute sich immer mehr durchsetzende Form des Holzträgers ist der Brettschichtholz-Träger, bei dem Bretter in der Regel zu Rechtecksquerschnitten zusammengeleimt sind. Im Gegensatz zu den Vollholzquerschnitten sind hier wesentlich größere Trägerhöhen und damit auch Spannweiten möglich.

Massenaktive Tragsysteme – Der Balken
Trägerformen

Der einfache Balken frei aufliegend auf zwei Auflagern und der Kragträger.

einfacher Balken auf zwei Stützen — Kragbalken — Balken auf zwei Stützen einseitig auskragend — Balken auf zwei Stützen beidseitig auskragend

ℓ — $0,5\,\ell$ — $1,2\,\ell$ / $0,4\,\ell$ — $0,4\,\ell$ / $1,2\,\ell$ / $0,4\,\ell$

Verdoppelung der Trägerhöhe

Die Verdoppelung der Trägerhöhe hat nicht die Verdoppelung der Stützweite zur Folge.

$< 2\,\ell$

Der Durchlaufträger (Mehrfeldträger)

Zweifeldträger

ℓ ℓ

Mehrfeldträger mit Auskragung

1. Feld — 2. Feld — vorletztes Feld — letztes Feld

$0,3\,\ell$ ℓ $1,2\,\ell$ $1,2\,\ell$ ℓ

Vervielfachung vom Hängewerk = Fachwerk.

Hängewerk
„Durchlaufträger" mit Aufhängung des (der) mittleren Auflager(s).

Fachwerkträger mit Druckdiagonalen und Zugvertikalen

$n \cdot e$

unterspannter Balken

Vervielfachung vom unterspannten Balken = Fachwerk

„Durchlaufträger mit Unterstützung des (der) mittleren Auflager(s).

Fachwerkträger mit Zugdiagonalen und Druckvertikalen.

$n \cdot e$

Der Schrägbalken - Richtung der Auflagerreaktionen.

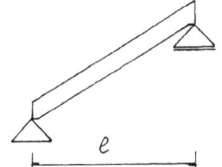

ℓ

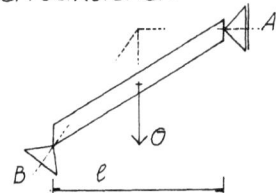

A / B / ℓ / G

T-3.17 Massenaktive Tragsysteme – Der Balken
Holzträger

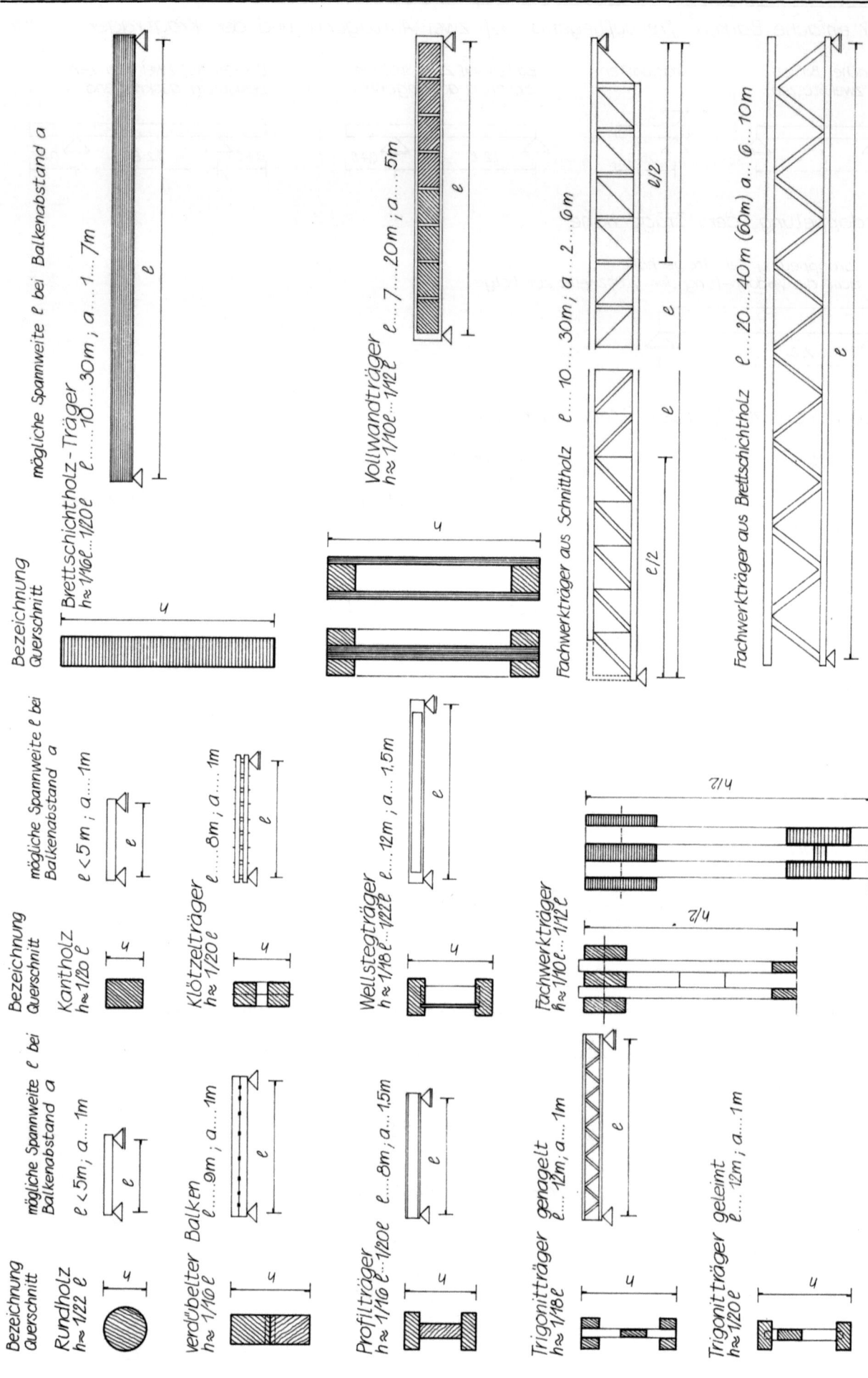

Bei dem Material Stahlbeton muß von anderen Voraussetzungen ausgegangen werden, als wir sie bisher betrachtet haben. Der Baustoff Beton ist je nach seiner Güte in der Lage, große Druckspannungen aufzunehmen; seine Fähigkeit Zugspannungen zu übertragen ist im Verhältnis äußerst gering. Er verhält sich hierbei ähnlich wie der Naturstein. Künstliche Steine aus Beton wären demnach in der Lage, Tragwerke zu bilden, bei denen ausschließlich Druckspannungen auftreten. (Zum Beispiel formaktive Tragsysteme - Bögen, Gewölbe, Kuppeln; oder als Baustoff für ausschließlich druckbeanspruchte, senkrechte Wandglieder.)

Alle anderen Tragstrukturen, bei denen außer Druckspannungen auch Zugspannungen zu erwarten sind, können aus reinem Beton nicht hergestellt werden. Es bedarf hierzu der Kombination mit einem anderen Baustoff, der die Zugspannungen zu übernehmen in der Lage ist. Dieser Baustoff ist bei der heutigen Technologie noch zum überwiegenden Teil der Stahl. (Eine Kombination des Baustoffes Beton mit anderen hoch zugfesten Materialien - z.B. Glasfasern, Kohlefasern oder auch Kunststoffasern - wird erst erprobt.)

Im Falle der massenaktiven Tragsysteme - der Balken - heißt dies, daß der Beton die Druckspannungen in der Regel an der Balkenoberseite und der Baustoff Stahl die Zugspannungen in der Regel an der Unterseite des Balkens zu übernehmen hat. Der Verschiebung dieser Kräftestruktur an den Balkenauflagern ist jedoch durch eine entsprechende Verformung der Stahleinlagen zu begegnen. (Siehe hierzu Hauptspannungen im Einfeldträger Blatt T-3.15.)

Der Kombination zwischen Stahl und dem Baustoff Beton kommen einige Umstände entgegen. So ist beispielsweise der Wärmeausdehnungskoeffizient von Beton und Stahl in dem Bereich der natürlichen Temperaturschwankungen nahezu gleich groß. Die Haftung zwischen Stahl und Beton ist sehr gut, und der Beton schützt den Stahl vor weiterer Korrosion.

Der Baustoff Beton ist natürlich nicht in der Lage, Druckspannungen in der gleichen Größenordnung zu übertragen, wie der Stahl Zugspannungen. Dies bedeutet, daß die Stahlquerschnittsfläche in einem Stahlbetonbalken wesentlich geringer ist, als die anteilige Betonquerschnittsfläche. Aus dieser Überlegung heraus entstanden in der Vergangenheit einfach symmetrische Querschnittsflächen, bei denen an der Oberseite des Balkenquerschnittes größere Massen (Beton) angeordnet sind, als an der Unterseite (hauptsächlich Stahl).

Stahlbetonträger sind heute immer noch die wirtschaftlichsten massenaktiven Tragsysteme, wenn es darum geht, korrosions- und feuerbeständige Tragglieder herzustellen. (Eine entsprechende Stahlüberdeckung durch Beton ist dabei natürlich Voraussetzung.) Eine sehr unangenehme Eigenschaft der Stahlbetonträger ist jedoch ihr hohes Gewicht. Normale Stahlbetonträger mit Rechtecksquerschnitten erreichen bei ca. zwanzig Meter ihre Grenzspannweite; der Träger ist dann nur mehr in der Lage, sein Eigengewicht zu tragen und kann keine Nutzlast mehr aufnehmen. Eine Abhilfe ist nur durch eine Erhöhung der Betondruckspannungen bei einer gleichzeitigen Vorspannung der Stahlbewehrung möglich.

Wenn die hier genannten Grundbedingungen eingehalten werden, kann ein Stahlbetonträger nahezu jede beliebige Form annehmen. Dies mag für den Architekten ein Vorteil sein; die formlose Willfährigkeit des Materials kann aber auch sehr leicht zu formalen Verirrungen führen.

Der Baustoff Beton war schon den Römern bekannt. In den ersten Jahrhunderten nach Christus wurde er - als rein druckbeanspruchtes Baumaterial - für die Einwölbung großer Kuppeln verwendet. Mit dem Untergang des römischen Reiches gingen auch diese technologischen Fähigkeiten zugrunde. Erst im 19. Jahrhundert wurde der Beton wiederentdeckt, war zuerst Kunststein, der den überquellenden Formenreichtum willig mitmachte, und erst zum Ausklang des Jahrhunderts wurde er in der Kombination mit Stahl von den Ingenieuren zu bisher nicht gekannten kühnen Konstruktionen verwendet.

Der Versuch, aus Stahlbeton auch Fachwerksträger herzustellen, scheitert in der Regel an dem großen Schalungsaufwand. Eine abgewandelte Form des Fachwerkträgers in Beton ist der Vierendeel-Träger, bei dem zwischen Ober- und Untergurt ausschließlich vertikale Stäbe angeordnet sind. Die diagonalen Zug- oder Druckkräfte werden durch biegesteife Anschlüsse dieser Vertikalstäbe an den Ober- und Untergurt aufgenommen. Der große Vorteil dieser Trägerform besteht darin, daß sie in sehr großem Umfang orthogonale Öffnungen zuläßt. Es wäre denkbar, solch einen Träger über die gesamte Geschoßhöhe auszuführen, ohne

T-3.18 Massenaktive Tragsysteme – Der Balken
Stahlbetonträger

daß er eine wesentliche Einschränkung für die Grundrißgestaltung bedeutet.

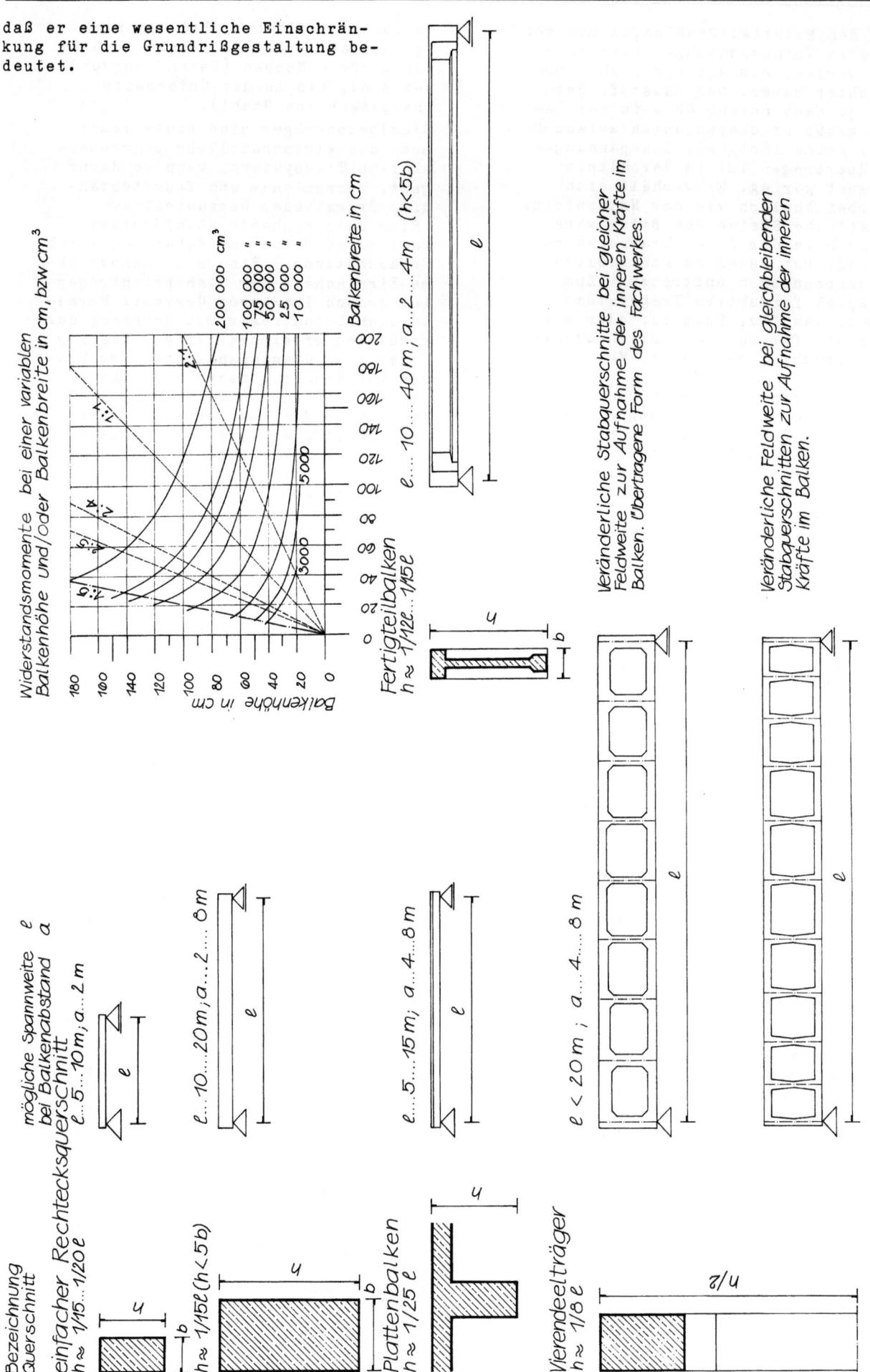

Massenaktive Tragsysteme – Der Balken
Stahlträger
T-3.04

Das Material Eisen (Schmiedeeisen, Gußeisen) war lange bekannt, ehe man es für Bauzwecke einsetzte, zu schwierig war seine Gewinnung, zu groß der dafür erforderliche Energieaufwand. Daß es ein idealer Baustoff ist, war geläufig, aber es wurde nur sparsam und dort eingesetzt, wo jeder andere Baustoff versagte (z. B. Zugstangen, die den seitlichen Gewölbeschub auffangen). Ende des 18. und Anfang des 19. Jahrhunderts war es möglich, Eisen (in diesem Falle Gußeisen) in größeren Mengen zu produzieren. Einerseits die Fähigkeit, große Lasten auf kleinsten Querschnittsformen zu tragen, andererseits das hohe Materialgewicht, ließen Trägerformen in einfachem Rechtecksquerschnitt nicht mehr zu. So hat das Baumaterial Stahl und die Suche nach sinnvollem Einsatz die Festigkeitslehre und die Untersuchung von Trägerquerschnitten nachhaltig beeinflußt. Das Ergebnis dieser Untersuchungen war, daß ein Träger in seinen Randfasern (Trägerober- und Trägerunterseite) größerer Massen bedarf, die die dort auftretenden Druck- und Zugspannungen zu übernehmen in der Lage sind. Zwischen diesen Trägermassen wäre ein masseloser Steg wünschenswert, der die auftretenden Schub- und Querkräfte aufnimmt. Das Ergebnis dieser Betrachtungen sind die I-Profile, bei denen die Hauptmassen des Trägers an den Trägerober- und -unterseiten angeordnet sind. Kann man sich im Rahmen der gegebenen Möglichkeiten bei Holz und Stahlbeton jede beliebige Trägerform auswählen, so ist dies bei Stahl nicht möglich. Innerhalb festgesetzter Normung sind Träger in verschiedenen Höhen erhältlich (I-Profile, IPE-Profile, IPb-Profile, U-Profile und C-Profile).

Je weiter die Randfasern und ihre dort angeordneten Massen voneinander entfernt sind (dies ist die Trägerhöhe), desto größer wird die Tragfähigkeit. Durch eine entsprechende Teilung von Trägern (aufgeschnittene Breitflanschträger) oder Zusammensetzen von Profilen (geschweißte Profile) kann dies erreicht werden.

Ebenso wie der Baustoff Holz ist auch der Baustoff Stahl ein ideales Material für die Herstellung von Fachwerken. Auch hier gibt es industriell vorgefertigte Fachwerkträger, die in unterschiedlicher Materialdicke und unterschiedlicher Trägerhöhe angeboten werden.

Der größte Nachteil des Baustoffes Stahl ist seine Neigung in der Atmosphäre zu korrodieren - also zu rosten. Dabei geht das Element Eisen unter Mitwirkung des Katalysators Wasser eine Verbindung mit dem Luftsauerstoff ein und verliert vollkommen seine Festigkeit. Gleichbedeutend wie der Rostschutz der Oberflächen ist der konstruktive Rostschutz, der durch entsprechende konstruktive Maßnahmen vermeidet, daß sich in unkontrollierbaren Ecken Rost bilden kann.

Der zweite, schwerwiegende Mangel des Baustoffes Stahl ist die Tatsache, daß er schon bei einer relativ geringen Temperaturerhöhung (es genügen ca. + 500° C) seine Festigkeit nahezu vollkommen verliert. (Es gibt Fotos von Brandstätten, bei denen schwere Stahlträger des Dachgerüstes völlig verformt zwischen angekohlen Holzbalken durchhängen.) Dies erfordert, daß der Stahl in vielen Fällen vor der unmittelbaren Einwirkung eines möglichen Feuers geschützt wird. Mit dieser "feuerbeständigen Ummantelung" verliert jedoch der Stahl sehr viel seiner ursprünglichen Eleganz und Leichtigkeit der Konstruktion.

T-3.19 Massenaktive Tragsysteme – Der Balken
Stahlträger

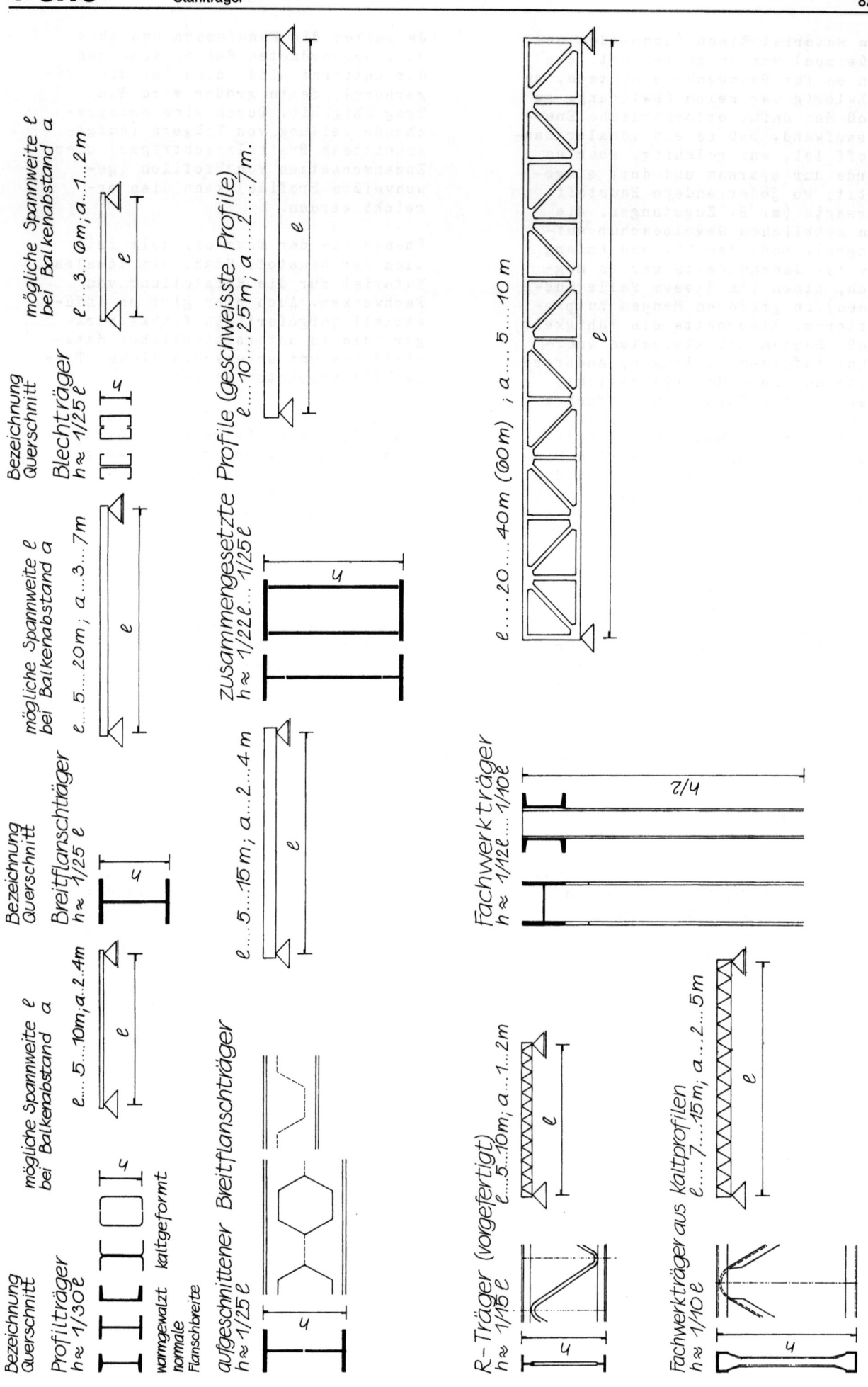

Massenaktive Tragsysteme – Die Platte
Parallelträgersystem

Platte zweiseitig aufliegend
Sie entsteht durch beliebig häufige Aneinanderreihung von Einzelbalken. (Verdichtung von Linienträgern)

Belastungen bewirken dieselben Tragreaktionen wie im frei aufliegenden Balken. (Innere Kräfte; Schnittkräfte) Es wird allerdings nur immer die durch die Belastung betroffene Zone deformiert. Die Nachbarzonen sollen zu einem Mittragen nicht herangezogen werden.

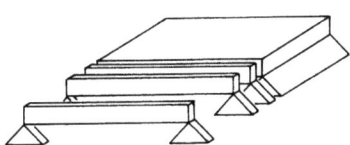
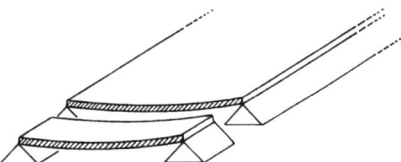

Entwicklung der Systemform.
Massenaktive Tragsysteme haben hauptsächlich rechteckige Systemformen in Grund- und Aufriss. Wobei für die Bewältigung der statischen Probleme nur die Spannweite ℓ massgeblich ist; die Plattenausdehnung a spielt keine Rolle.

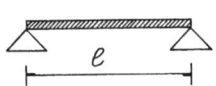
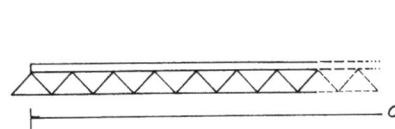
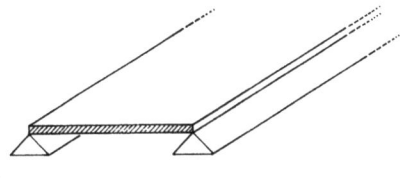

Balkenplatte
Eine zu einer Platte verdichtete Vielfalt von Linienträgern liegt auf einem Parallelträgersystem durchlaufträgerförmig auf. Eine aufgebrachte Einzellast wird durch die belastete Plattenzone auf mindestens einen Träger des darunter liegenden Systems verteilt ohne die Tragfähigkeit benachbarter Zonen zu aktivieren.

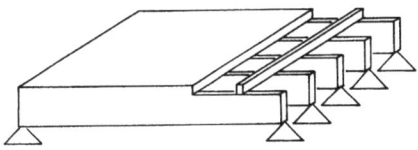
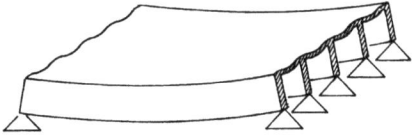

Entwicklung der Systemform
Zur Bewältigung der statischen Probleme ist sowohl die Spannweite ℓ des Parallelträgersystems als auch der Balkenabstand a (Spannweite der Platte) massgeblich.

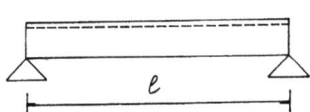
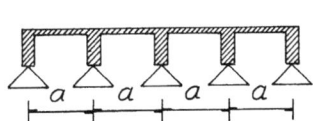
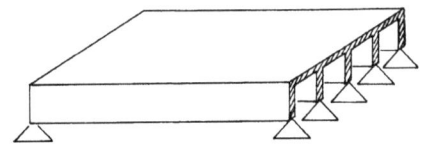

T-3.30 Massenaktive Tragsysteme – Der Rahmen

Den Rahmen - ein zusammenhängendes Tragwerk, das in der Regel aus zwei Stützen und einem Balken besteht - kann man sich als einen verformten Bogen vorstellen. Würde man einen Bogen durch Druck im Scheitel so lange verformen, bis die Fugen in den Viertelspunkten sich zu öffnen beginnen, dann wird augenscheinlich, daß in diesen Punkten außer den Druckkräften auch noch Zugkräfte herrschen, die die klaffende Fuge bewirken (siehe dazu T-5.13).

Nachdem bei einem Bogen, auch bei ausschließlich lotrechter Belastung, in den Auflagerpunkten auch horizontale Auflagerkräfte auftreten, muß dies daher auch beim Rahmen gelten. Unter der Voraussetzung, daß der horizontale Rahmenbalken (er wird Rahmenriegel genannt) mit den beiden Rahmenstützen (sie werden als Rahmenstiele bezeichnet) biegesteif verbunden ist, muß sich die Durchbiegung des Rahmenriegels auch auf die Rahmenstiele übertragen. Der Rahmenriegel ist demnach als ein Mittelding aufzufassen zwischen einem eingespannten und einem frei aufliegenden Balken. Die Grundvoraussetzung für dieses Tragsystem ist also, daß der Knoten (dies ist die Verbindung von Rahmenriegel mit Rahmenstiel) in der Lage ist, Momente zu übertragen. Bei vertikalen Lasten bedeutet dies - wie schon gesagt - daß Momente aus dem Rahmenriegel in die Rahmenstiele übertragen werden. Bei horizontalen Lasten (z. B Windkräften werden in umgekehrter Weise Momente aus dem Rahmenstiel in den Rahmenriegel weitergeleitet. Aus dieser Tatsache ergibt sich, daß ein Rahmentragwerk ein in seiner Ebene ausgesteiftes System bildet.

Dadurch ist es möglich, einen Rahmen ohne jede weitere Vorkehrung auf seine Auflagerpunkte zu setzen. (Ein einfacher räumlicher Rahmen - zu der einen Rahmenebene ist rechtwinklig eine zweite lotrechte Rahmenebene angeordnet - ist der Tisch. Die Rahmenstiele sind die vier Füße und die Rahmenriegel die Zargen. Dieser bedarf - eben als Möbel - keiner weiteren Vorkehrungen im Fußboden, um vertikale Kräfte abzuleiten, ja er ist sogar in der Lage, in geringerem Umfang horizontale Kräfte aufzunehmen. In sehr ähnlicher Form funktioniert auch das Tragverhalten von Stühlen. Bei beiden Beispielen erfolgt die Übertragung von Horizontalkräften durch Reibungskräfte zwischen den Beinen und dem Fußbodenbelag.)

Für Rahmen, die Gebäude bilden, ist es jedoch erforderlich, daß die Fußpunkte der Rahmenstiele je nach konstruktiver Anforderung speziell ausgebildet werden. Sie sind dann entweder tatsächlich als Gelenke auszubilden oder die Fußpunkte müssen so beschaffen sein, daß Einspannmomente übertragen werden können.

Je nach Ausbildung der Fußpunkte und nach Biegesteifigkeit der Rahmenelemente treten die Maximalmomente entweder im Rahmenriegel oder im Rahmenknoten auf.

Eine Sonderform des Rahmens ist der Dreigelenksrahmen, bei dem durch die Anordnung der drei Gelenke definiert ist, daß in ihnen keine Momente übertragen werden können. Zum Unterschied der Zweigelenksrahmen oder auch der eingespannten Rahmen, die statisch unbestimmt sind, ist der Dreigelenksrahmen statisch bestimmt.

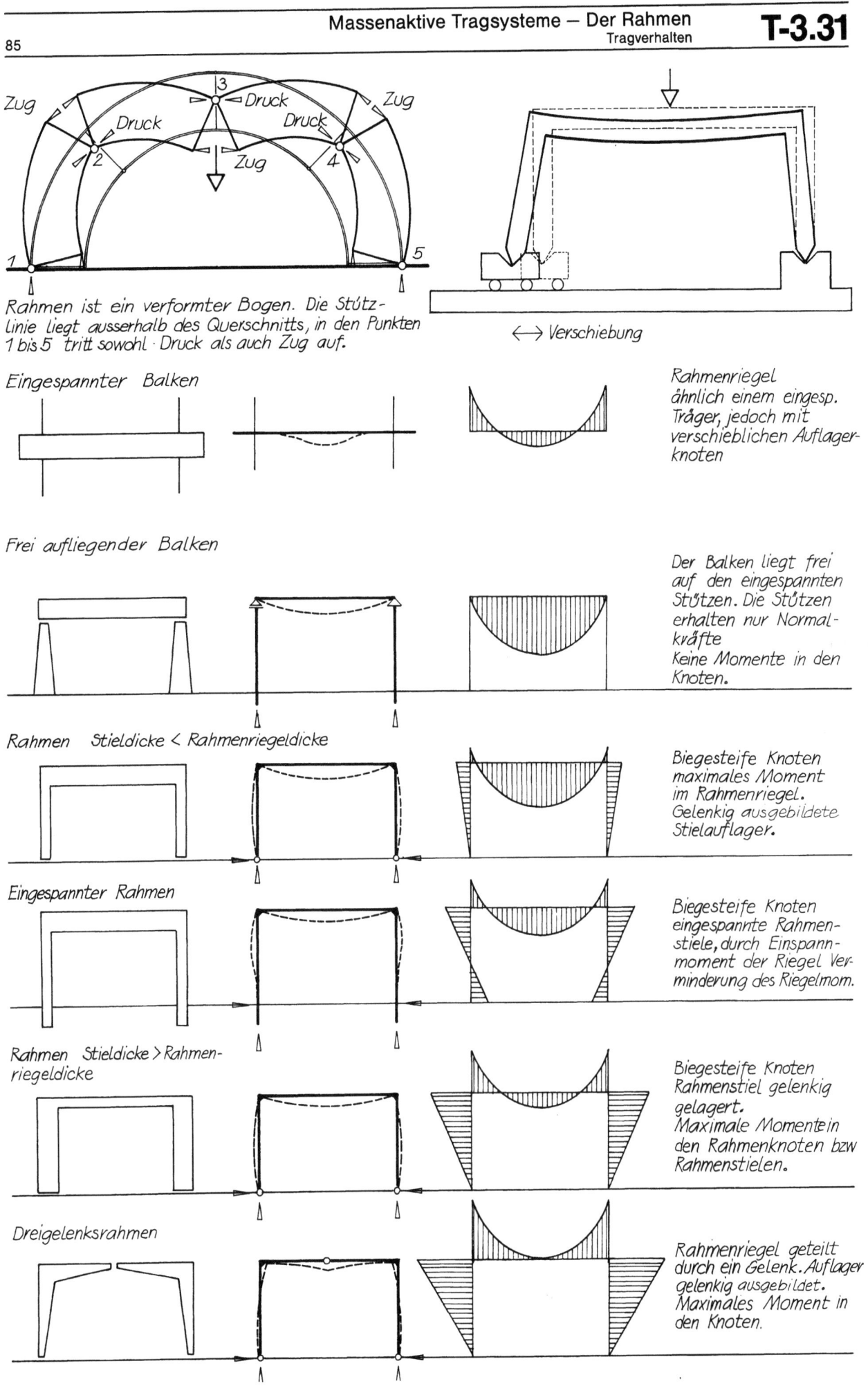

T-4.01 Flächenaktive Tragsysteme – Die Platte

Auf Blatt T-3.21 ist die freiaufliegende Platte dargestellt. Diese Platte liegt auf zwei ihrer Kanten auf, und man kann sie sich als eine Zusammensetzung (Addition) von vielen einzelnen Balken vorstellen. Dabei ist es für das Tragverhalten unerheblich, ob die Platte nur trägerbreit oder unendlich breit ist.

Ganz anders verhalten sich Platten, die an vier Seiten aufliegen. Dazu mag man sich die Platte wieder in Träger aufgelöst vorstellen, wobei diese aus Vereinfachungsgründen nicht dicht aneinander liegen. Greift man nun aus diesem kreuzweisen Trägerrost zwei beliebige sich kreuzende Träger heraus, so lassen sich folgende Feststellungen treffen:

1. Einer der beiden Träger sei entweder durch sein Eigengewicht oder eine von außen angreifende Kraft belastet. Unter dieser Belastung biegt er sich durch.

2. Durch die homogene Verbindung mit dem dazu senkrecht liegenden Träger wird auch dieser durch die Belastung des ersten Trägers miterfaßt und biegt sich durch.

3. Die Lasten des ersten Trägers werden also nicht nur in dessen Richtung auf die Auflager übertragen sondern auch in der dazu senkrechten Richtung des zweiten Trägers.

4. Stellt man sich nun wieder den vollständigen Trägerrost vor, so bedeutet dies, daß eine beliebige Last auf einem Träger letztlich alle anderen Träger zum Mittragen aktiviert.

Die Verdichtung der zweiachsigen Linienträger führt demnach zu einer Tragplatte, die ein massenaktives Flächenelement bildet. (Praktisch wird natürlich auch eine Stahlbetonplatte, die als zweiseitig aufliegende Platte ausausgebildet ist, in geringem Umfang auch als Flächenelement wirken, da die gedachten Nachbarträger bei einer auftretenden Einzellast immer mitbeansprucht werden.)

Eine besondere Aufmerksamkeit verdienen bei diesem Tragsystem die Ecken. Die Eckzonen weisen infolge der nahe beieinanderliegenden Auflager eine besonders große Steifigkeit auf. Dies bedeutet, daß auch bei einer geringfügigen Durchbiegung der Platte in ihrer Mitte die Ecken sich von ihrem Auflager lösen. Diesem Bestreben muß durch eine entsprechende konstruktive Maßnahme begegnet werden.

Aus der allseitig aufliegenden Platte lassen sich auch die Pilzkonstruktionen ableiten. Wobei die zwischen den Stützen liegende Platte ebenso als ein Flächenelement aufzufassen ist.

Flächenaktive Tragsysteme – Die Platte
Tragverhalten — T-4.11

Trägerrost

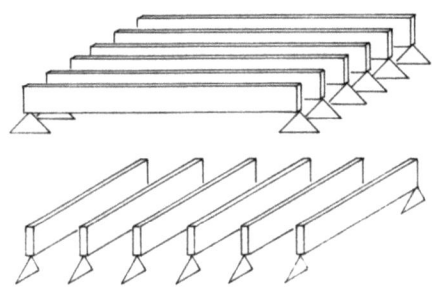

Durch Überlagerung eines Parallelträgersystems mit einem zweiten im rechten Winkel entsteht ein Balkenrost. Bei annähernd gleicher Steifigkeit der Trägerreihen wird die Last zweiseitig abgetragen. Bei Einzellasten werden durch die gegenseitige Durchdringung auch die Tragmechanismen der nicht direkt belasteten Träger aktiviert.

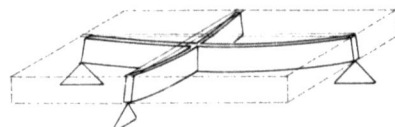

Zur statischen Bestimmung ist ℓ_1 und ℓ_2 erforderlich. Unterstützung am Rand nicht in jeder Trägerachse notwendig.

 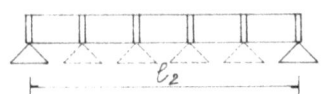 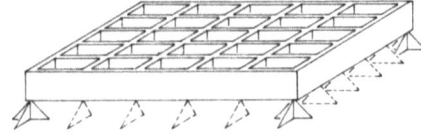

Tragplatte (vierseitig aufliegend)

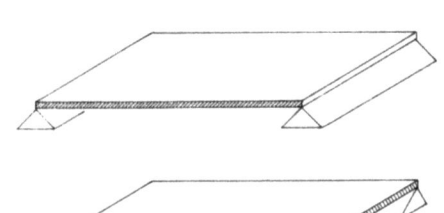

Die Verdichtung der zweiachsigen Linienträger führt zur Tragplatte. Diese ist ein massenaktives Flächenelement. Biegung in der einen Achse bewirkt gleichzeitig Verdrehung in der anderen; es werden 50% der Last durch Verdrehungswiderstand in die Auflager geleitet. Die Eckzonen weisen infolge der nahe beieinanderliegenden Auflager besonders grosse Steifigkeit auf.

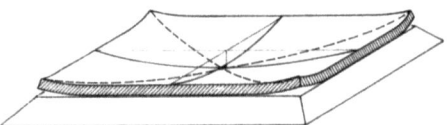

Zur statischen Bestimmung ist ℓ_1 und ℓ_2 erforderlich. Wegen der möglichst gleichen Steifigkeit beider Richtungen $\ell_1 \leq 1{,}5\,\ell_2$.

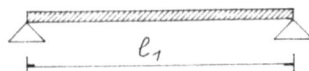 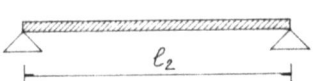 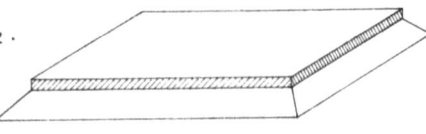

Pilzkonstruktionen

Konzentration der Randunterstützung auf vier pilzförmig verbreiterte Stützenköpfe, zwischen diesen Zonen, die gleichzeitig die Wirkung von Unterzügen haben, eine Tragplatte. $\ell_1 \leq 1{,}5\,\ell_2$

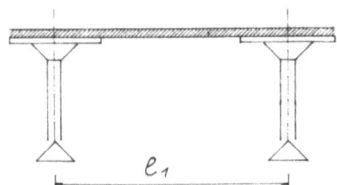 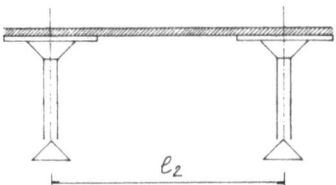 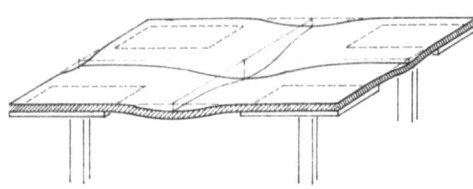

Pilzkonstruktion als reine Kragkonstruktion, keine kraftschlüssige Verbindung mit benachbarten Pilzen. Kein Flächenelement!

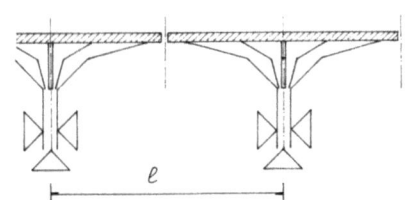 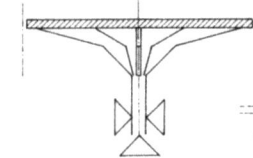 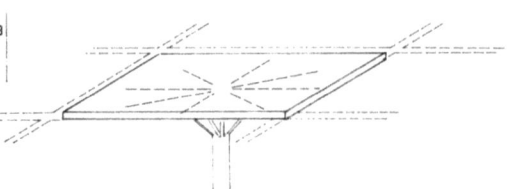

T-4.02 Flächenaktive Tragsysteme – Die Platte
Stahlbeton, Holz, Stahl

Stahlbetonplatten –
Stahlbetonträgerroste

Bevorzugtes Einsatzgebiet der allseitig aufliegenden Platte (Flächenelement) ist die Stahlbetonplatte (auch kreuzweise bewehrte Platte genannt). Das Seitenverhältnis der Platte sollte 1 : 1,5 nicht überschreiten. Der schon zuvor beschriebene Umstand, daß durch erhöhte Biegesteifigkeit die Ecken dazu neigen, sich von den Auflagerpunkten zu lösen, erfordert bei Geschoßdecken keine konstruktiven zusätzlichen Maßnahmen, da die entsprechende Auflast darüberliegender Geschoße ausreichend wirksam ist. Bei obersten Decken, die gleichzeitig auch noch das Flachdach aufnehmen, muß jedoch diesem Umstand Rechnung getragen werden. Gleiches gilt für Regale und Tische, die schwer belastet werden.

Auch aus Stahlbeton lassen sich Trägerroste herstellen, die in der Regel durch eine dünne Stahlbetonplatte abgedeckt sind. Derartige Balkenroste, die ihre Berechtigung in der erheblichen Gewichtsreduzierung haben, sind jedoch wegen des großen Schalungsaufwandes heute nicht mehr in dem Umfange wie früher gebräuchlich.

Dasselbe gilt für die Pilzdecke, bei der entsprechend geformte Stützenkapitele, die sich pilzförmig ausweiten, die Lasten aus der Platte aufnehmen. Dasselbe Tragverhalten wie die Pilzdecke weist die Flachdecke auf, die jedoch viel einfacher zu schalen ist. Dabei kann man sich vereinfacht vorstellen, daß der Pilzkopf der Stütze in die Decke integriert ist.

Eine Ausnahme des Blattes T-4.13 ist die Plattenbalkendecke und die Hohlkörperdecke, die noch zu den Systemen der frei aufliegenden Platte gerechnet werden müssen.

Balkenroste aus Holz

In den letzten Jahrzehnten ist es durch eine entsprechende Verfeinerung der konstruktiven Details gelungen, Balkenroste auch aus Holz herzustellen. Die Schwachstelle der Balkenroste aus Holz liegt in dem Kreuzungspunkt der Balken. Trägerroste mit geringen Abmessungen lassen sich durch schichtweise geändertes Hindurchlaufen der Bretter aus Brettschichtholz herstellen. Die Abmessungen solcher Flächenelemente sind jedoch durch die Transportmöglichkeiten eingeschränkt, da sie nur in entsprechenden Fertigungsbetrieben hergestellt werden dürfen und dann zur Baustelle transportiert werden müssen.

Sind Trägerroste mit größeren Spannweiten erforderlich, so müssen sie in Einzelteile aufgelöst werden und dann an Ort und Stelle durch entsprechende Stahlverbindungsteile miteinander verschraubt werden. Dabei ist es unerheblich, ob die Einzelträger aus Vollprofilen (Brettschichtholz) oder aus Fachwerkträgern bestehen.

Trägerroste aus Stahl

Durch die Verbindungsmöglichkeiten von Stahl mit Stahl ist der Trägerrost ein ideales Tragsystem für diesen Baustoff. In der Regel werden jedoch die Träger nicht aus Profilstählen gebildet, sondern aus Fachwerkstärgern. Damit ist der Übergang zu Raumfachwerken (siehe auch dort) gegeben.

Eine Sonderstellung auf dem Blatt T-4.14 bilden die Profilbleche. Sie sind entweder einfach gerichtet als frei aufliegende Platte zu betrachten oder kreuzweise verschweißt als Profilblechrost.

Flächenaktive Tragsysteme – Die Platte
Holz
T-4.12

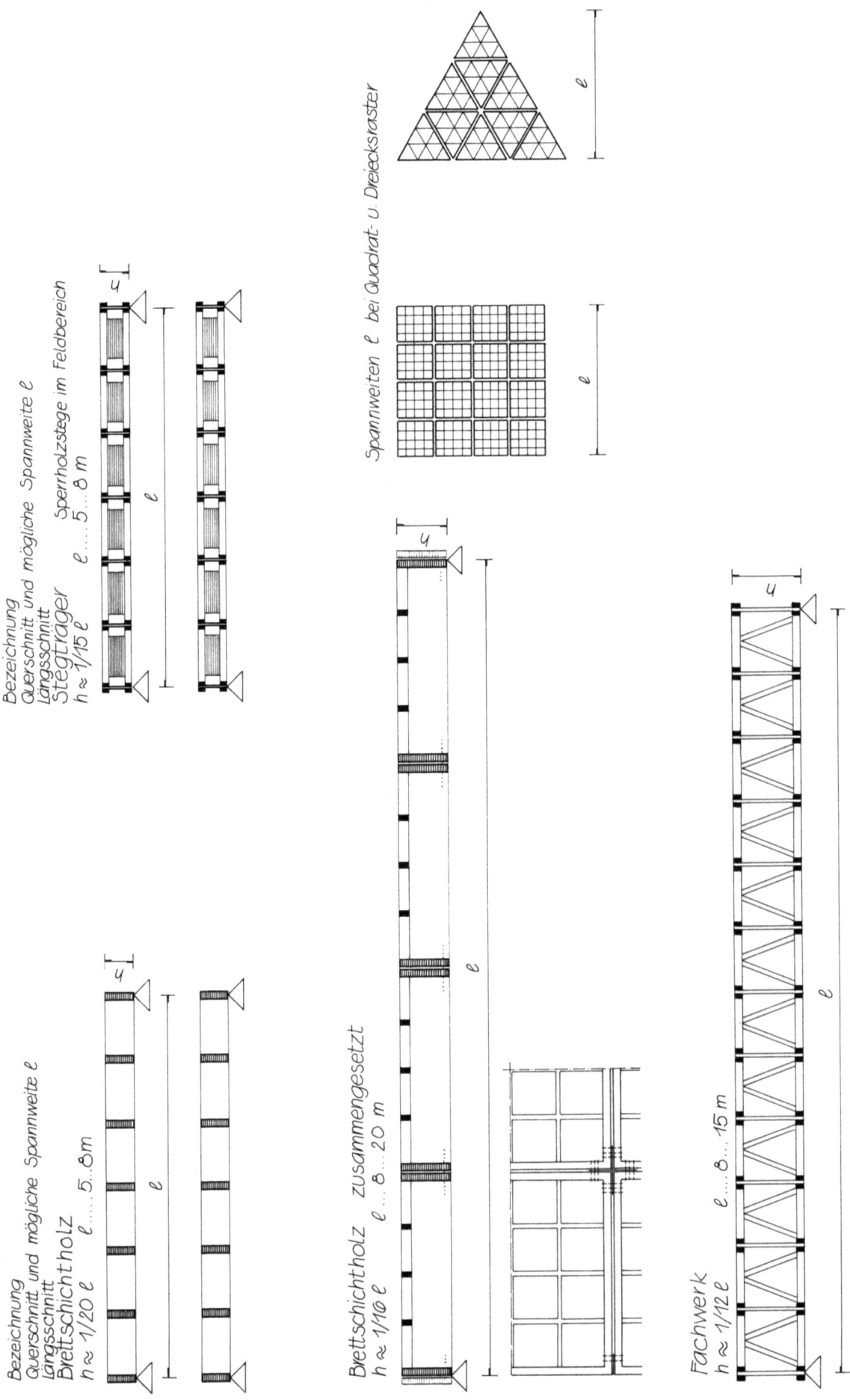

T-4.13 Flächenaktive Tragsysteme – Die Platte
Stahlbeton

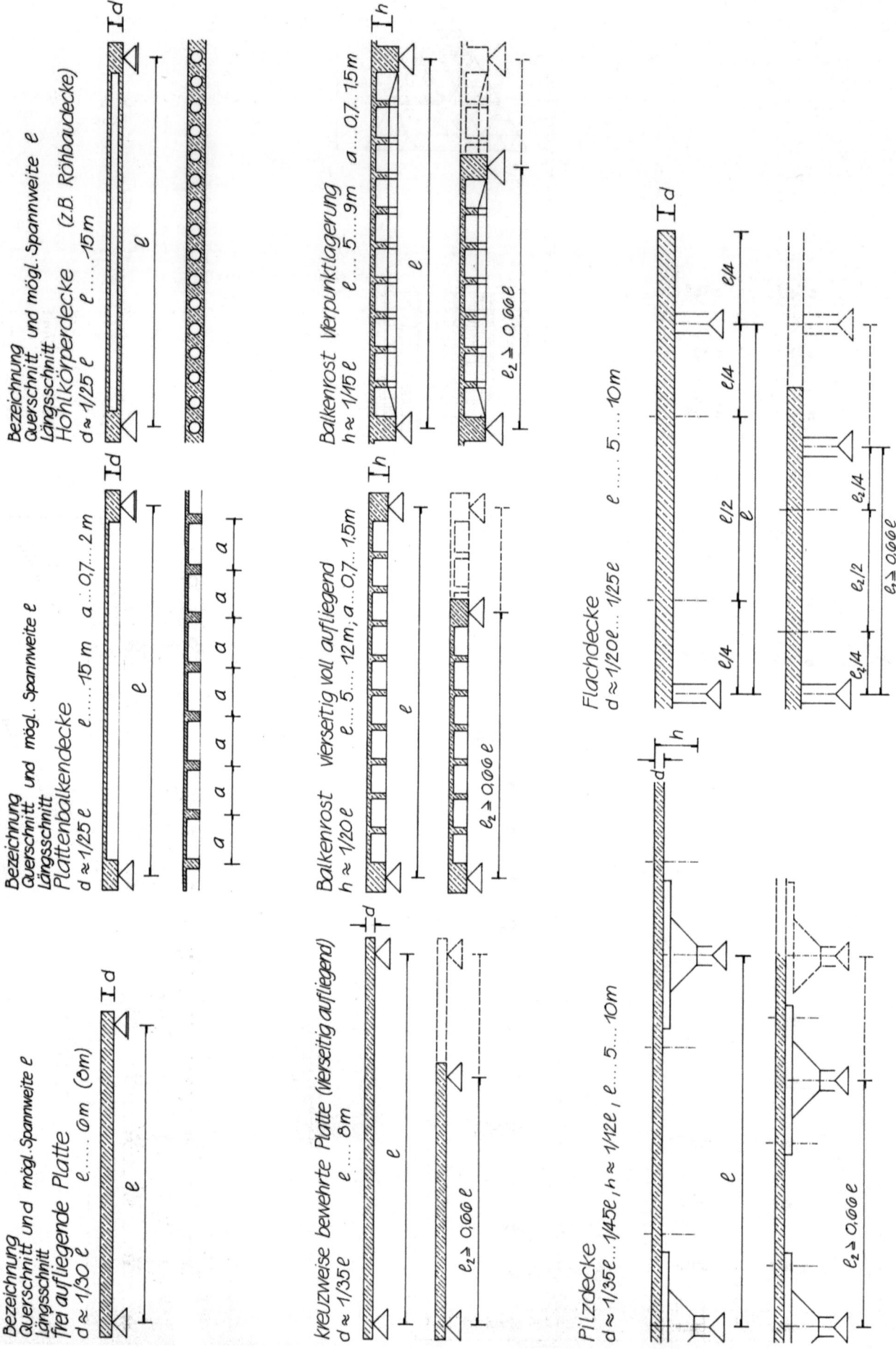

Flächenaktive Tragsysteme – Die Platte
Stahl
T-4.14

Bezeichnung
Querschnitt und mögliche Spannweite ℓ
Längsschnitt
Profilblech   Parallelträger – Stahlzellendecke
$h \approx 1/35\,\ell$ $\ell \ldots 5 \ldots 6\,m$

Bezeichnung
Querschnitt und mögliche Spannweite ℓ
Längsschnitt
Profilblechrost   (Parallelträgerrost)
$h \approx 1/30\,\ell$ $\ell \ldots 5 \ldots 6\,m$

Trägerrost (Profilträger)
$h \approx 1/30 \ldots 1/35\,\ell$ $\ell \ldots 5 \ldots 30\,m$

Trägerrost (Fachwerk)
$h \approx 1/15\,\ell$ $\ell \ldots 7 \ldots 40\,m$

Räumliche Fachwerke   ebenes System aus Prismen
$h \approx 1/18\,\ell$ $\ell \ldots 10 \ldots 40\,m$

dreieckige Prismen mit Diagonalaussteifung

ebenes System   Tetraeder – Halb-Oktaeder
$h \approx 1/18\,\ell$ $\ell \ldots 10 \ldots 40\,m$

Tetraeder Halb-Oktaeder Packung

ebenes System   Tetraeder – Oktaeder
$h \approx 1/15\,\ell$ $\ell \ldots 10 \ldots 40\,m$

Tetraeder – Oktaeder Packung

T-4.20 Flächenaktive Tragsysteme – Faltwerke

Durch eine entsprechende Verformung und Kombination von massenaktiven Tragsystemen - Träger und Platte - lassen sich neue Tragsysteme gewinnen. Durch die geradlinige Begrenzung der Ausgangselemente entstehen prismatische Faltwerksysteme.

Als Ausgangspunkt für diese Faltwerksysteme kann man sich zwei frei aufliegende Balken und eine auf ihnen ruhende Platte vorstellen. Würde man nun die vertikalen Trägerachsen zueinander neigen, so erhält der Träger zu seiner ursprünglichen Tragwirkung auch noch einen Anteil an Plattenwirkung. Mit dieser Maßnahme ist in der Regel eine Vergrößerung der Gesamttragsystembreite und -höhe verbunden bei einer gleichzeitigen Reduzierung der Dicke der Platte und der Träger. In einem weiteren Schritt kann man auch auf die horizontale Platte gänzlich verzichten, indem man die Träger so weit schräg stellt, daß sie sich dachförmig gegeneinander abstützen. Das Tragwerk hat nun über die gesamte Länge Träger- und Plattenfunktion.

Die relativ geringe Steifigkeit dieser Plattensyseme gegen einseitige Belastung (Winddruck, Windsog) oder große Einzellasten erfordert die Einführung von Endscheiben.

Auf das Faltwerk auftreffende Vertikallasten werden in zwei Komponenten zerlegt. Die eine Komponente verläuft in der Plattenebene und ruft die Trägerwirkung hervor. Die andere Komponente belastet die Platte senkrecht auf ihre Ebene, ruft Plattenwirkung hervor und wird in die benachbarten, zu der betrachteten Platte geknickten Ebenen, eingeleitet. In den beiden benachbarten Plattenteilen rufen diese Kräfte wiederum Trägerwirkung hervor. An den Enden des Tragsystemes, wo keine benachbarte Platte diese Trägerwirkung ausüben kann, bedeutet dies Biegung in dem Flächenelement. Um dem zu begegnen, müssen Randträger eingeführt werden. Auf gleiche Weise lassen sich, unter Berücksichtigung der Stereometrie (ab T.2.201), auch pyramidale Faltwerke bilden. Der Tragmechanismus: Aufteilung in Platten- und Balkenwirkung bleibt derselbe.

Aus der Kombination dieser beiden Faltwerksysteme läßt sich eine Reihe von verschiedenen Formen entwickeln, die bei relativ geringer Plattendicke sehr biegesteife Tragsysteme bilden. Der Einsatzbereich derartiger Faltwerksysteme ist äußerst vielfältig und entsprechend wird auch das Material variiert, das zum Einsatz kommt. Im einfachsten Beispiel ist es ein Karton, der zur Hülle für eine Lichtquelle geformt werden kann. Bei großen Faltwerken werden die Flächen aus Stahlbeton oder aus Fachwerken (Raumfachwerken) gebildet.

Flächenaktive Tragsysteme – Faltwerke
Prismatische Faltwerke – Tragverhalten
T-4.21

Platte und Balken

Ableitung aus dem massenaktiven Tragsystem.

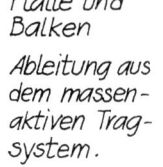

Trapezsystem

Träger sind etwas aus der Vertikalen geneigt.

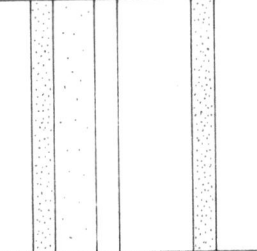

Dreiecksystem

Platte und Balken sind zu einer schräg liegenden Platte verschmolzen, die sich gegen eine weitere Platte abstützt.

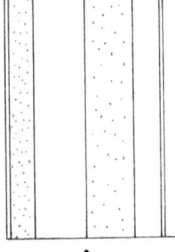

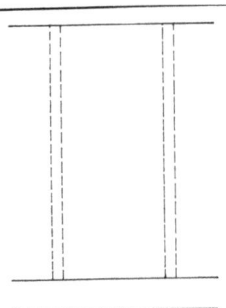

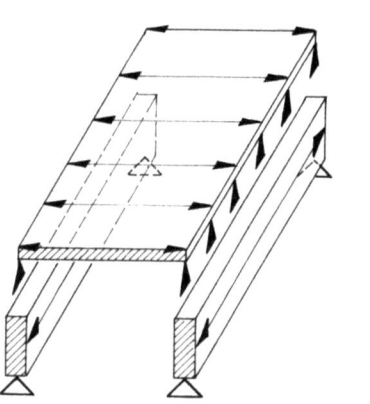

Die in ihrer Spannweite begrenzte Platte liegt frei auf dem Trägerpaar auf - geringe Tragwerkshöhe, grosse Tragwerksmasse und eingeschränkte Stützweite.

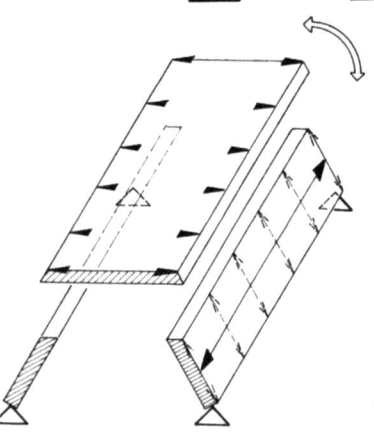

Zur Erzielung eines grösseren Trägerabstandes bei gleichbleibender Plattenspannweite sind die Träger geneigt; Moment im Knickpunkt! Sonst wie vor.

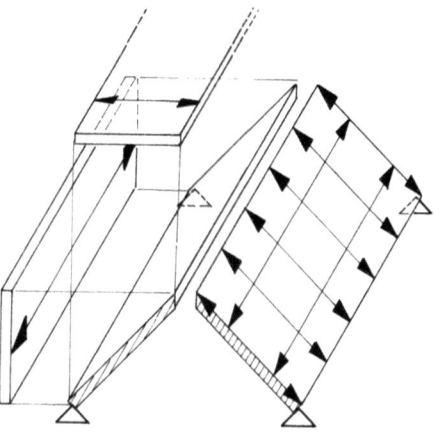

Die geneigte Platte übernimmt die Träger- und Plattenfunktion - Längstragweise als Träger, Quertragweise als Platte - grosse Tragwerkshöhe, doppelte Plattenspannweite, geringe Tragwerksmasse.

typische Verformungszustände
Windlast, einseitige Vertikalbelastung

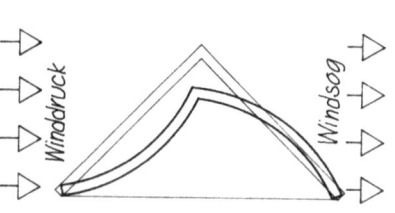

Vertikallast

Vertikallasten rufen in den Plattenenden zwischen den Auflagern Verformungen hervor, die sich aus der Zerlegung der Vertikalkraft in eine Teilkraft senkrecht zur Platte und eine Parallelkomponente ableiten;

 mittige Vertikallast.

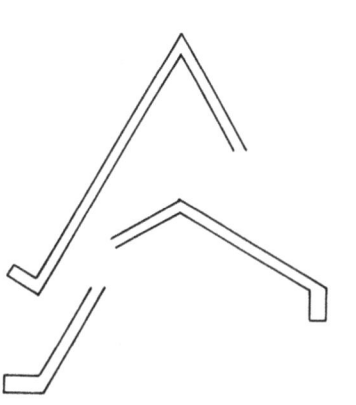

deswegen muss eine Randaussteifung erfolgen - Randträger.

Aussteifung durch Endscheiben

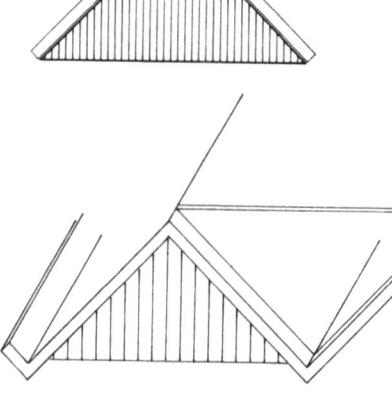

Die aussteifenden Endscheiben sind in der Regel an der Unterseite angeordnet und können durch Rahmen ersetzt werden.
Die oberseitige Anordnung ist stat. gleichwertig, jedoch im Falle eines Dachabschlusses problematisch - Regenwasserableitung!

T-4.22 Flächenaktive Tragsysteme – Faltwerke
Pyramidale Faltwerke – Tragverhalten

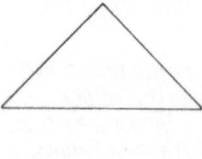

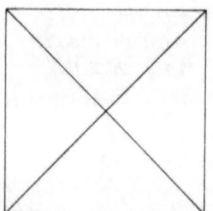
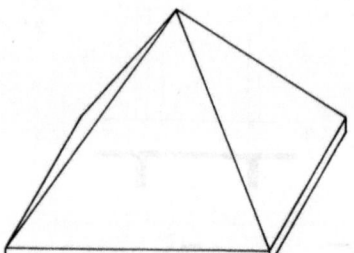

Die Platte lässt sich in sehr vielfältiger Weise zu räumlichen Gebilden auffalten. (Siehe dazu auch: Vektoraktive Tragsyst.–Polyeder.) Von diesen vielfältigen Polyedern ist die Pyramide über quadratischem Grundriss (Halboktaeder) einer der einfachsten.

Tragverhalten der gefalteten Platte und typische Verformung

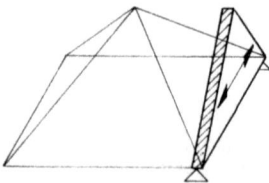
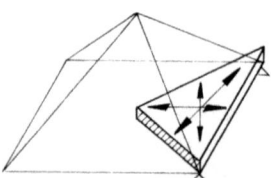
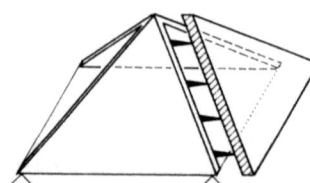
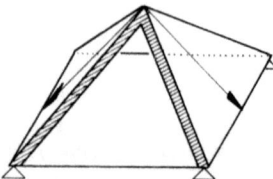

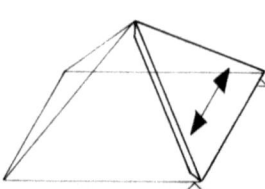
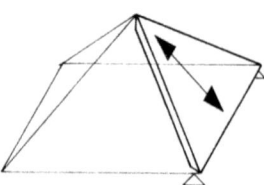
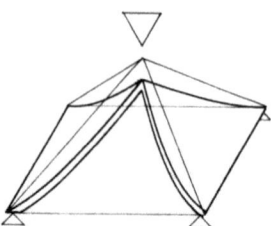
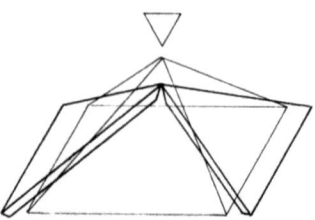

Die schräg liegende Platte übernimmt Trägerfunktionen zwischen den Auflagern – vertikale Lastableitung.

Die schräg liegende Platte übernimmt gleichzeitig die Funktion einer Deckenplatte – horizontale Lastableitung.

Die schräg liegende Platte wird von dem anschliessenden Plattenpaar gegen Beulen ausgesteift. Wechselwirkung der gegenseitigen Aussteifung der Einzelelemente bei Faltwerken.

Lastabführung in den Plattenebenen – das gegenüberliegende Plattenpaar wird auf Zug beansprucht.

Plattenrand beim Faltwerk ist instabil

Vertikallasten rufen normal zur Platte Kraftkomponenten hervor.

Kräfteverlauf und Kraftableitung in dem Faltwerk

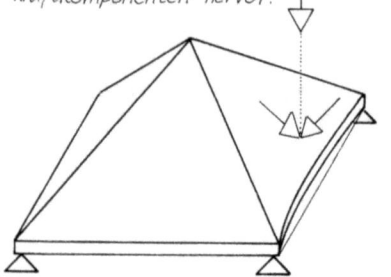
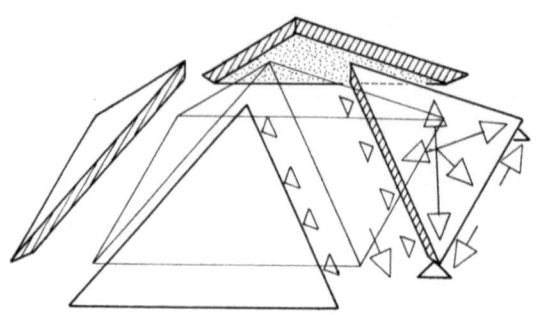

Flächenaktive Tragsysteme – Faltwerke
Faltwerkbeispiele
T-4.23

Die Faltung erfolgt durch das Aneinanderreihen gegenläufiger Flächen, wobei bei Dachflächen darauf zu achten ist, dass keine horizontalen Gräben entstehen. Allgemein können die Flächen in vektoraktive Tragwerke aufgelöst werden.

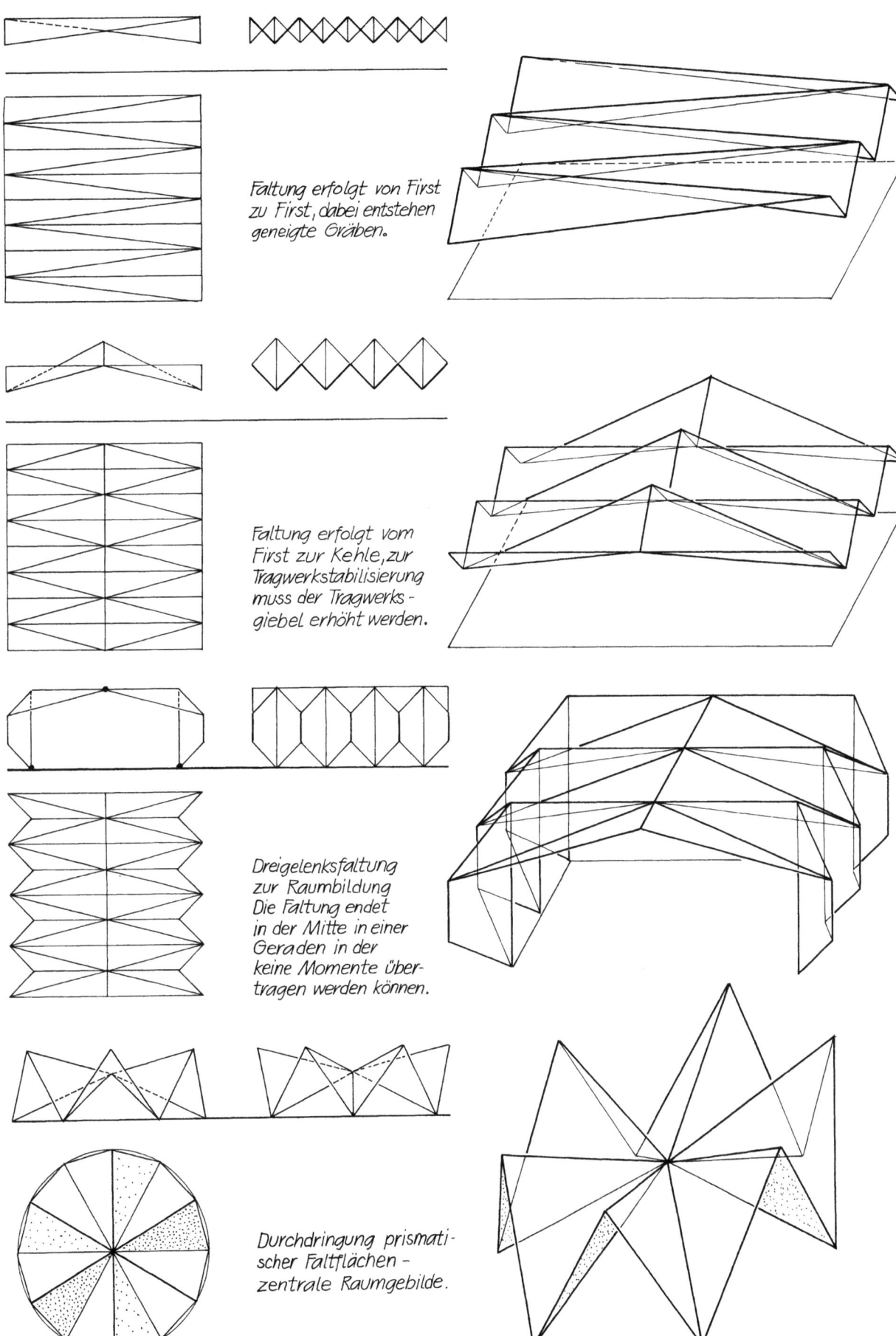

Faltung erfolgt von First zu First, dabei entstehen geneigte Gräben.

Faltung erfolgt vom First zur Kehle, zur Tragwerkstabilisierung muss der Tragwerksgiebel erhöht werden.

Dreigelenksfaltung zur Raumbildung
Die Faltung endet in der Mitte in einer Geraden in der keine Momente übertragen werden können.

Durchdringung prismatischer Faltflächen – zentrale Raumgebilde.

T-4.30 Flächenaktive Tragsysteme – Schalen

Tonnenschalen

Diese einfach gekrümmten Schalentragwerke unterscheiden sich sehr deutlich von dem Tonnengewölbe. Der Unterschied zwischen Tonnengewölbe und Tonnenschale ist ähnlich wie der zwischen einer zweiseitig aufliegenden und einer allseits aufliegenden Platte. Während das Tonnengewölbe am Rande eine fortlaufende Unterstützung hat, also sich aus einer Vielzahl von aneinandergereihten Bögen vorgestellt werden kann, ist die Tonnenschale ein Flächentragwerk, das keine Randunterstützung haben darf. Durch die Angleichung des Tonnengewölbes an die Stützlinie wird erreicht, daß nur Ringkräfte entlang der Stützlinie entstehen. Die Stützlinie ist nicht identisch mit der Kreisbogenlinie, sondern angenähert eine Parabel und Abweichungen von dieser Form rufen Biegemomente in der Bogenschale hervor.

Die Tonnenschale kann als ein tonnenförmig gebogener Träger aufgefaßt werden. Um die Trägerkräfte (Membrankräfte in der Tonnenschale) zu aktivieren - es sind dies Schubkräfte und Längskräfte - muß der Schalenquerschnitt sich deutlich von der Form der Stützlinie unterscheiden. Im Idealfall der Tonnenschale ist die Tangentialebene am Schalenrand vertikal. In diesem Falle werden die Ringkräfte in der Schale am Rande null. Die Tonnenschale läßt sich auch als polygonales Faltwerk auffassen, und wie bei diesem ist bei der Tonnenschale zur Aussteifung auch eine Endscheibe erforderlich. Wie bei einem Faltwerk - sofern die Tangentialebene nicht lotrecht liegt - treten am Schalenrand Kräfte senkrecht zur Schalenebene auf, die Biegung verursachen.

Um eine Verformung des Schalenrandes durch diese Kräfte zu vermeiden, ist die Einführung von Randträgern erforderlich.

Die Tonnenschalen, wie überhaupt alle schalenförmigen Tragsysteme, waren in der Mitte des 20. Jahrhunderts sehr beliebte raumbildende Tragwerksformen. Die formale Vielfalt und vor allem die immer wieder erstaunlich geringe Dicke der Schale selbst (und dem damit verbundenen geringen Eigengewicht der Gesamtkonstruktion) war bei Architekt und Bauingenieur geschätzt. (Selbst bei größeren Spannweiten - bis ca. 30 m - wurden Bauten mit einer 10 cm dicken Betonschale hergestellt.)

Das bevorzugte Material für diese Schalen war der Stahlbeton. Der große Nachteil dieser Schalen ist jedoch der enorme Aufwand für die Lehrgerüste, der bei zweifach gekrümmten Schalensystemen noch erheblich wuchs. Dies mag vor allem neben der allgemeinen Tendenz, sich vom Stahlbeton abzuwenden, der Grund dafür sein, daß diese Tragwerke kaum mehr zur Ausführung kommen.

Kuppel und Kuppelschale - Rotationsschalensystem

Die Kuppelschale besteht in ihrer einfachsten Form aus einem Kugelausschnitt oder einer Halbkugel. Der Kräfteverlauf in dieser Kuppelschale ist auf den Blättern T-4.41 und T-4.42 beschrieben.

Entstehung von Rotationsflächen

Neben der einfachen Rotationsfläche - der Kugel - gibt es noch eine Reihe weiterer Rotationsflächen, deren Entstehung und grundsätzliche geometrische Eigenschaften auf den Blättern T-4.43 bis T-4.45 dargestellt sind.

Schalensysteme
Gegensinnig gekrümmte Flächen - "hp"-Flächen

So wie bei den formaktiven Tragsystemen - den Seilsystemen - lassen sich auch Schalen aus hyperbolischen Paraboloiden bilden (siehe hierzu Blatt T-1.14). Diese "hp"-Fläche wirkt in der lotrechten Ebene die durch die Tiefpunkte verläuft und allen dazu parallelen Ebenen, als Bogen, in dem ausschließlich Druckkräfte übertragen werden. In den, dazu rechtwinklig liegenden lotrechten Ebenen (eine verläuft durch die beiden Hochpunkte, die anderen sind parallel zu dieser) werden ausschließlich Zugkräfte übertragen (Hängekonstruktion). Durch die Kombination derartiger Flächenelemente lassen sich ganze "Landschaften" entwickeln.

Auch für diese Schalensyseme gilt, was für die Tonnenschalen gesagt wurde. Die einzige Ausnahme bildet die sogenannte "hp"-Schale, die aus Stahlbeton vorgefertigt hergstellt wird. Sie ist im Industriebau ein nach wie vor beliebtes Element zur Abdeckung großer Hallenbauwerke.

Flächenaktive Tragsysteme – Schalen
Tonnenschalen – Tragverhalten

T-4.31

Gegenüberstellung Bogen (Tonnengewölbe) und lange Tonnenschale. Als lange Tonnenschale bezeichnet man Schalen mit Kreisbogenquerschnitt und einem Seitenverhältnis $l/b \geq 2$.

Tonnengewölbe (Bogen)

Ein Tonnengewölbe ist ein formaktives Tragsystem (Stabtragwerk), das über die gesamte Längsseite (Bogenrand oder Bogenansatz) abgestützt werden muss. Aus einem Tonnengewölbe kann, ohne den Tragmechanismus zu beeinflussen, ein beliebig langes Teilstück entnommen werden.

Tonnenschale (Flächentragwerk)

Bei der langen Tonnenschale darf der Schalenrand nicht unterstützt werden. Durch die Aktivierung von Flächenkräften (Membranwirkung) entsteht ein „räumlicher, gekrümmter Balken", der die Lasten in die Endauflager abträgt. Zur Aussteifung der Schalenform sind Endscheiben erforderlich.

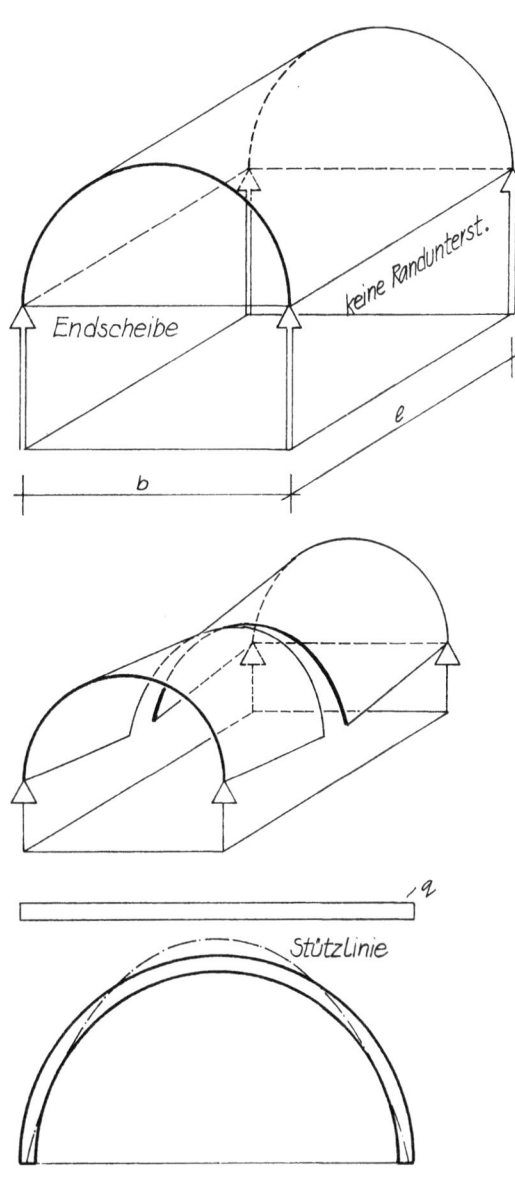

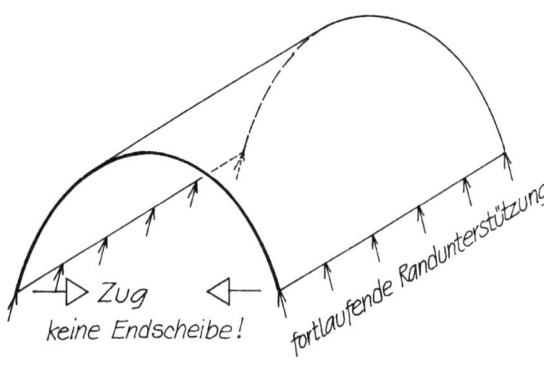

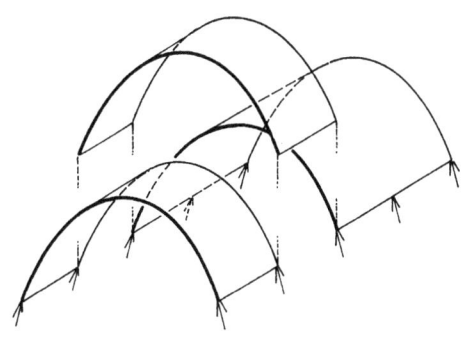

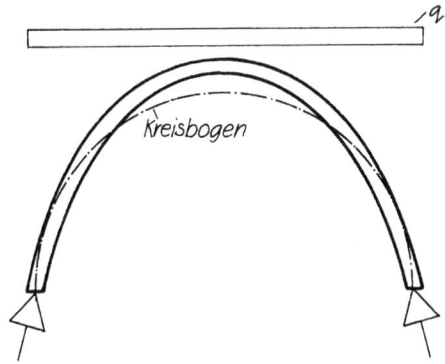

Durch die Angleichung des Tonnengewölbes an die Stützlinie wird erreicht, dass nur Ringkräfte entlang der Stützlinie entstehen. Die Stützlinie ist nicht identisch mit einer Kreisbogenlinie sondern angenähert einer Parabel gleich. (Siehe dazu „Formaktive Tragsysteme".) Abweichungen rufen Biegemomente im Bogen hervor.

Um die Membrankräfte der Tonnenschale zu aktivieren (Schubkräfte und Längskräfte), muss der Schalenquerschnitt deutlich von der Form der Stützlinie abweichen. Im Idealfall der Tonnenschale ist die Tangentialebene am Schalenrand vertikal – die Ringkräfte am Schalenrand werden dann Null.

T-4.32 Flächenaktive Tragsysteme – Schalen
Tonnenschalen – Tragverhalten

Membrankräfte in der einfach gekrümmten Tonnenschale infolge vertikaler Flächenlasten

Die Tonnenschale wirkt ähnlich einem Träger, dabei bewirken Membranlängskräfte, dass einander benachbarte Schalenstreifen sich gegeneinander zu verschieben trachten.
Diese Membranlängskräfte sind Membranschubkräfte, die am Schalenrand und in Schalenmitte 0 sind. Entsprechend den Membranschubkräften herrschen in der Membran auch Querkräfte.

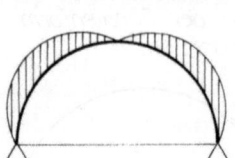 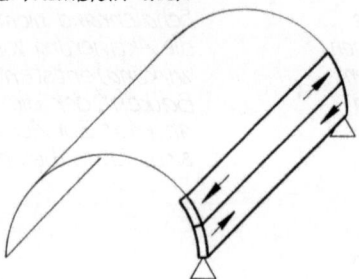 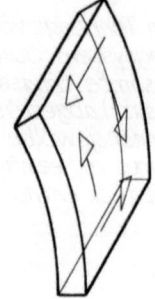

Durch die einem Träger ähnliche Tragwirkung stellen sich im Tragwerk Zonen ein in denen Zug- bzw Druckkräfte herrschen. Druckkräfte im oberen Bereich der Schale und Zugkräfte im unteren, die ihr Maximum am unteren Schalenrand erreichen.
Membranlängskräfte – Zug, Druck

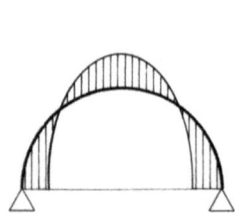 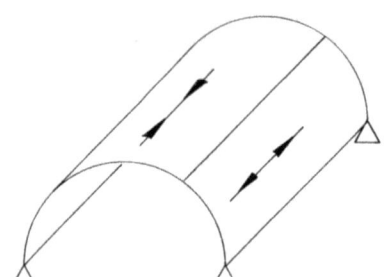 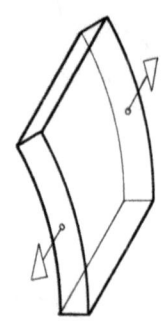

Zusätzlich zu den, schon von den Trägern her bekannten, Kräften tritt in der Schale eine Radialkraft auf - tangentiale Membrankraft oder Ringkraft - die auf die gesamte Länge der Schale im Scheitel ein Maximum und am Schalenrand gleich 0 ist; nur dadurch ist der freie Rand möglich. Die Ringkraft ist eine Druckkraft.
Bei einer flachen Tonnenschale bewirkt der Abbau der Ringkräfte nicht vermeidbare Querkräfte und Biegemomente, die einen Randträger erfordern.

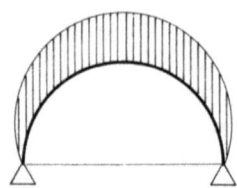 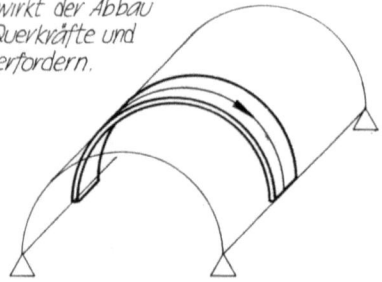 

Verformungszustände, die eine Aussteifung durch Endscheiben erfordern.

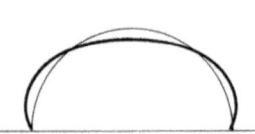 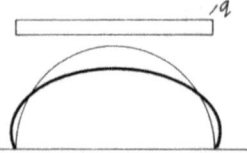 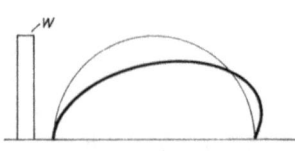 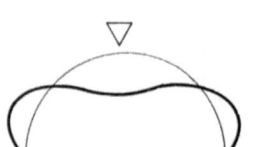

Eigengewicht der Membran und

Flächenlasten bewirken ein Einsinken des Scheitels und ein Ausbeulen über dem Schalenrand.

Horizontalkräfte und einseitiger Kraftangriff rufen ein seitliches Ausweichen hervor.

Einzellasten bewirken die nachhaltigsten und für den Tragmech. unverträglichsten Verformungen. Diese sind daher zu vermeiden.

Flächenaktive Tragsysteme – Schalen
Rotationsschalen, Kuppelschale – Tragverhalten T-4.41

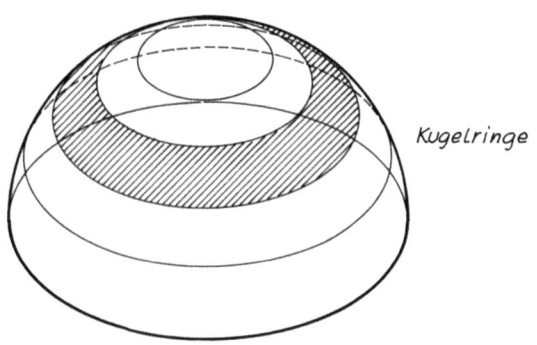

Kugelringe

Entstehung: Kreislinie rotiert um eine Kreisachse = Kugel
im Bausektor finden Kugelausschnitte Verwendung (Halbkugel und kleinere Ausschnitte.
Aufteilung in Kugelringe und Segmente

Wird eine Kugelfläche aus einer beliebigen Vielzahl von Segmenten zusammengesetzt, so überlappen die Segmente in ihrem oberen Teil (Vergrösserung des Krümmungsradius) und Klaffen im unteren Teil.(Verkleinerung des Krümmungsradius, wenn eine Kraft F im Scheitel angreift.)

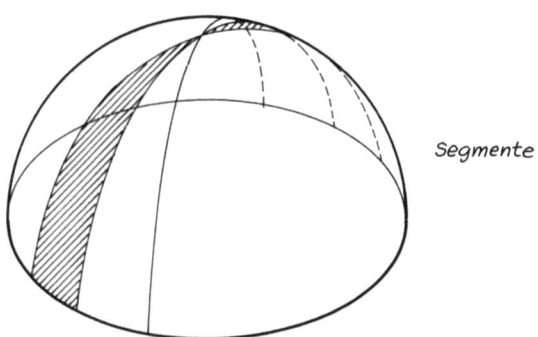

Segmente

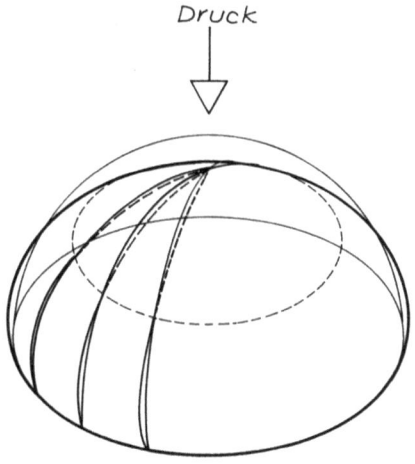

Druck

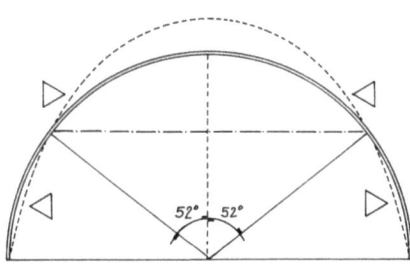

Bei Gleichlast (Eigengewicht oder/und Verkehrslast)
Die Halbkreislinie zweier gegenüber liegender Segmente (sie bilden einen Bogen) fällt nicht mit der eigentlichen Stützlinie zusammen. Dadurch entstehen in der oberen Kuppel zusätzliche Druckspannungen in Ringform und in der unteren Kuppel zusätzliche Zugspannungen entlang der Kugelringe.
Dabei verhält sich die obere Druckzone wie eine Folge aufeinandergeschichteter Druckringe
und die Zugzone wie eine
Folge aufeinander geschichteter Zugringe.

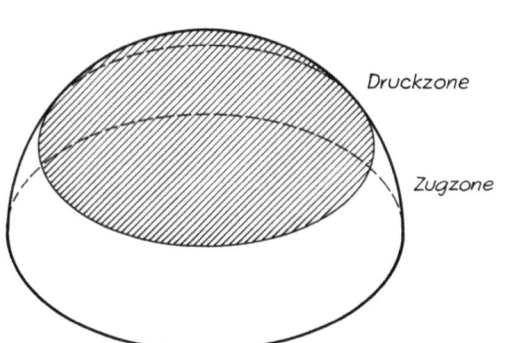

Druckzone

Zugzone

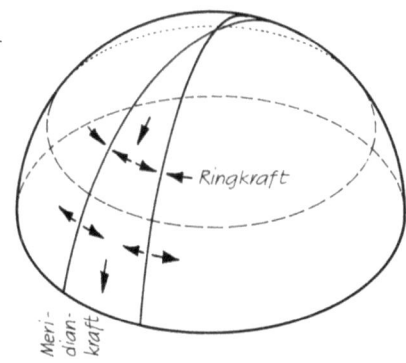

Ringkraft

Meridiankraft

T-4.42 Flächenaktive Tragsysteme – Schalen
Rotationsschalen, Kuppelschale – Tragverhalten

Der Kräfteverlauf in Kugelschalen bei gleichförmiger Belastung.
Das herausgeschnittene Schalenelement wird alleine
durch die Meridiankräfte und die Ringkräfte im Gleich-
gewicht gehalten.
Bei ungleichmässiger Belastung treten in den Elementen
Scherkräfte auf.

Die Kräfte verlaufen in der Richtung der Breitenkreise und der Meridiane.

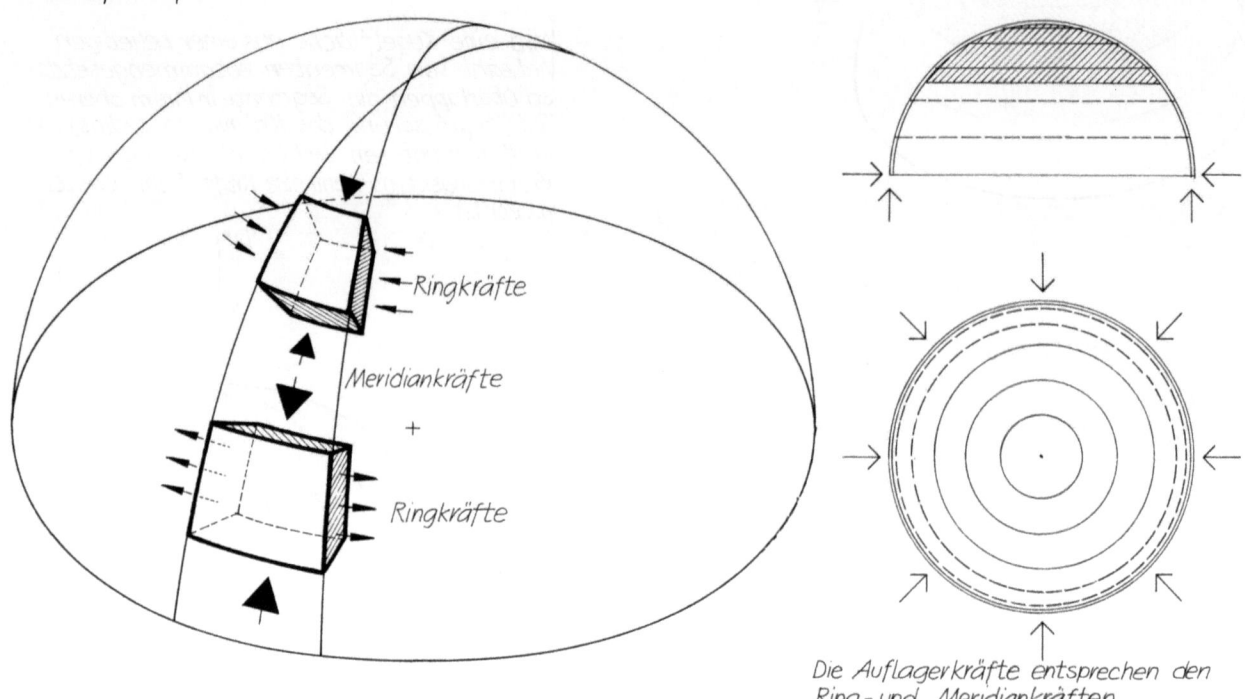

Die Auflagerkräfte entsprechen den Ring- und Meridiankräften.

„Echtes Gewölbe"
Das Gewölbe wird aus Elementen gebildet, deren Fugen radial verlaufen. Die Ringkräfte werden senkrecht auf die Fugen übertragen. Im Idealfall (die Kuppelform entspricht der Stützlinie) werden die Meridiankräfte ebenfalls senkrecht zur Fuge über- tragen. Im Normalfalle und bei ungleichförmiger Be- lastung treten in der Fuge Scherspannungen auf, die durch Reibungskräfte aufgenommen werden müssen.

„falsches Gewölbe" auch „Kraggewölbe" genannt
Das Gewölbe wird aus Elementen gebildet, deren Begren- zungsflächen Meridianebenen und Breitenkreisebenen sind. Die Ringkräfte werden senkrecht zu den Meridianfugen übertragen. Die Meridiankräfte treffen im schiefen Winkel auf die Fugen (F_m kann in eine Normalkraft zerlegt werden - F_{mV} und in eine Horizontalkraft - F_{mH}), es treten in den Fugen Scherkräfte (F_{mH}) auf die durch entgegenge- setzte Reibungskräfte aufgenommen werden müssen.

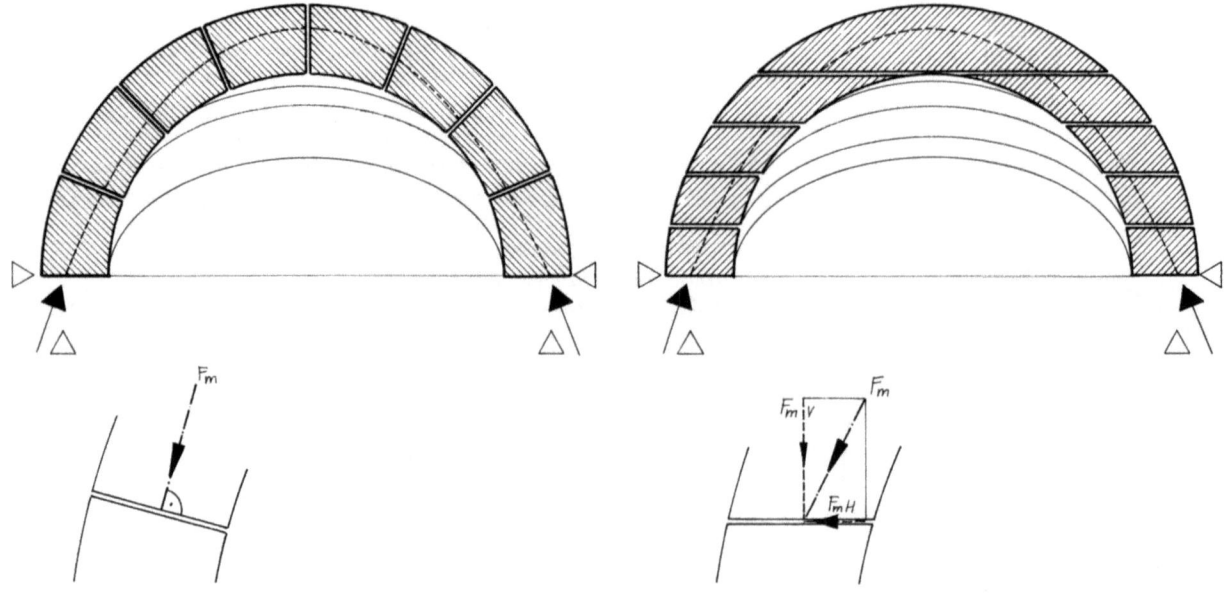

Flächenaktive Tragsysteme – Schalen
Entstehung vom Rotationsflächen
T-4.43

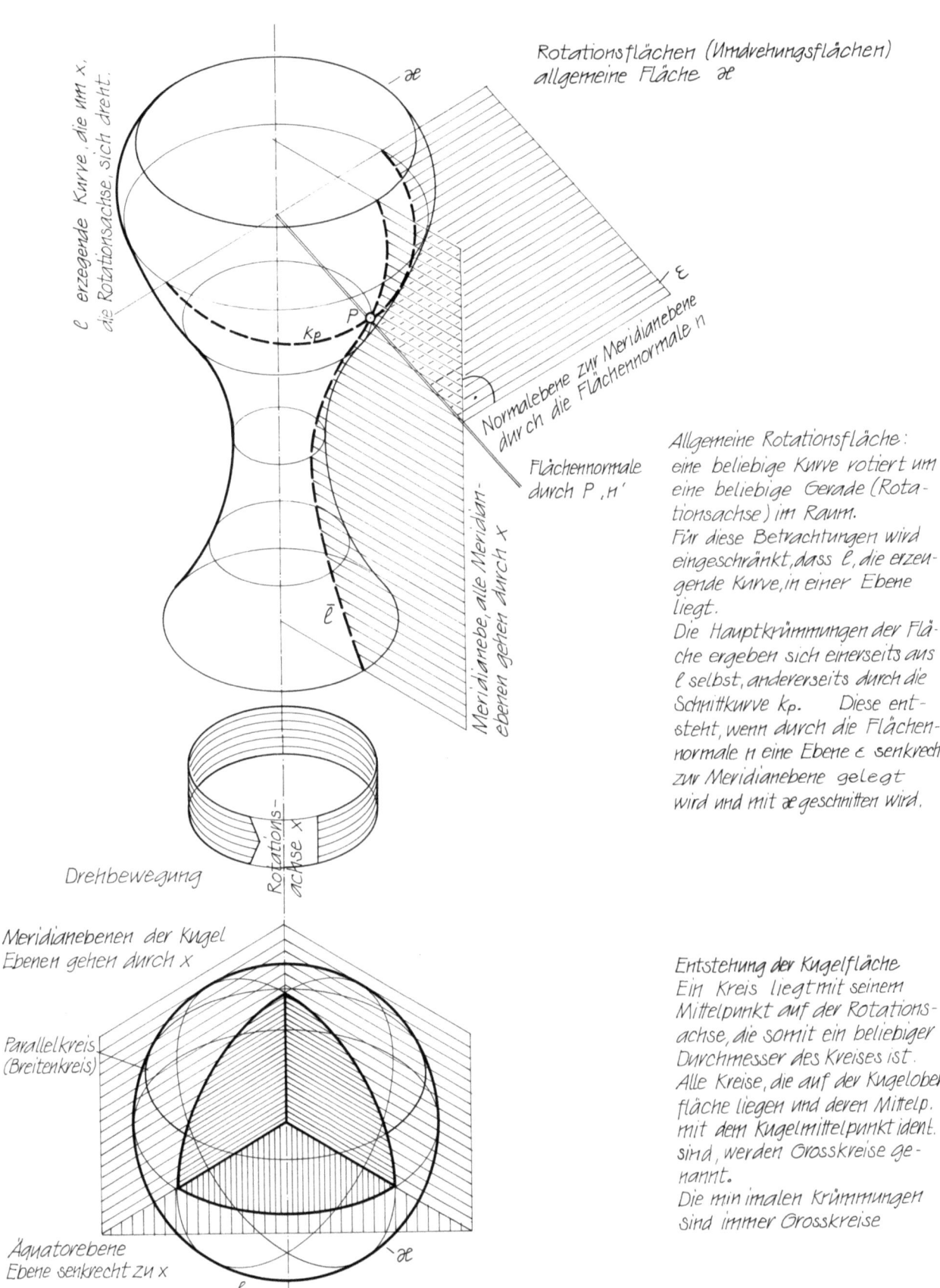

Rotationsflächen (Umdrehungsflächen) allgemeine Fläche æ

ℓ erzeugende Kurve, die um x, die Rotationsachse, sich dreht.

Normalebene zur Meridianebene durch die Flächennormale

Flächennormale durch P, n'

Meridianebene, alle Meridianebenen gehen durch x

Drehbewegung

Rotationsachse x

Meridianebenen der Kugel Ebenen gehen durch x

Parallelkreis (Breitenkreis)

Äquatorebene Ebene senkrecht zu x

Allgemeine Rotationsfläche: eine beliebige Kurve rotiert um eine beliebige Gerade (Rotationsachse) im Raum.
Für diese Betrachtungen wird eingeschränkt, dass ℓ, die erzeugende Kurve, in einer Ebene liegt.
Die Hauptkrümmungen der Fläche ergeben sich einerseits aus ℓ selbst, andererseits durch die Schnittkurve k_P. Diese entsteht, wenn durch die Flächennormale n eine Ebene ε senkrecht zur Meridianebene gelegt wird und mit æ geschnitten wird.

Entstehung der Kugelfläche
Ein Kreis liegt mit seinem Mittelpunkt auf der Rotationsachse, die somit ein beliebiger Durchmesser des Kreises ist.
Alle Kreise, die auf der Kugeloberfläche liegen und deren Mittelp. mit dem Kugelmittelpunkt ident. sind, werden Grosskreise genannt.
Die minimalen Krümmungen sind immer Grosskreise.

T-4.44 Flächenaktive Tragsysteme – Schalen
Entstehung von Rotationsflächen

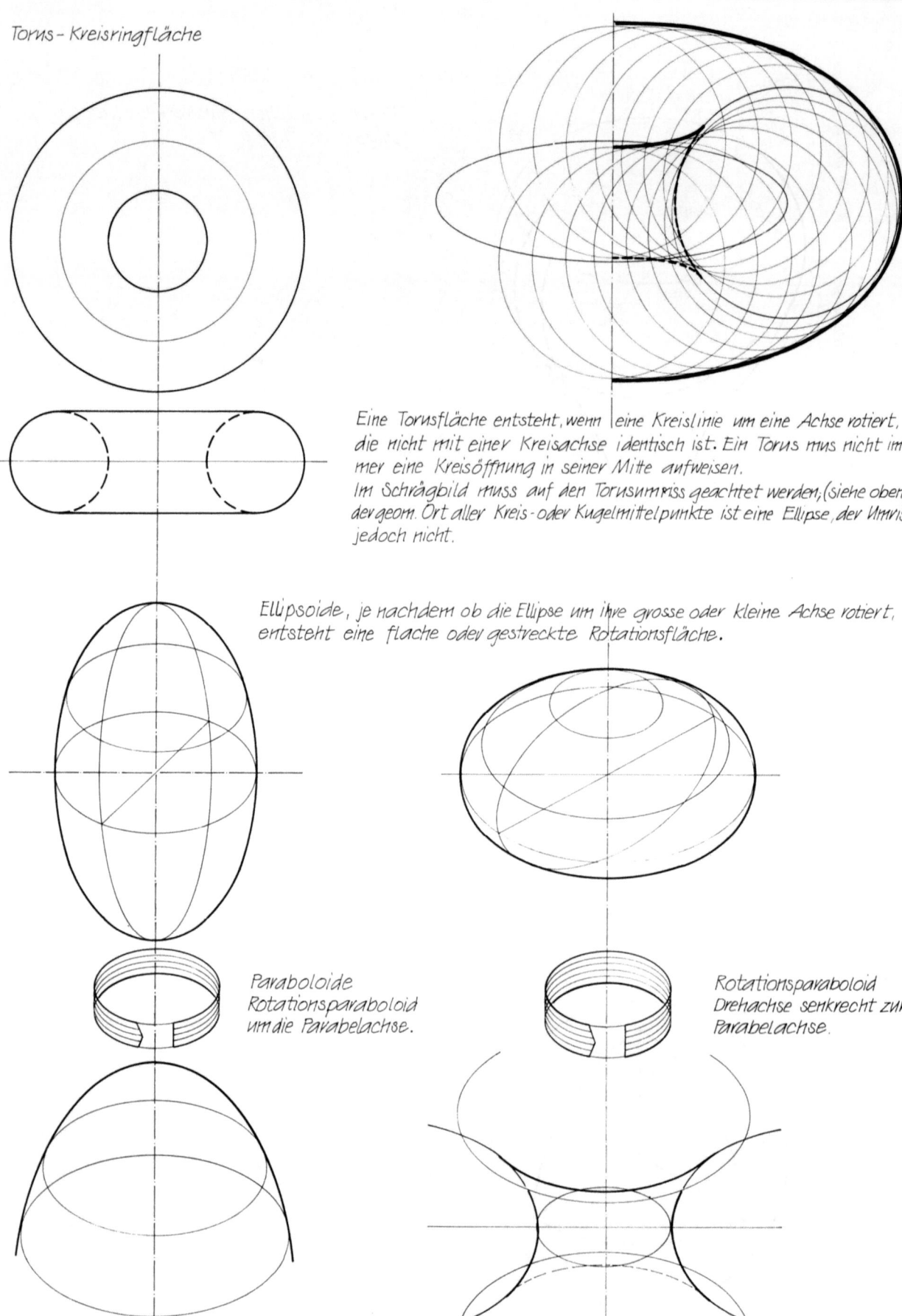

Torus – Kreisringfläche

Eine Torusfläche entsteht, wenn eine Kreislinie um eine Achse rotiert, die nicht mit einer Kreisachse identisch ist. Ein Torus muss nicht immer eine Kreisöffnung in seiner Mitte aufweisen.
Im Schrägbild muss auf den Torusumriss geachtet werden, (siehe oben) der geom. Ort aller Kreis- oder Kugelmittelpunkte ist eine Ellipse, der Umriss jedoch nicht.

Ellipsoide, je nachdem ob die Ellipse um ihre grosse oder kleine Achse rotiert, entsteht eine flache oder gestreckte Rotationsfläche.

Paraboloide
Rotationsparaboloid um die Parabelachse.

Rotationsparaboloid
Drehachse senkrecht zur Parabelachse.

Flächenaktive Tragsysteme – Schalen
Entstehung von Rotationsflächen
T-4.45

Rotationszylinder, eine zur Drehachse parallele Gerade rotiert als Erzeugende.

Rotationskegel, die erzeugende Gerade schneidet im Endlichen die Rotationsachse - Kegelspitze.

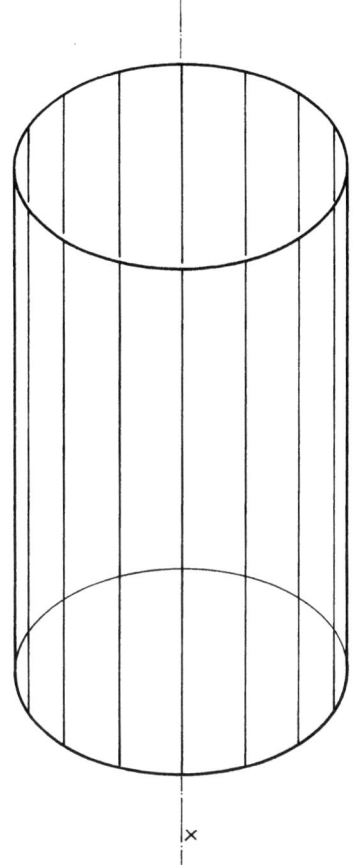

Rotationshyperboloide
einschaliges Rotationshyperboloid: eine zur Achse x windschiefe Gerade ist die Erzeugende. Rotation der Hyperbel um die kleine Achse. Zweischaliges Rotationshyperboloid dreht um die grosse Achse.

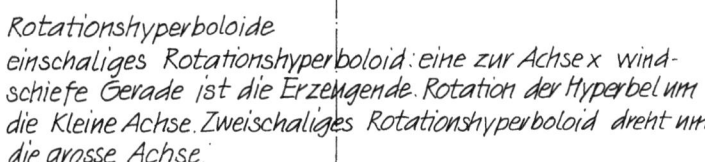 Drehbewegung

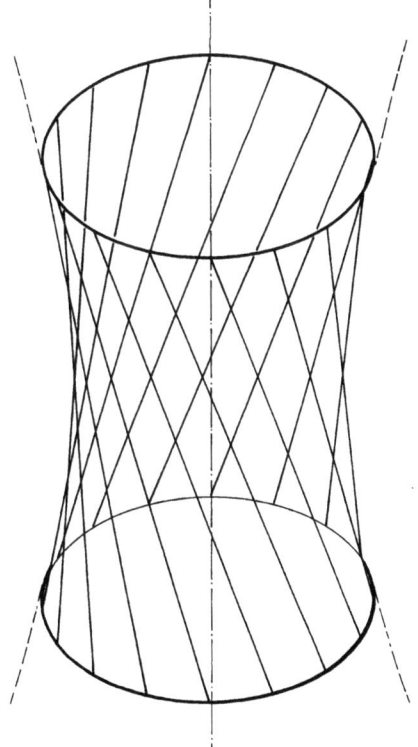

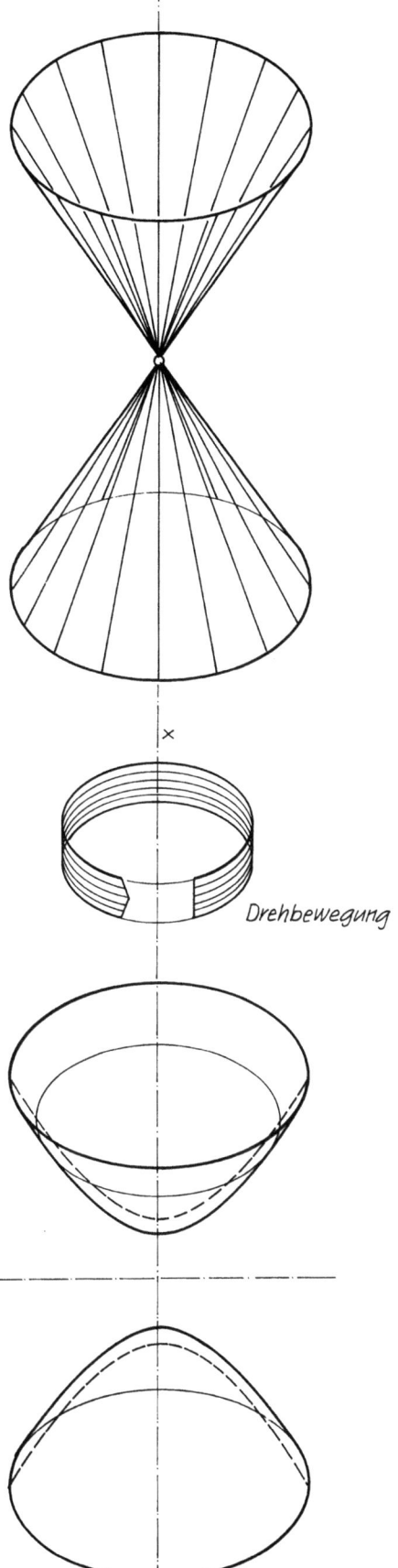

T-4.46 Flächenaktive Tragsysteme – Schalen
Schalenausschnitte

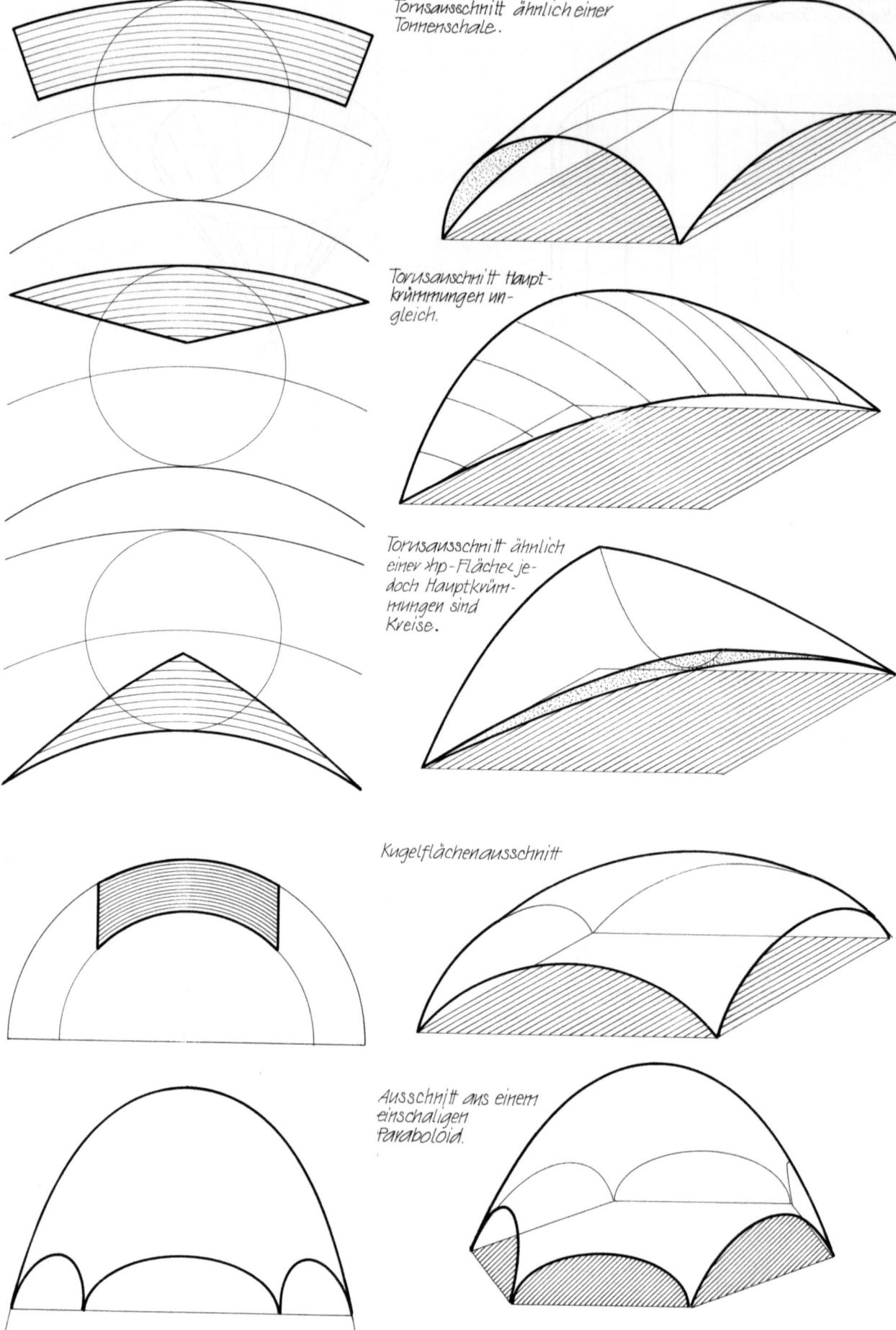

Torusausschnitt ähnlich einer Tonnenschale.

Torusausschnitt Hauptkrümmungen ungleich.

Torusausschnitt ähnlich einer »hp-Fläche« jedoch Hauptkrümmungen sind Kreise.

Kugelflächenausschnitt

Ausschnitt aus einem einschaligen Paraboloid.

Flächenaktive Tragsysteme – Schalen
Gegensinnig gekrümmte Flächen – hp-Schalen

T-4.50

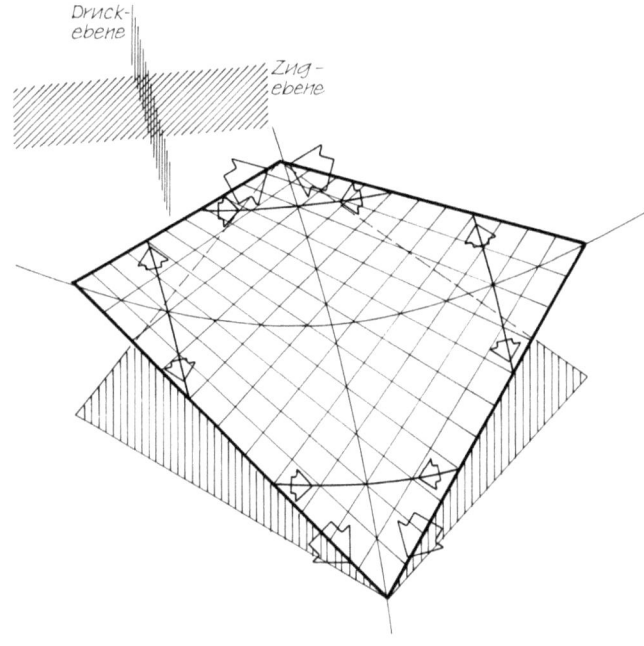

Die in T-1.14 beschriebene Fläche, das hyperbolische Paraboloid, kann nicht nur als Seilsystem ein Tragwerk bilden, sondern als geschlossene Fläche auch ein flächenaktives Schalensystem.
Die >hp< Fläche lässt sich in parallele Parabelscharen zerlegen die sich rechtw. kreuzen. Die nach oben offenen Parabeln sind Zuggewölbe, die nach unten offenen sind Druckgewölbe. (Zug- und Druckebenen der >hp<-Flächen.)
Die Hauptzug- und Druckspannungen verlaufen nicht in den Richtungen der Erzeugenden
Die Kräfte in den Randgliedern verlaufen als Druck-Kräfte zu den Tiefpunkten.
Die Stabilisierung der einzelnen >hp< Fläche muss analog zu den Systemen, die in T-1.15 abgebildet sind, erfolgen.

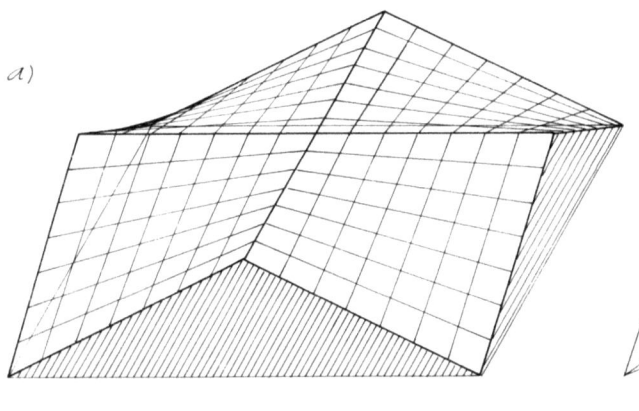

a)

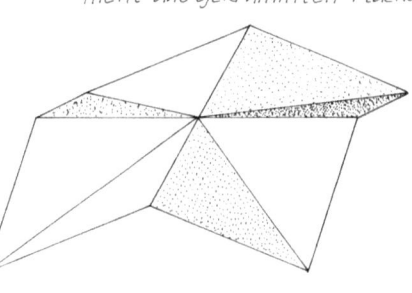

→ Übergang zum Faltwerk, das aus ebenen und nicht aus gekrümmten Flächen gebildet wird.

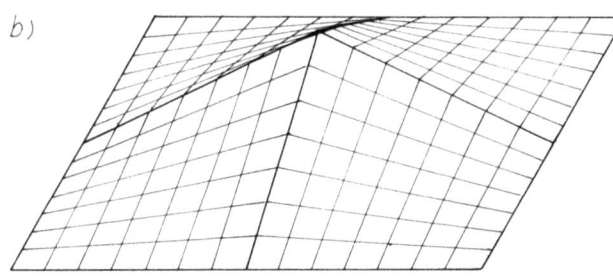

b)

Über dem quadratischen Grundriss lassen sich vier gleiche >hp<-Flächen zu schiedenen Kombinationen zusammenfügen.
a) vier Schalenränder bilden einen kreuzförmigen First.

b) acht Schalenränder liegen in einer Ebene – Traufebene – und bilden die Traufe.

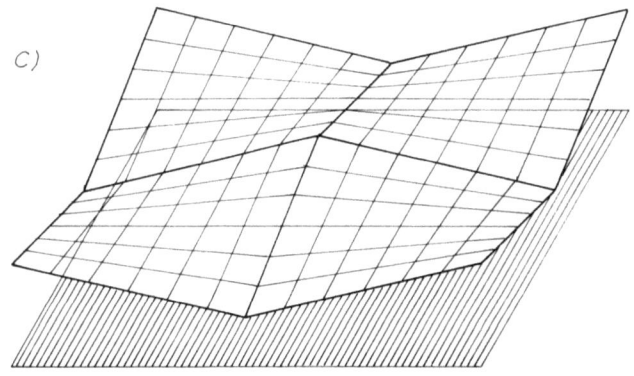

c)

c) alle Schalenränder sind geneigt, der Mittelpunkt und die vier Eckpunkte liegen in gleicher Höhe. In der Mitte der vier Quadratseiten befinden sich die vier Tiefpunkte.

Es lassen sich noch weitere Variationen zu diesem Thema finden, wobei auch der Tiefpunkt in der Mitte des Quadrates zu liegen kommen kann.

T-4.51 Flächenaktive Tragsysteme – Schalen
Gegensinnig gekrümmte Flächen – hp-Schalen

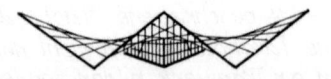
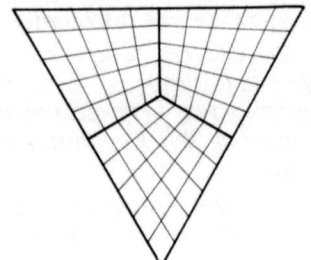

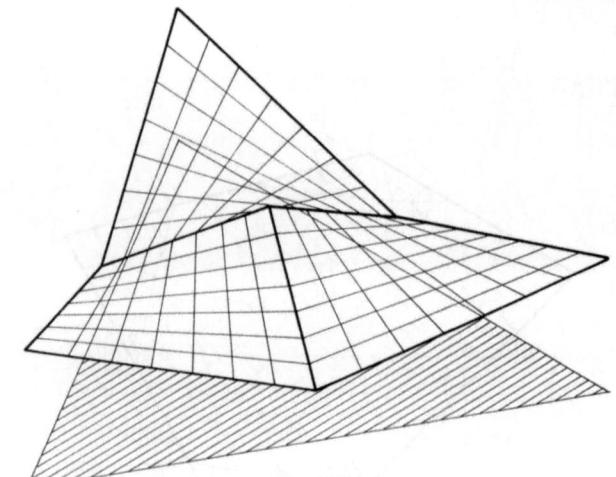

Kombination von drei Schalen über einem dreieckigen Grundriss.

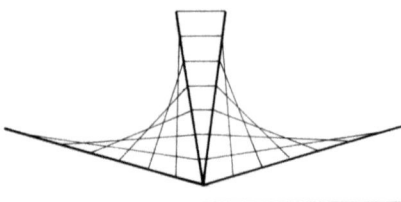
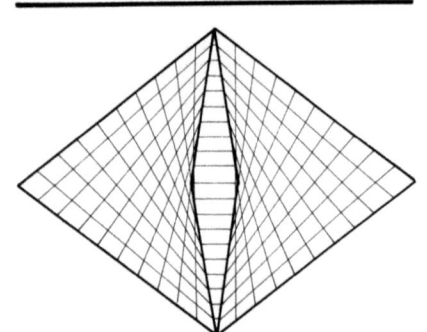

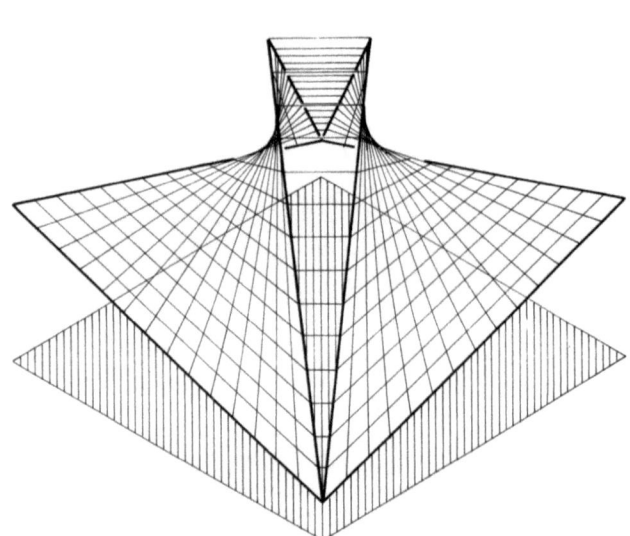

zwei stark gekrümmte Schalen und zwei Dreieckebenen über einem vierseitigen Grundriss (nach Candela).

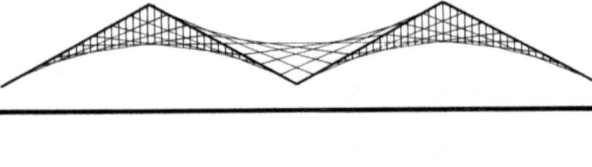
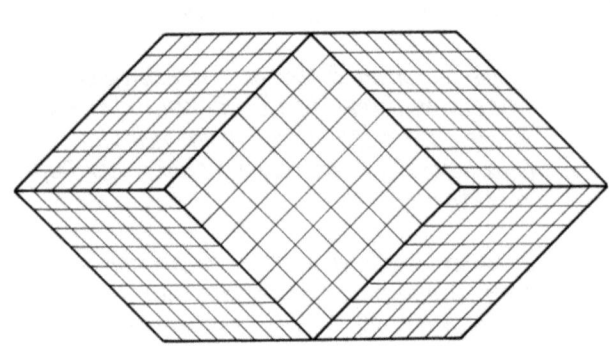

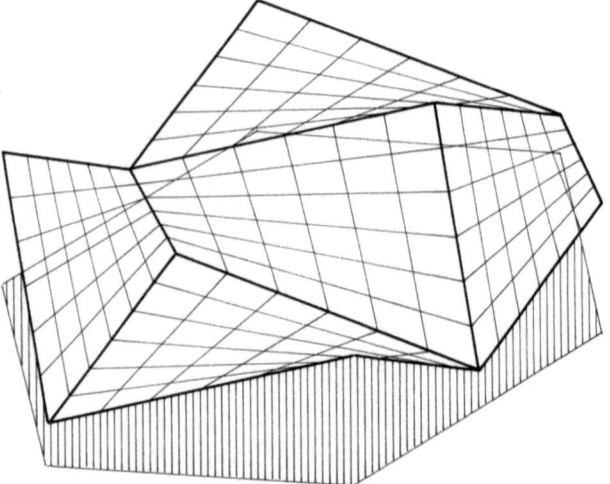

fünf Schalen über einem sechseckigen Grundriss.

Flächenaktive Tragsysteme – Schalen
Gegensinnig gekrümmte Flächen – hp-Schalen
T-4.52

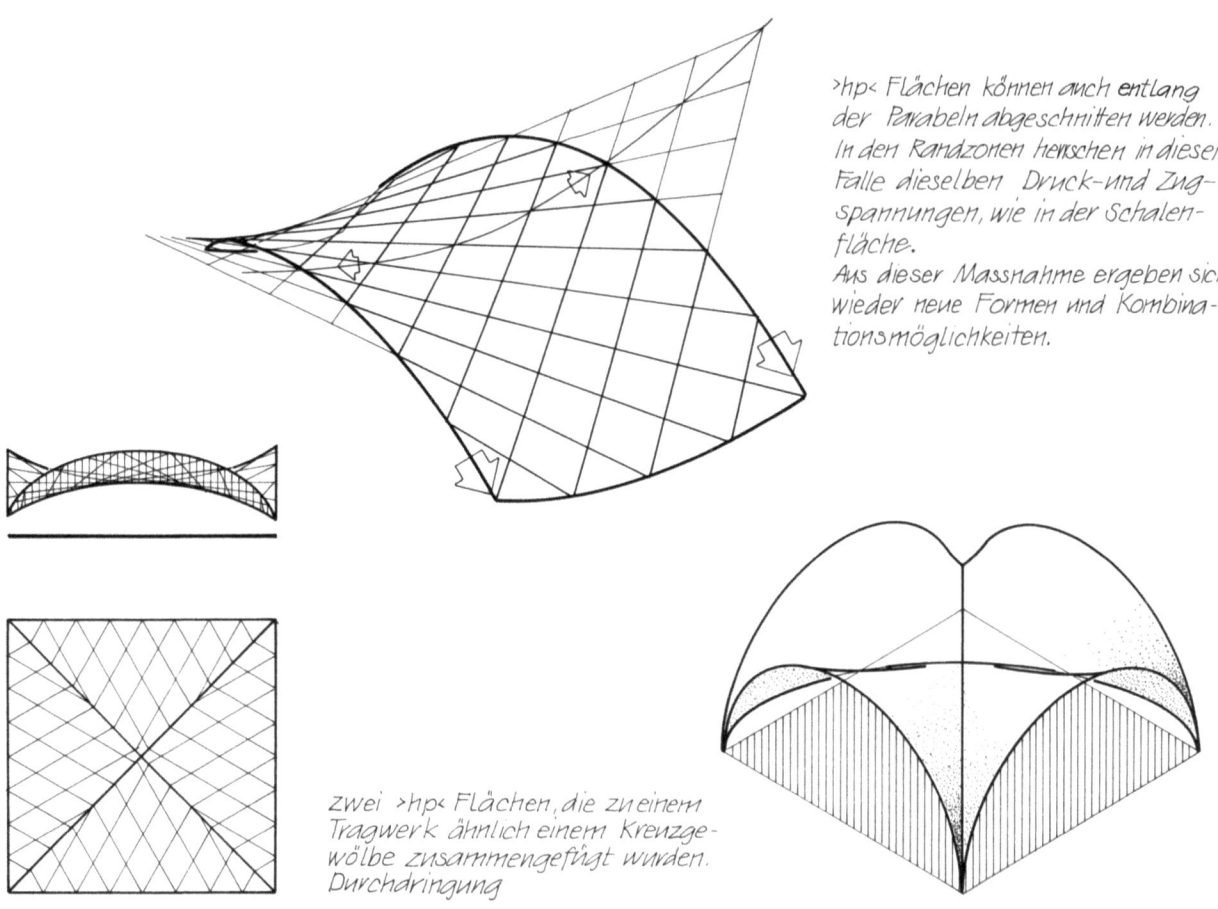

›hp‹ Flächen können auch entlang der Parabeln abgeschnitten werden. In den Randzonen herrschen in diesem Falle dieselben Druck- und Zugspannungen, wie in der Schalenfläche.
Aus dieser Massnahme ergeben sich wieder neue Formen und Kombinationsmöglichkeiten.

Zwei ›hp‹ Flächen, die zu einem Tragwerk ähnlich einem Kreuzgewölbe zusammengefügt wurden. Durchdringung

Ein länglicher Ausschnitt aus einem in der einen Richtung stark gekrümmten und in der anderen Richtung sehr flachen parabolischen Hyperboloid wird allgemein als ›hp-Schale‹ bezeichnet. Wegen der sehr flachen Krümmung wird in der baulichen Ausführung die Parabel durch den Scheitelkrümmungskreis ersetzt, damit wird die ›hp-Schale‹ eigentlich zu einem Ausschnitt aus einem einschaligen Rotationshyperboloid.

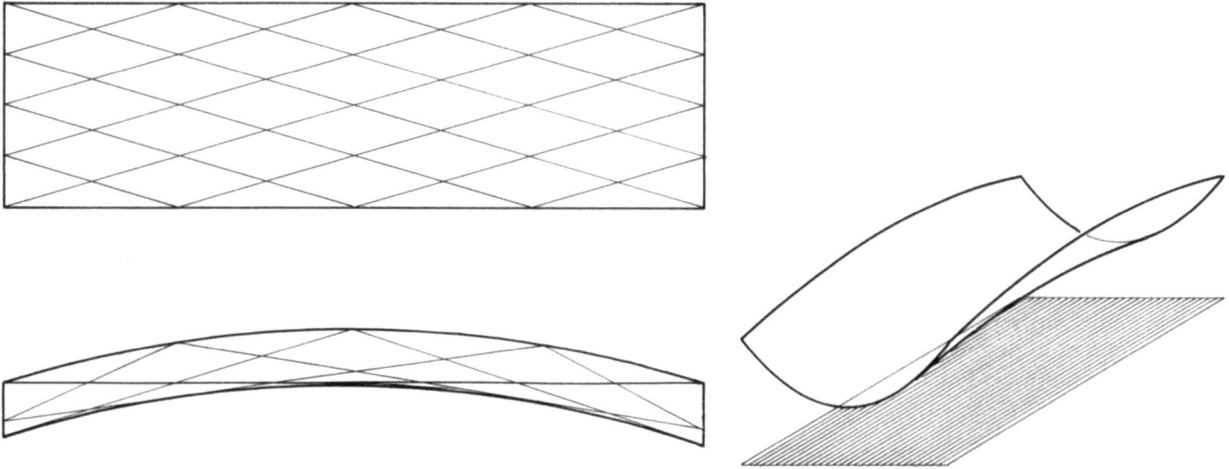

T-5.01 Druckbeanspruchte Bauglieder
Stabilitätsprobleme – Knicken

Stabilitätsprobleme

Ganz allgemein kann man sagen, daß ein System dann stabil ist, wenn zusätzlich (positiv) Arbeit geleistet werden muß, um den vorhandenen Gleichgewichtszustand zu stören. Bei unseren bisherigen Betrachtungen sind wir immer davon ausgegangen, daß jedes System so beschaffen ist, daß beliebig gerichtete Kräfte sicher abgeleitet werden. Dies ist jedoch nicht grundsätzlich im Bauwesen der Fall.

Betrachten wir uns auf Seite T-2.51 den Würfel Nummer 2. Vier Stäbe sind gelenkig an ihren Fußpunkten gelagert und an ihren oberen Enden durch weitere vier Stäbe gelenkig verbunden. Wir nehmen weiter an, daß die Vertikalstäbe wirklich lotrecht stehen und die vier horizontalen Stäbe vollkommen gleichmäßig ihr Eigengewicht auf die vier Vertikalstäbe übertragen.

Unter der Voraussetzung, daß wir dieses "Ei des Columbus" tatsächlich bauen könnten, würde jede beliebige Horizontalkraft den Würfel zum Einsturz bringen ohne zusätzliche Arbeit zu leisten. Es gibt in der Baustatik aber auch eine Reihe von Konstruktionen, deren Stabilität durch eine zusätzliche Belastung gefährdet ist. Im übertragenen Sinne kann die DIN allgemein interpretiert werden: "Es ist besonders sorgfältig zu untersuchen, ob in Tragwerken oder in Teilen von Tragwerken instabile Gleichgewichtszustände auftreten können. Die Stabilität des Gleichgewichtes muß nicht nur im fertigen Zustand, sondern auch in jedem Bau- und Umbauzustand gesichert sein. Die Gefahr für die Stabilität ist besonders dann gegeben, wenn in einem Tragwerk Bauglieder aus Stäben eingesetzt sind, die auf Druck beansprucht werden. Sie sind der Gefahr des Knickens ausgesetzt. Ähnliches gilt für wand- und plattenförmige Bauglieder, bei denen die Gefahr besteht, daß sie beulen.

Die Stabilitätsprobleme, die in der Baustatik auftreten, sind vor allem dadurch gekennzeichnet, daß man sich auf seine "Erfahrung" nicht verlassen kann; sie widersetzen sich vielmehr der Beurteilung durch ein statisches Gefühl.

Knicken

Wir sind bisher davon ausgegangen, daß sich die Querschnittsfläche eines druckbeanspruchten Stabes berechnen läßt aus: maximaler vorhandener Drucklast geteilt durch die zulässige Druckspannung, die das Material aufzunehmen in der Lage ist. In dieser Formel spielt die Stablänge keine Rolle. Dies würde auch tatsächlich so sein, wenn:

1. Das Material, aus dem der Stab besteht, vollkommen homogen wäre und

2. über den gesamten Stabquerschnitt und seine gesamte Stablänge überall dieselben Druckspannungen aufgenommen werden könnten und

3. überall die gleichen Druckspannungen genau dieselben Längenänderungen (Verkürzung) hervorrufen würden und

4. die Kraft in den Stab so eingeleitet würde, daß ihre Wirkungslinie genau in der Stabmitte liegt, sowie

5. das Stabauflager so ausgebildet wäre, daß die Auflagerkraft mit der Wirkungslinie der eingebrachten Kraft identisch ist.

Diese fünf Forderungen sind jedoch in der Natur nicht einzuhalten. Schon das Nichteinhalten einer einzigen Bedingung führt dazu, daß der Stab unter Umständen in seiner Stabilität gefährdet ist. In der Praxis müssen wir annehmen, daß:

1. alle Baumaterialien nicht homogen sind (Auch der sonst so gleichförmig erscheinende Stahl ist letztlich inhomogen.) und

2. diese Inhomogenität bewirkt, daß sowohl über den Querschnitt als auch die Stablänge hinweg nicht überall dieselbe Druckspannung herrscht und daß

3. demzufolge über die Stablänge und den Stabquerschnitt hin unterschiedliche Längenänderungen zu erwarten sind.

4. Kann der Idealzustand, daß Stabachse und Wirkungslinie der eingebrachten Kraft identisch sind, nie erreicht werden. (Schon minimale Verschiebungen, die sich durch Temperaturdifferenzen er-

geben mögen, bewirken, daß die Kraft mit ihrer Wirkungslinie außerhalb der idealen Stabachse liegt.)

5. Das unter Punkt 4 Gesagte gilt auch für das Auflager.

Ein druckbeanspruchter Stab wird also - sei es durch außermittigen Kraftangriff oder durch ungleichmäßige Materialeigenschaften - an einer Seite der Querschnittsfläche mehr zusammengedrückt als an der anderen. Verschiebungen bzw. Winkeländerungen, und seien sie auch noch so klein, werden die Folge sein. Für die Stabilitätsaufgaben ist es also wichtig, daß Verschiebungen oder Verdrehungen, die durch die angreifenden Kräfte selbst verursacht werden, in die Gleichgewichtsbetrachtungen eingeführt werden. Liegt diese virtuelle Verschiebung der neuen Betrachtung zugrunde, so erkennt man, daß der Gleichgewichtszustand eigentlich indifferent ist, denn auch eine andere Gleichgewichtslage als die symmetrische ist möglich. Ist die Last und damit die Verschiebung oder die Verdrängung klein, so überwiegt das rückdrehende bzw. stabilisierende Moment. Sind die Lasten bzw. die Verdrehung oder Verschiebung groß, so dominiert das weiterdrehende oder instabilisierende Moment. Sind das stabilisierende und das instabilisierende Moment gleich groß, befindet sich der Stab oder auch der Körper im Übergang von dem stabilen in das instabile Gleichgewicht. Man spricht von der Stabilitätsgrenze.

Kehren wir wieder zu dem druckbeanspruchten Stab zurück. Wir nehmen außerdem an, daß er sich infolge einer der fünf beschriebenen Punkte seitlich verschoben oder verdreht hat. In dem Stab herrscht zusätzlich zu seiner Normalspannung noch ein Moment, das ihn zu verbiegen sucht. Dieses Moment wird ausschließlich durch die eingeleitete Kraft verursacht und durch das Ausweichen des Stabes immer größer. Ohne auf das von Leonhard Euler gelöste Stabilitätsproblem der Knickung weiter einzugehen, wird ein Vergleich mit den Stabträgern herangezogen. Ein frei aufliegender Balken (Linienträger) biegt sich um so leichter durch, je größer seine Spannweite ist. (Für die Berechnung des Biegemomentes geht bei gleichförmiger Belastung tatsächlich die Spannweite mit dem Quadrat in die Gleichung ein.) Die Folge davon ist, daß ein Stab umso leichter nach der Seite sich verdreht - ausknickt - je größer seine freie Länge ist.

Aus dieser Betrachtung ergeben sich nun vier spezielle Fälle, die sogenannten vier Euler-Fälle, die für das Ausknicken von Bedeutung sind.

1. Der Stab ist nur an seinem unteren Ende eingespannt. (Der Vergleich mit einem Kragträger ist naheliegend.)

2. Der Stab ist sowohl an seinem oberen als auch an seinem unteren Ende gelenkig gelagert. (Bei dem Träger wäre dies der beidseitig frei aufliegende Balken.)

3. Der Stab ist an einem Ende eingespannt und am anderen Ende gelenkig gelagert. (Dies entspricht dem einseitig eingespannten, am anderen Auflager frei aufliegenden Balken.)

4. Der Druckstab ist an beiden Enden eingespannt. (Wie bei einem beidseitig eingespannten Träger)

Aus der verschiedenartigen Lagerung der Stäbe ergibt sich, daß bei gleicher Stablänge und gleichem Stabquerschnitt die Stäbe bei sehr verschiedener Belastung die Stabilitätsgrenze erreichen. Sei die Last, die den Stab im Fall 1 bis an die Stabilitätsgrenze belastet mit 1 bezeichnet, so wird sie im Eulerschen Fall 2 viermal so groß um den selben Effekt zu bewirken. Die Kraft verdoppelt sich nun jeweils von Fall 2 zu Fall 3 bzw. von Fall 3 zu Fall 4.

So unterschiedlich in der Baupraxis auch die Lagerung der Stäbe sein mag, so müssen wir für unsere Betrachtung die Fälle 3 und 4 außeracht lassen, da eine tatsächlich unverschiebliche Einspannung der Stäbe kaum gewährleistet ist. Es bleibt also der Fall 1 für eingespannte Stützen, auf die Träger aufgelegt werden und der Fall 2 für Stützen, die in einem in sich ausgesteiften System Lasten abzutragen haben. Im Anhang des Buches ist in der Tabelle T-F 3.31 und T-F 3.32 eine überschlägige Abschätzung für Knickstäbe angegeben. Dieser Betrachtung ist Euler-Fall 2 zugrundegelegt.

T-5.11 Druckbeanspruchte Bauglieder
Stabilitätsprobleme – Knicken, Kippen, Gleiten

Knicken gerader, elastischer Stäbe. Euler'sche Knickfälle

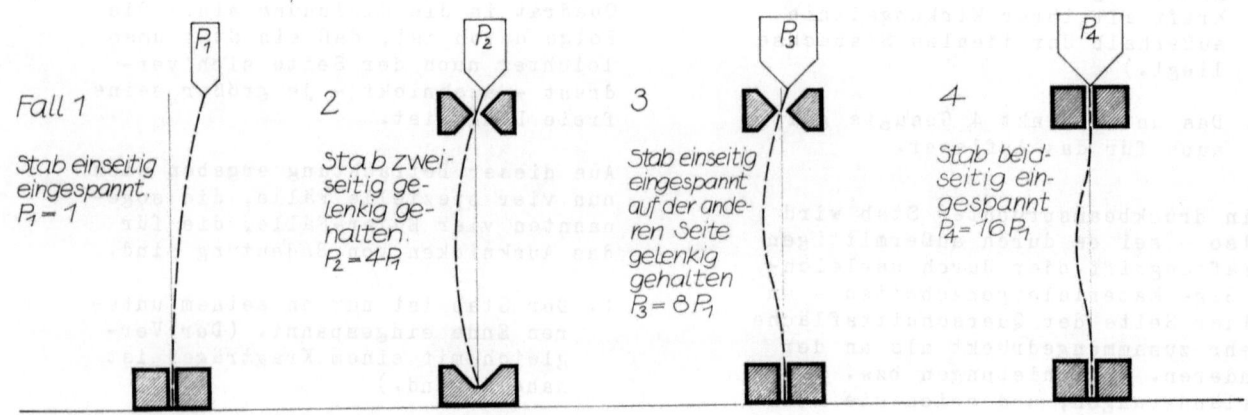

Fall 1: Stab einseitig eingespannt. $P_1 = 1$

2: Stab zweiseitig gelenkig gehalten. $P_2 = 4P_1$

3: Stab einseitig eingespannt auf der anderen Seite gelenkig gehalten. $P_3 = 8P_1$

4: Stab beidseitig eingespannt. $P_4 = 16P_1$

Umlenkung horizontaler Kräfte

Die entscheidenden Belastungen der Bauglieder eines Tragwerks ergeben sich aus der Überlagerung von Eigengewicht, Verkehrslast und Windbelastung.

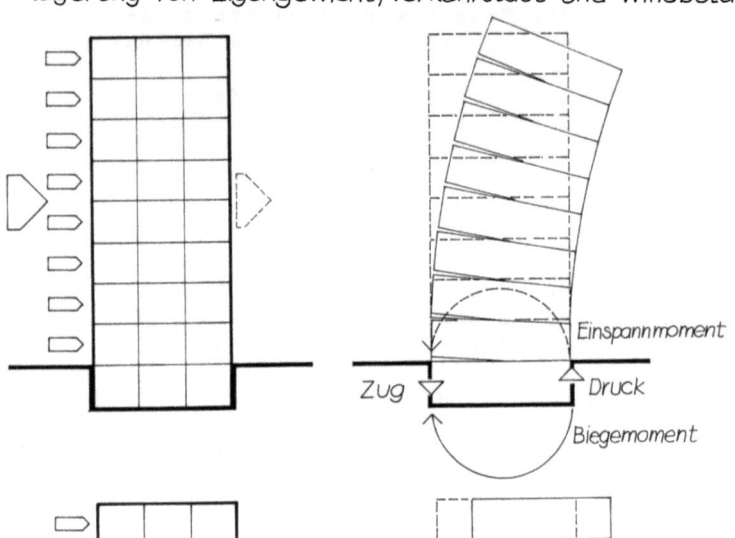

1 Biegefestigkeit
Der Staudruck und Sog des Windes verursacht im Tragwerk Biegekräfte (Biegezug und Biegedruck) mit einem Biegemoment.

(Siehe Balken, Kragarm)

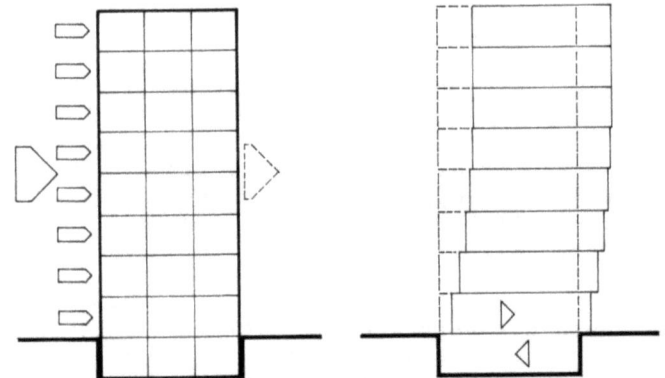

2 Gleiten – Scherfestigkeit
Der Staudruck und Sog des Windes möchte die einzelnen Querschnitte gegeneinander verschieben. Zwei benachbarte Querschnittsflächen gleiten aufeinander.
(Siehe Balken, Querkräfte)

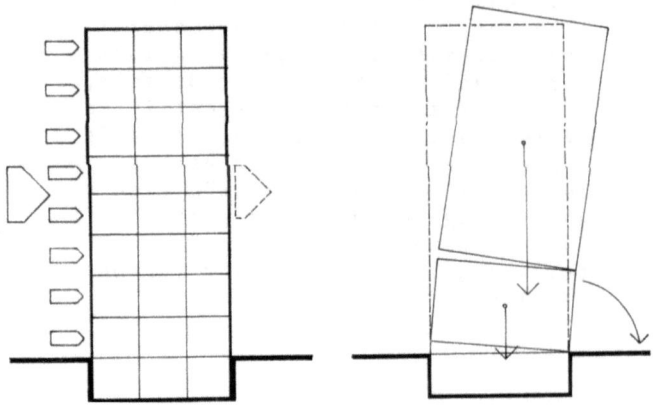

3 Kippen
Das Eigengewicht ruft ein Standmoment hervor dem ein Kippmoment aus den Kräften des Windstaudruckes und Windsoges gegenwirkt.

Neben dem Ausknicken von Druckstäben zählen auch diese beiden möglichen Lageveränderungen zu Stabilitätsproblemen im Bauwesen. Hier sind es in der Regel horizontale Lasten, die einen Baukörper oder auch ein Möbelstück aus dem Zustand des ruhenden Gleichgewichtes in ein instabiles Gleichgewicht versetzen können. Welche Mechanismen des Tragwerkes dem Kippen bzw. Gleiten entgegenwirken, ist auf Blatt T-5.11 dargestellt. Ein Baukörper ist immer dann gefährdet zu kippen, wenn der Kraftangriff nicht mehr mittig ist (also nicht in der Mitte der Querschnittsfläche), sondern sich aus der Mittellage in Richtung des Körperrandes verschiebt. Dazu kommt es, wenn er entweder kein homogenes Gewicht aufweist - also unterschiedlich schwer ist - oder das mittig angreifende Eigengewicht durch eine Horizontalkraft zu einer Resultierenden vereinigt wird, die aus der Mittellage herausfallen muß.

Die Kante des Körpers, der sich die resultierende Kraft aus der Mittellage heraus nähert, wird als Kippkante bezeichnet. In dieser Kippkante stellt man sich den Drehpunkt für Momente vor. Das stabilisierende oder auch rückdrehende Moment wird in diesen Fällen als Standmoment bezeichnet. Es ergibt sich aus dem Eigengewicht des Körpers mal dem Hebelsarm von dem Drehpunkt - in unserem Falle 0,5 b. Das instabilisierende, oder auch weiterdrehende Moment wird als Kippmoment bezeichnet. Dieses dreht gegensinnig zum Standmoment und ergibt sich aus der Horizontalkraft mal dem Hebelsarm zum Drehpunkt. Ist das Kippmoment im Verhältnis zum Standmoment sehr klein, so treten über die gesamte betrachtete Querschnittsfläche nur Druckspannungen auf. Diese haben an der Kippkante ihr Maximum und an der gegenüberliegenden Kante ihr Minimum.

Kippsicherheit

Im Bauwesen wird im allgemeinen eine Kippsicherheit von größer oder gleich 1,5 gefordert. Diese Kippsicherheit ergibt sich aus dem Quotienten von dem Standmoment geteilt durch das Kippmoment. Für die zeichnerische Lösung bedeutet dies im Falle eines Rechtecksquerschnittes, daß die Resultierende sich maximal ein Drittel der Querschnittsbreite aus der Mittenlage entfernen darf. Liegt sie außerhalb dieser Sicherheitszone, so ist die Kippsicherheit nicht mehr gewährleistet. Dies bedeutet jedoch nicht, daß der Körper schon zu kippen beginnt. Dieser Zustand wird erst erreicht, wenn die Resultierende tatsächlich durch die Kippkante verläuft.

Gleitsicherheit

Ob ein Körper kippt oder gleitet wird durch den Reibungswiderstand zwischen dem Körper selbst und der Unterlage, auf der er steht, bestimmt. So wird ein Körper mit einem geringen Reibungswiderstand auf der Grundfläche eher gleiten als kippen.

Die Größe des Reibungswiderstandes ist von der Rauhigkeit der sich berührenden Oberflächen und dem Druck abhängig, den diese aufeinander ausüben. Dazu stellt man sich folgenden Versuch vor. Auf einer Ebene, die sich neigen läßt, ruht ein Körper. Nun wird die Ebene so lange geneigt, bis der Körper den Reibungswiderstand überwindet und auf der Schräge abzugleiten beginnt. Im Grenzfalle zwischen Ruhe und Bewegung wird der Neigungswinkel der Ebene gegen die Horizontale mit dem Reibungswinkel φ bezeichnet.

In der Regel schließt die Resultierende, aus der Horizontalkraft und dem Eigengewicht gebildet, mit der Vertikalen einen Winkel ein, der γ bezeichnet wird.

Die Gleitsicherheit ist dann gewährleistet, wenn der Tangens von φ geteilt durch den Tangens von γ größer oder gleich 1,5 beträgt.

Kippen

Auf den Seiten T-5.21 bis T-5.25 sind einige Körper auf ihre Kippsicherheit hin untersucht. Blatt T-5.26 befaßt sich nun mit den tatsächlichen Vorgängen, wenn ein Körper auf einer elastischen Unterlage steht. Dies muß wiederum, wie bei den Knickfällen, für alle unsere Bauwerke und auch sonstigen ruhenden Gegenstände angenommen werden. Eine Horizontalkraft bedeutet auch in diesen Fällen, daß der Körper sich aus seiner senkrechten Lage heraus verdreht - also eine virtuelle Verschiebung eintritt - und damit den Kippvorgang begünstigt. Aus dieser Erkenntnis heraus ist zu erklären, daß für Bauwerke eine

T-5.202
Druckbeanspruchte Bauglieder
Stabilitätsprobleme – Kippen und Gleiten

Kippsicherheit eingeführt wurde.
Bei der vorangegangenen Betrachtung ist es unerheblich, in welcher Höhe über der betrachteten Querschnittsfläche sich der Schwerpunkt befindet. Die Höhenlage des Schwerpunktes ist jedoch von ausschlaggebender Bedeutung, wenn der Körper schon eine Kipplage eingenommen hat.

Diese Betrachtung ist vor allem bei beweglichen Gegenständen - also bei Möbeln - von großer Bedeutung. In diesem Falle tritt der Effekt des "Stehauf-Männchens" ein. Je tiefer der Schwerpunkt liegt, desto weiter kann der Körper zur Seite geneigt werden, ohne daß er tatsächlich umfällt.

Auf Blatt T-5.28 wird gezeigt, daß an einem Körper mehrere Kräfte angreifen können, die keinen gemeinsamen Schnittpunkt haben und letztlich eine Resultierende hervorrufen, die den Körper zum kippen veranlassen kann. In dem dargestellten Fall liegt die Resultierende weiter als ein Drittel der Breite von der Mitte der Berührungsfläche entfernt. Es wäre also keine Kippsicherheit mehr vorhanden.

Aber auch ausschließlich senkrecht wirkende Kräfte können Kippvorgänge einleiten. Wenn man die gegebene Querschnittsform eines Körpers als Abstraktion eines Kaffeehaustisches versteht, so ist der neben seinem Eigengewicht noch von drei weiteren Kräften belastet. Die vier vertikal angreifenden Kräfte vereinigen sich in einer Resultierenden, die außerhalb des mittigen Angriffspunktes liegt.

Wie diese beiden Beispiele zeigen, ist es hier noch schwieriger zu beurteilen, ob ein Körper noch stabil ist, oder gar die Kippsicherheit eingehalten ist, oder er durch die eingebrachten Kräfte zu kippen beginnt.

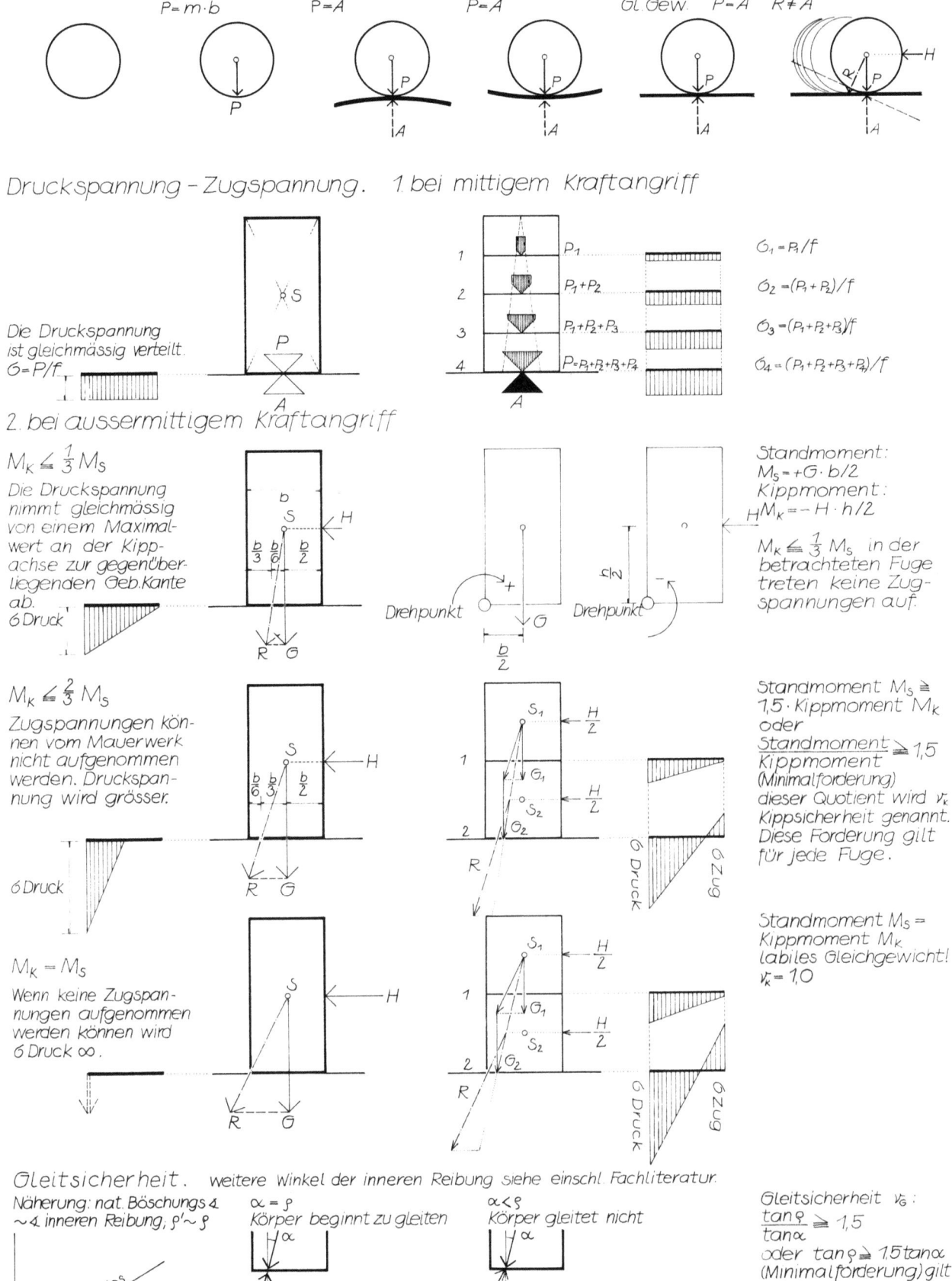

T-5.21 Druckbeanspruchte Bauglieder
Kippen – Spannungsverteilung bei klaffender Fuge

allgemeine Spannungszustände:

1. mittige Zug- oder Druckspannung

$$\sigma = \frac{Kraft}{Fläche} = \frac{F}{A} \left[\frac{N}{mm^2}\right]$$

2. Biegespannung (Biegezug-druckspann.)

$$\sigma = \frac{Moment}{Widerstandsmoment} = \frac{M}{W}$$

3. bei aussermittigem Kraftangriff wie z.B. bei dem Kippvorgang müssen beide Spannungen addiert werden

$$\sigma = \frac{G}{A} \pm \frac{M_k}{W} \left[\frac{N}{mm^2}\right].$$

G → Eigengewicht des Körpers
A → Fläche an der Fuge
M_k → Kippmoment infolge $F = F \cdot h$
W → Widerstandsmoment an der Fugenfläche

4. bei klaffender Fuge, also versagender Zugzone, können die Spannungen nicht addiert werden; es ergibt sich:

$$\sigma_{max} = \frac{2G}{3c \cdot b} \; ; \; c = \frac{b}{2} - a$$

$$a = \frac{M_k}{G}$$

Kernfläche:
R innerhalb der Kernfläche → nur Druckspannungen!
k = Widerstandsmoment : Querschnittsfläche

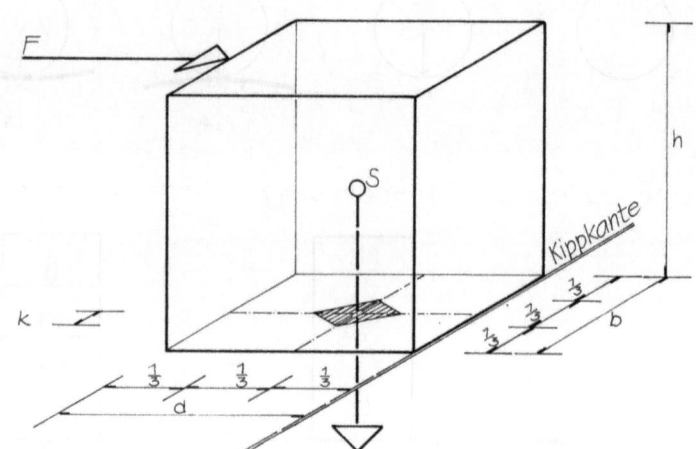

Angenommen: Würfel
Horizontalkraft F an der oberen Kante, k = d/6; d = b

a. F = 0

b. F = G/8

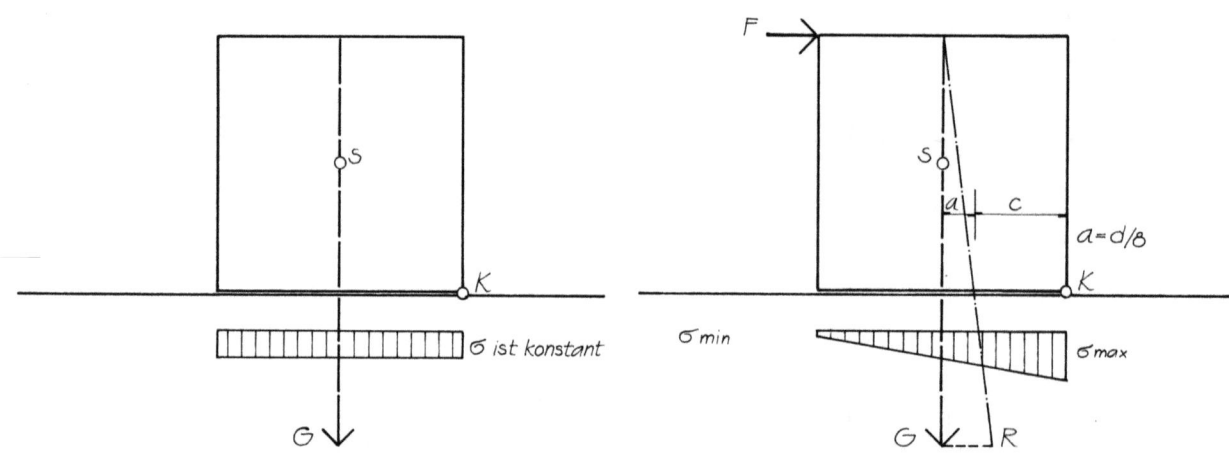

c. F = G/6

d. F = G/4

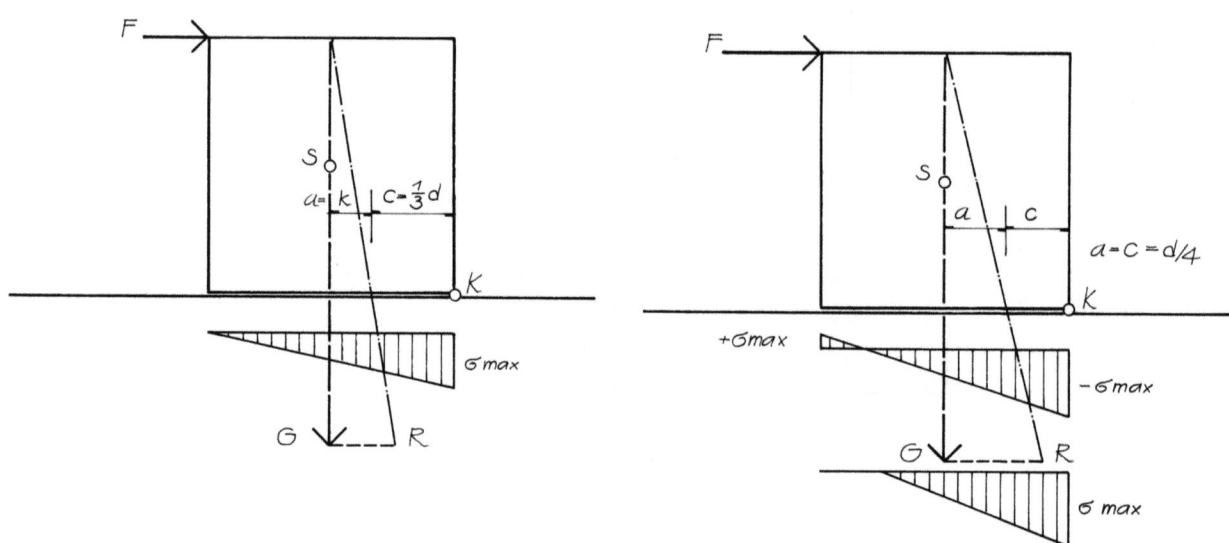

Druckbeanspruchte Bauglieder
Kippen – Spannungsverteilung bei klaffender Fuge
T-5.22

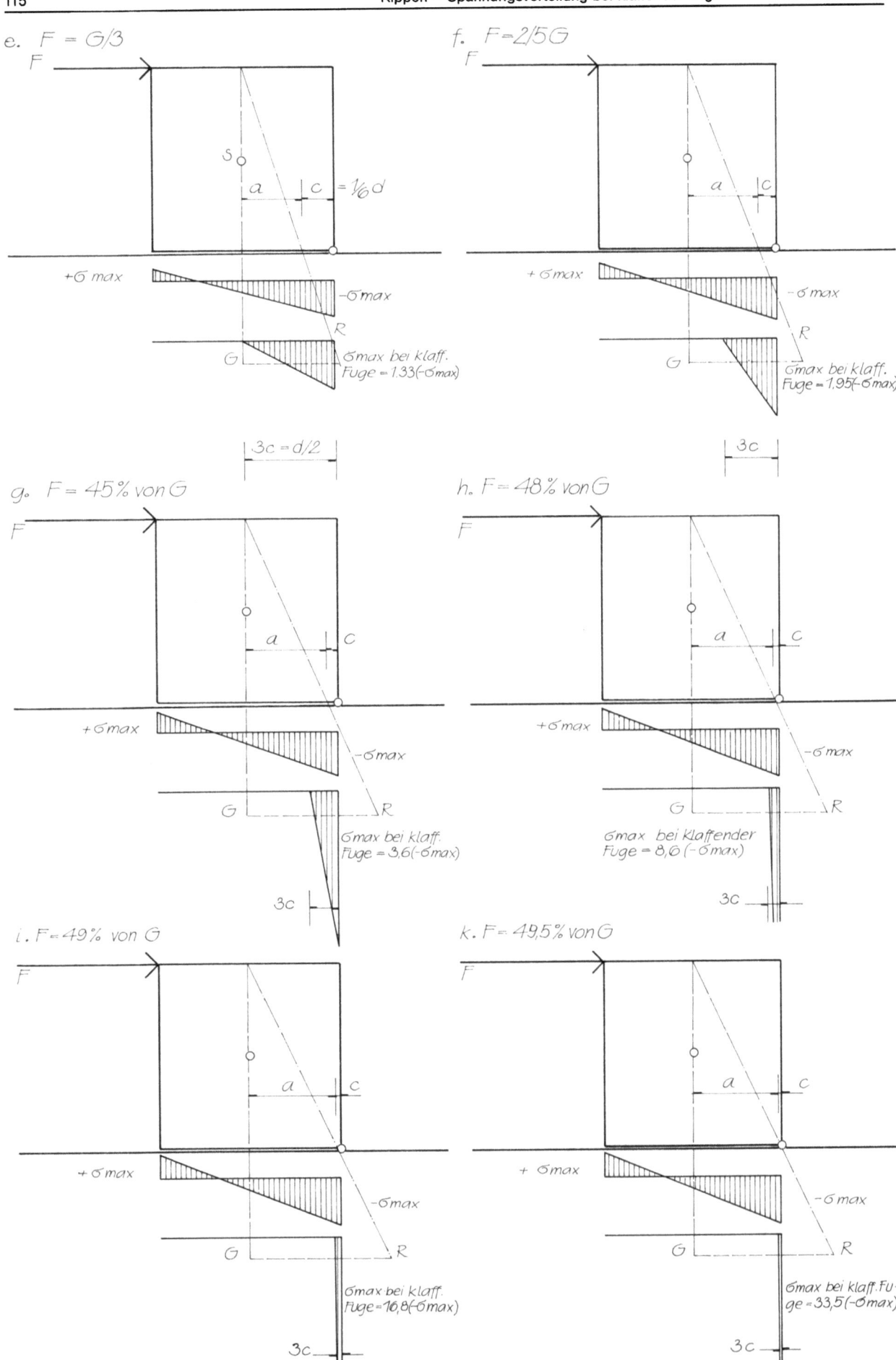

T-5.23 Druckbeanspruchte Bauglieder
Kippen – Spannungsverteilung bei klaffender Fuge

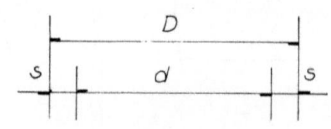
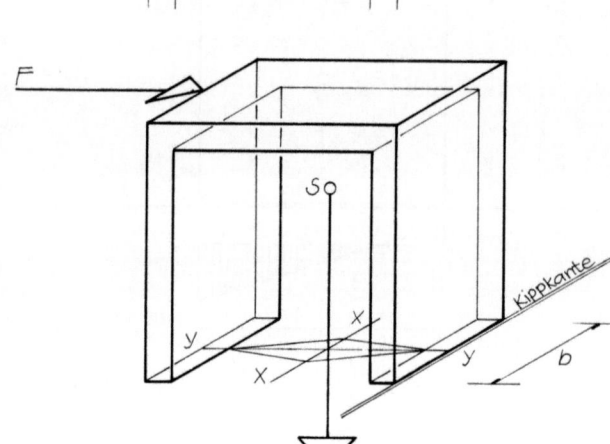

2. Annahme:
Der Würfel von T-5.13 wird U-förmig geformt (z.B: Tisch oder Hocker bzw Baukörper) das Gewicht des Körpers sei gleich dem des Würfels.

$$W_x = \frac{b}{6D}(D^3 - d^3) \; ; \; W_y = \frac{2 \cdot s \cdot b^2}{6}$$

Kernweite k ist eine Querschnittsgrösse mit der Bedingung, dass für die gegenüberliegende Querschnittsseite die Spannung $\sigma = 0$ werden muss.

$$k = \frac{Widerstandsmoment}{Querschnittsfläche} = \frac{W}{F}$$

$$k_x = \frac{(D^3-d^3) \cdot b}{6D(D-d) \cdot b} \; ; \; k_y = \frac{b^2(D-d)}{6(D-d)b} = \frac{b}{6}$$

a. $F = 0$

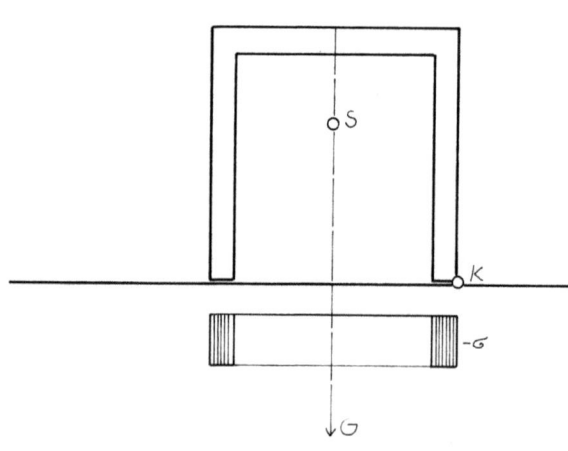

b. $F = G/8$

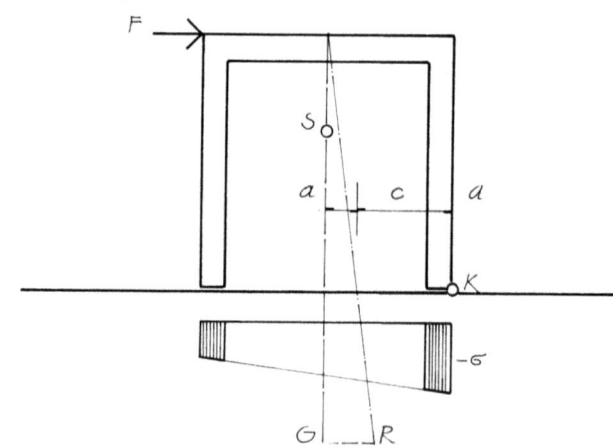

c. $F = G/6$

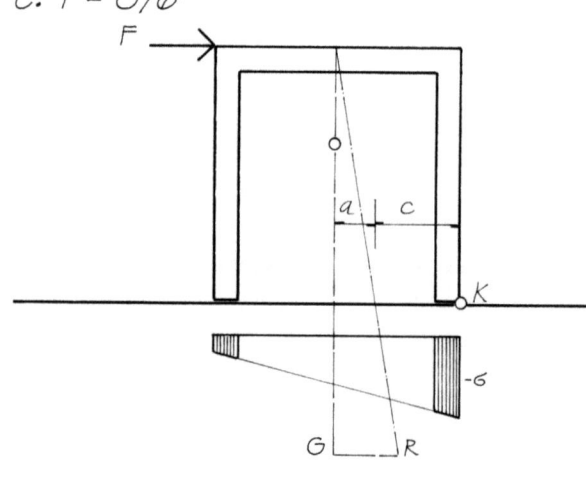

d. $F = G/4$

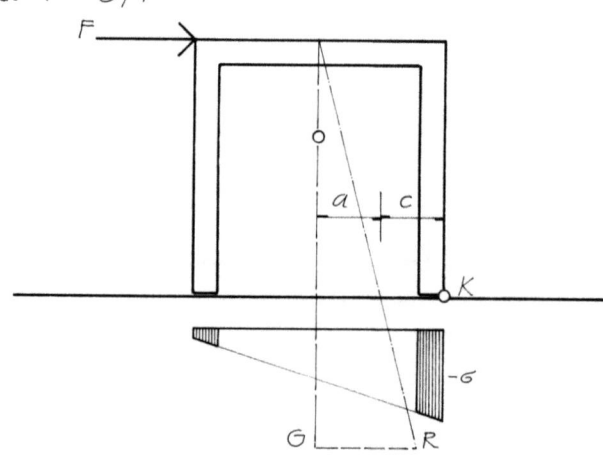

Druckbeanspruchte Bauglieder
Kippen – Spannungsverteilung bei klaffender Fuge — T-5.24

e. $F = G/3$

f. $F = 2/5\,G \quad a \sim k$

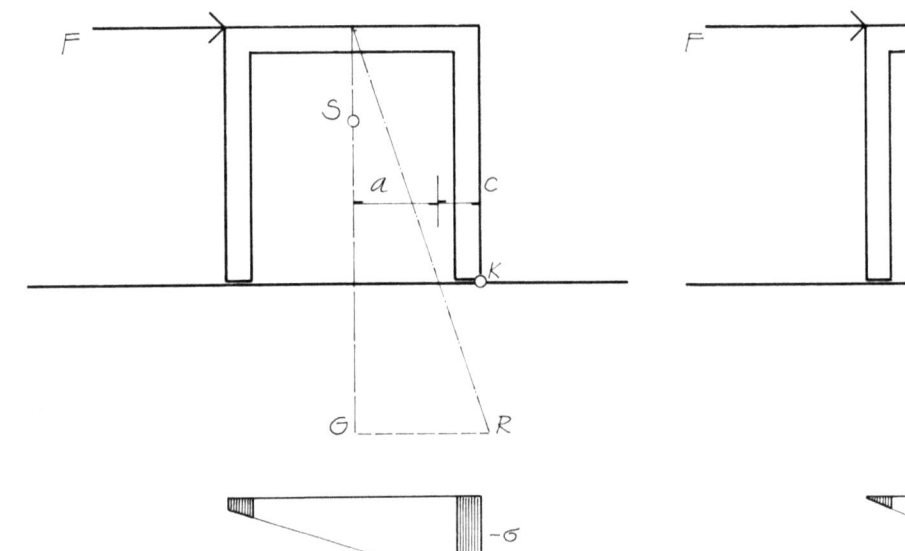

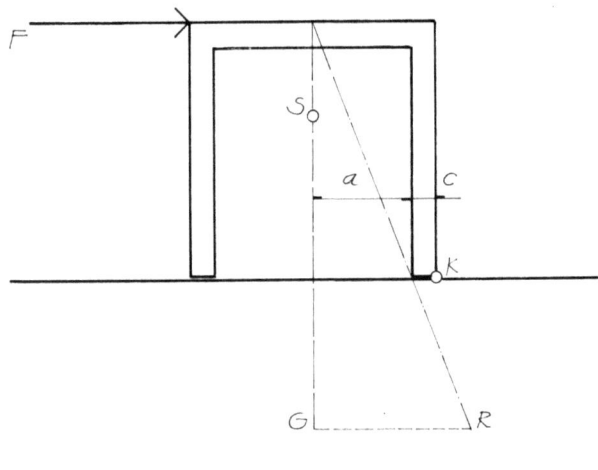

g. $F = 45\,\%$ von G

h. $F = 48\,\%$ von G

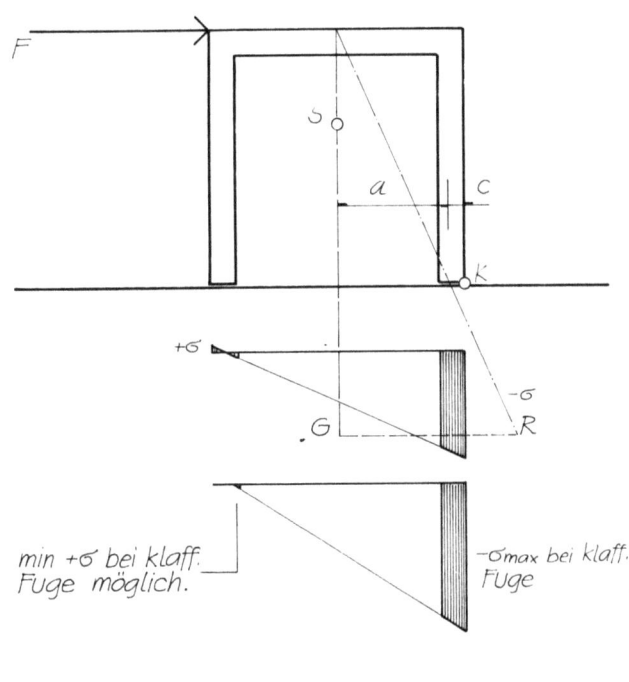

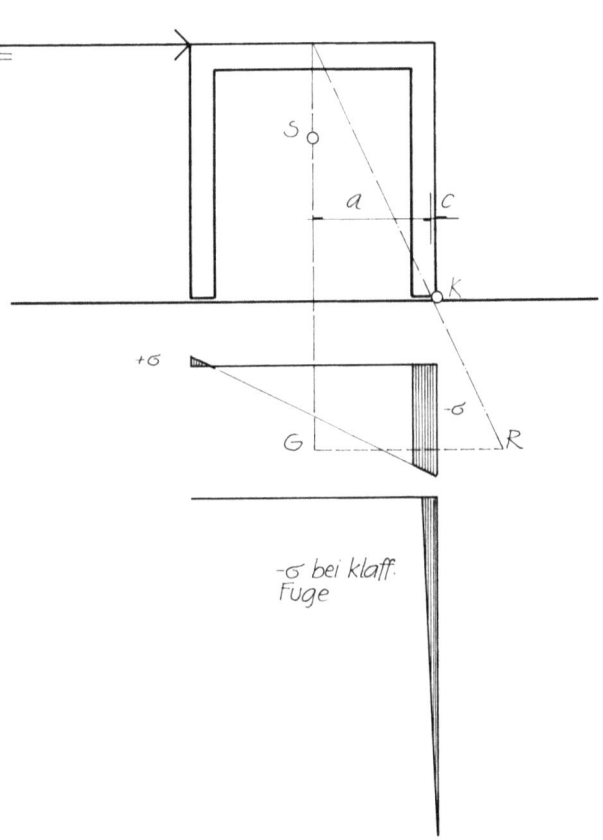

min $+\sigma$ bei klaff. Fuge möglich.

$-\sigma_{max}$ bei klaff. Fuge

$-\sigma$ bei klaff. Fuge

T-5.25 Druckbeanspruchte Bauglieder
Kippen – Spannungsverteilung bei klaffender Fuge

Zylinder

Bei mind. einfachsym. Querschnittsflächen ist der Spannungszustand nur dann einfach zu ermitteln wenn die Resultierende R auf einer Symmetrieachse liegt. Dies ist bei dem Kreisquerschnitt immer gegeben, daher ist:

$\sigma_{max} = -\dfrac{G}{A} \pm \dfrac{M_k}{W}$; darin bedeuten

G = Eigengewicht des Zylinders
A = Fläche an der Fuge = $r^2\pi$
M_k = Kippmoment infolge F ; $M_k = F \cdot h$
W = Widerstandsmoment der Fugenfläche

$W_{kreis} = \dfrac{\pi \cdot d^3}{32}$ ($\approx 0{,}1 \cdot d^3$)

Die Kernweite der Kreisfläche beträgt:

$k = \dfrac{r}{4}$

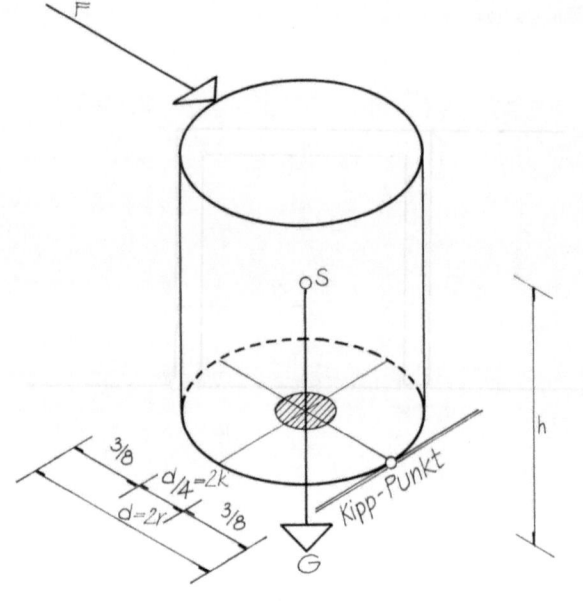

a. $F = G/8$

b. $F = G/6$

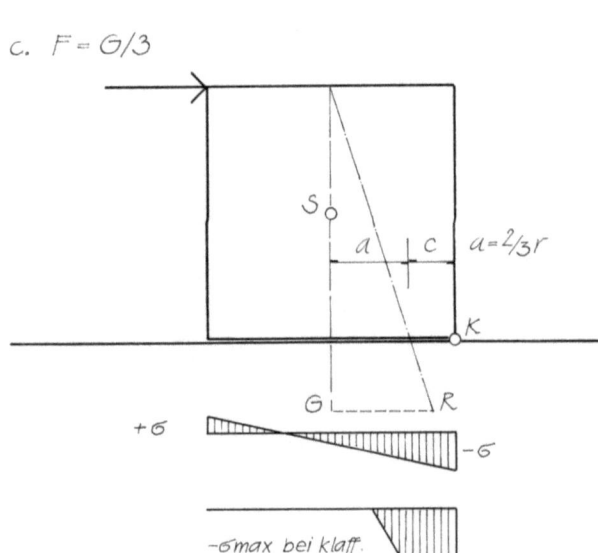

c. $F = G/3$

d. $F = 48\% \, G$

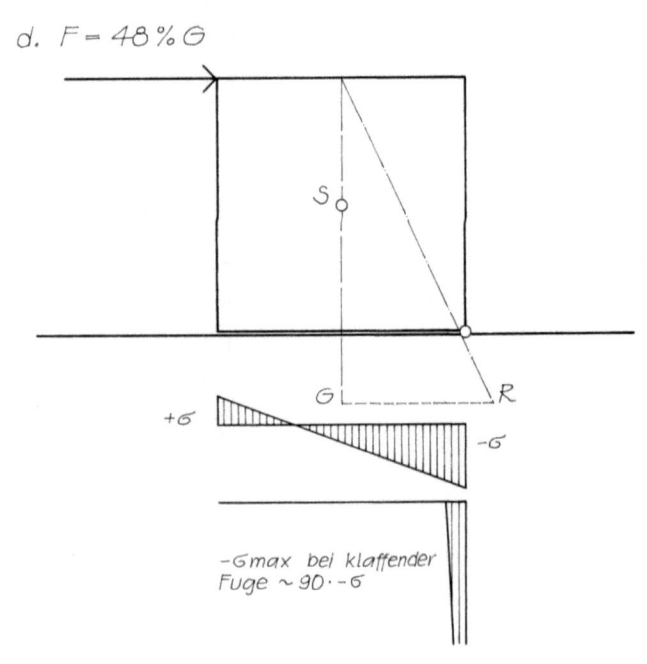

Druckbeanspruchte Bauglieder
Kippen — Spannungsverteilung bei klaffender Fuge

T-5.26

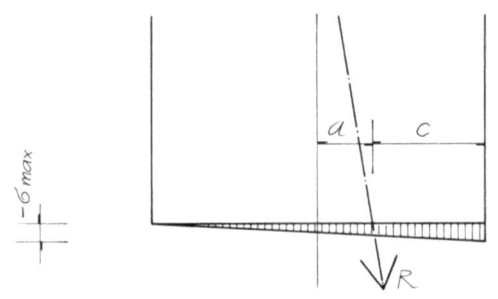

Bei den Untersuchungen auf den Seiten T-5.20-T-5.25 wurde die Elastizität der Unterlage vernachlässigt.

Sowohl der Baugrund (plastische Formänderung) als auch Fussbodenbeläge (elastische Verformung bis zum Extremfall plastische) geben unter der Belastung je nach σ_D mehr oder weniger nach. Dadurch stellt sich eine Schräglage aus der Senkrechten ein ($\alpha, \Delta s$). α und Δs als Funktion von der Elastizität des Untergrundes und der Aussermittigkeit a' von R. Die Elastizität des Körpers ist im Verhältnis zum Untergrund vernachlässigbar klein. Δs Ausweichen von S in der Waagrechten.

Fall 1 $a = k$
Über die gesamte Bodenfläche herrschen Druckspann., die an der, der Kippkante gegenüberliegenden Seite 0 sind. Der Körper berührt infolgedessen mit der gesamten Bodenfläche den Untergrund.
$c \approx (c - \Delta s)$; α ist sehr klein.

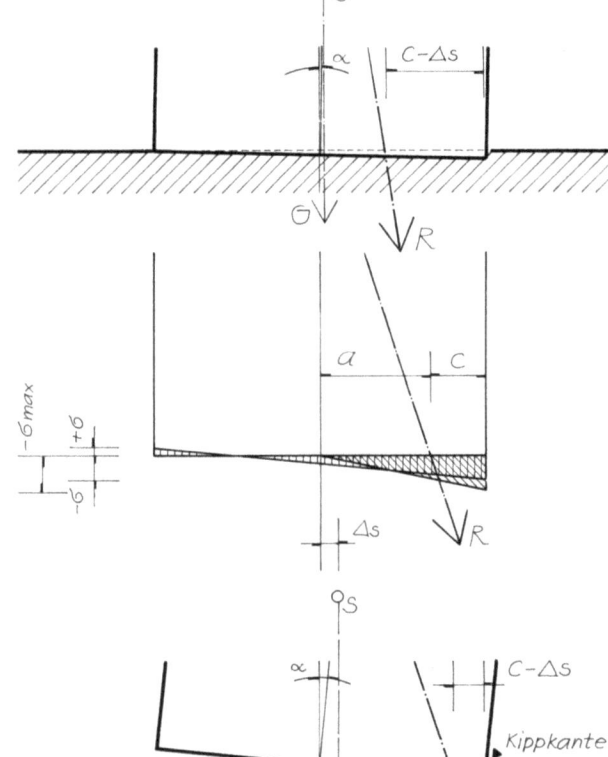

Fall 2 $a = \frac{1}{3}$ der Breite der Bodenfläche d (Kippsicherheit = 1.5)

Der Kippkannte gegenüber treten Zugspannungen ($+\sigma$) auf, die nicht aufgenommen werden können - die Fuge klafft. Die auftretenden Druckspannungen müssen mit R_V (senkrechter Anteil von $R \rightarrow$ i.a. G) im Gleichgewicht sein. $-\sigma max > -\sigma$.
Der Körper neigt sich deutlich zur Seite, die Bodenfuge klafft über $d/2$. $c > c - \Delta s$
Daraus folgt, dass R sich noch weiter der Kippkante genähert hat. (Wenn R durch die Kippkante verläuft, dann $M_K = M_S \Rightarrow$ labiles Gleichgewicht, der Körper beginnt zu kippen - er neigt sich zur Seite)
Je nach Elastizität, kann Fall 2 schon gefährlich nahe dem Kippen kommen.

Fall 3 $a \gg c$ Kippsicherheit ist nicht mehr gegeben.

$-\sigma max \gg$ als die Spannungen, die der Untergrund aufnehmen kann. Der Körper neigt sich stark zur Seite α und Δs werden gross.
Obwohl nach Statik der Körper nicht kippt, kippt er in der Regel. Die Bodenfuge klafft über fast die gesamte Breite. $\Delta s < c \Rightarrow$ der Körper kippt nicht.
$\Delta s = c \Rightarrow$ der Körper beginnt zu kippen, labiler Zustand.
$\Delta s > c \Rightarrow$ der Körper kippt.
① äusserste Lage der Resultierenden, sodass der Körper gerade zu kippen beginnt.
② Lage der Resultierenden in der eigentlichen Kippkante.

Durch das Einsinken des Körpers verlagert sich die Kippkante in die Vertikalfläche.

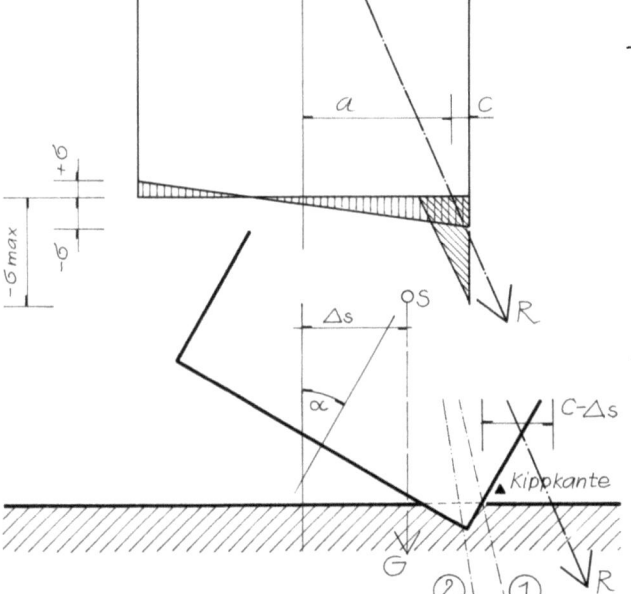

T-5.27 Druckbeanspruchte Bauglieder
Stabilitätsprobleme – Kippvorgang – zeichnerische Ermittlung von F

Zeichnerische Ermittlung von R und den sich daraus ergebenden Abständen a und c aus der Lage der Resultierenden

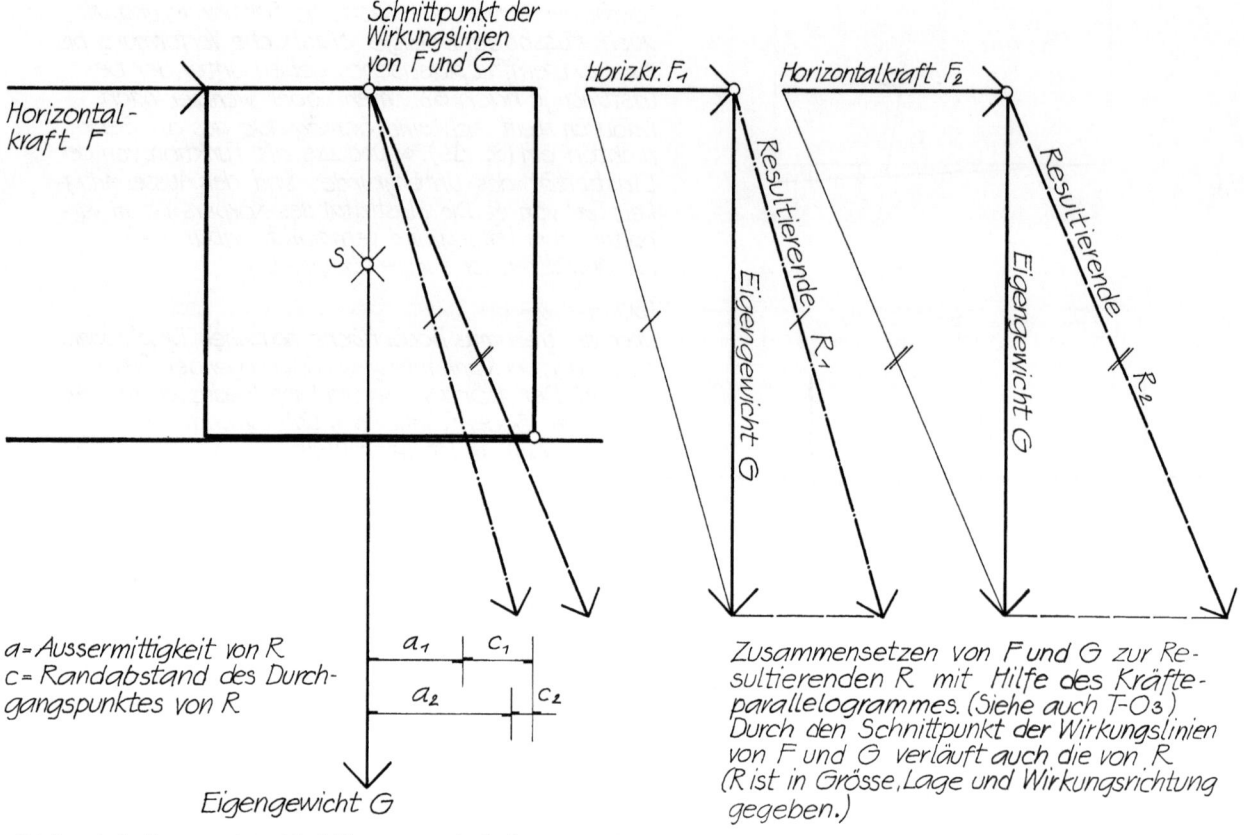

a = Aussermittigkeit von R
c = Randabstand des Durchgangspunktes von R

Zusammensetzen von F und G zur Resultierenden R mit Hilfe des Kräfteparallelogrammes. (Siehe auch T-03.)
Durch den Schnittpunkt der Wirkungslinien von F und G verläuft auch die von R.
(R ist in Grösse, Lage und Wirkungsrichtung gegeben.)

Abhängigkeit von Angriffshöhe e und Grösse von F, wenn a gleichbleibt. e = h/n

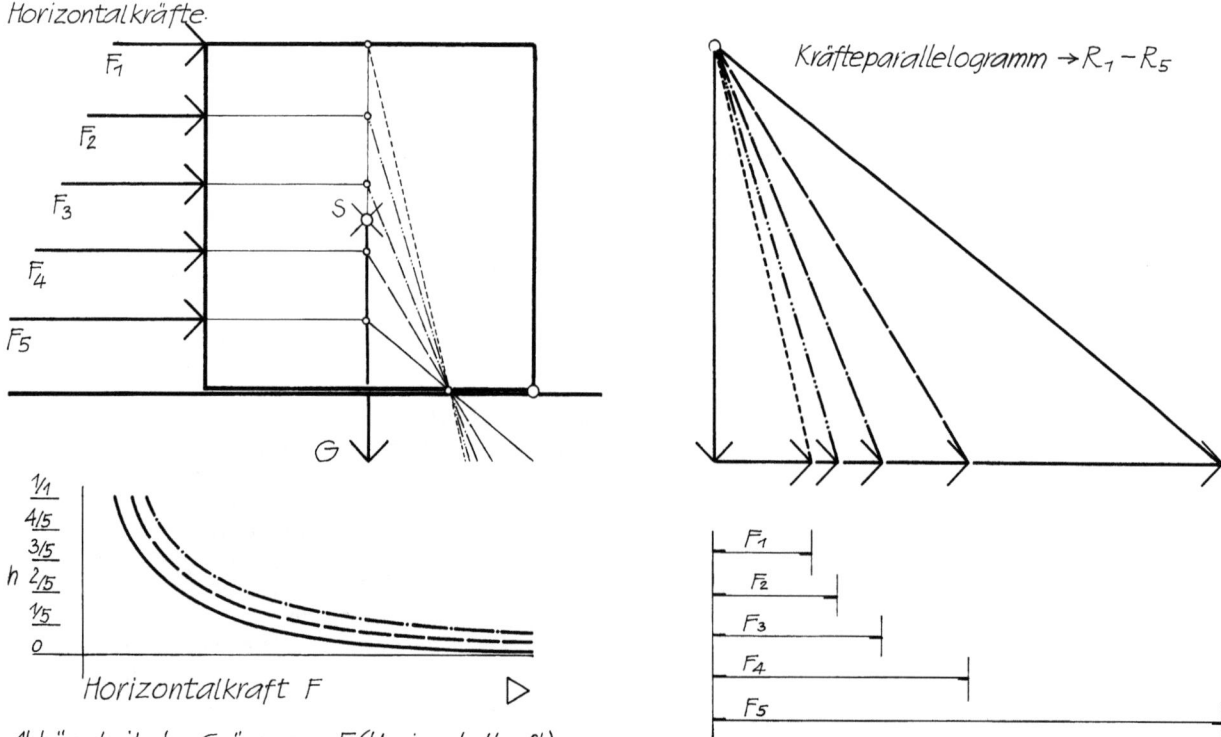

Abhängigkeit der Grösse von F (Horizontalkraft) von der Angriffshöhe (e=0 → F=∞; e=∞ → F=0) von e=0 bis e=h; e=h/n; h= Körperhöhe

Druckbeanspruchte Bauglieder
Stabilitätsprobleme – Bestimmung Kippkante u. R, wenn mehrere Kräfte angreifen — T-5.28

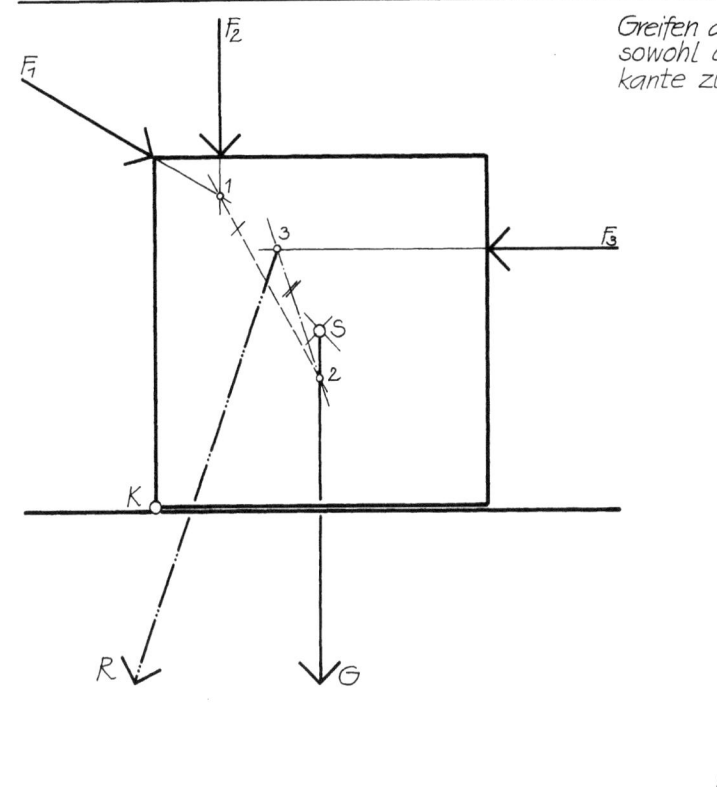

Greifen an einem Körper mehrere Kräfte an, dann ist sowohl die Resultierende als auch damit die Kippkante zu bestimmen. (Resultierende siehe T-0.3)

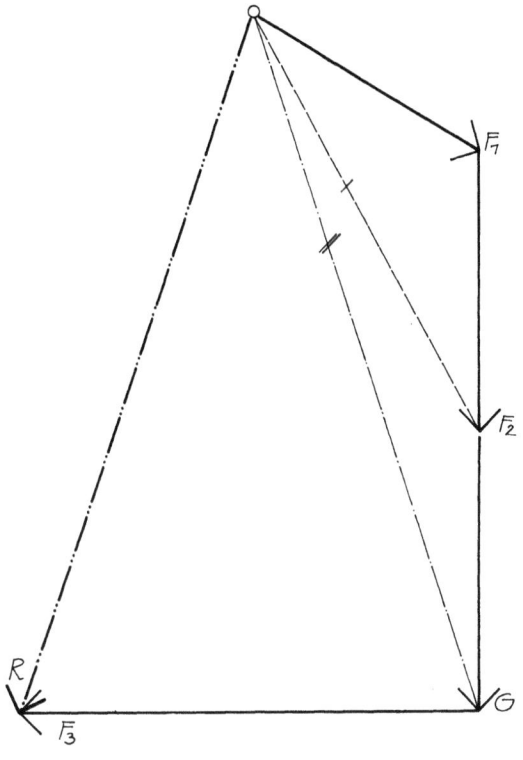

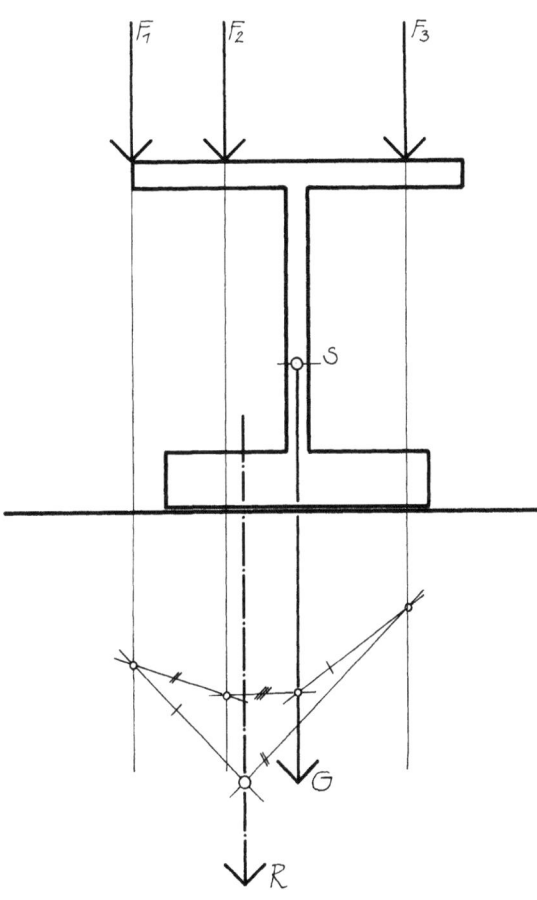

Um einen aussermittigen Kraftangriff zu bewirken sind nicht nur geneigte Kräfte erforderlich. Auch Vertikalkräfte – soferne ihre Wirkungslinie nicht mit der von G zusammenfällt – rufen eine aussermittige Belastung in der Bodenfuge hervor.

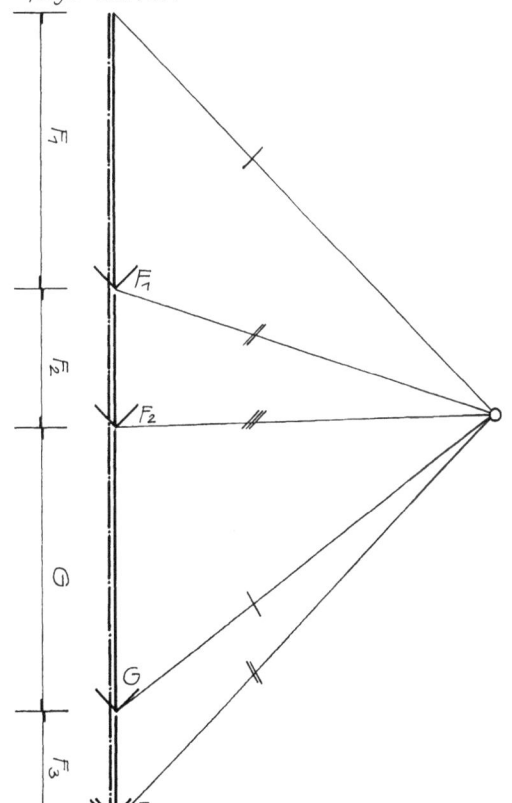

Druckbeanspruchte Bauglieder
Stabilitätsprobleme – Einfluß der Höhenlage des Schwerpunkts

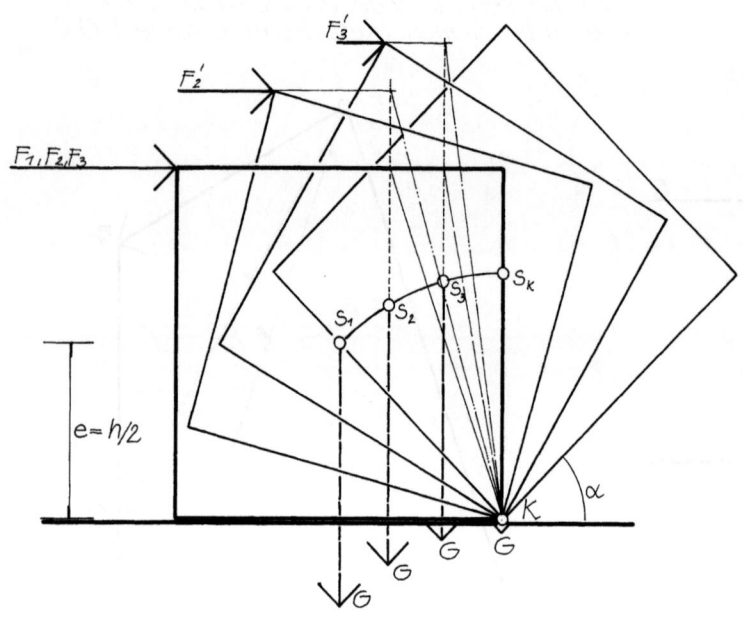
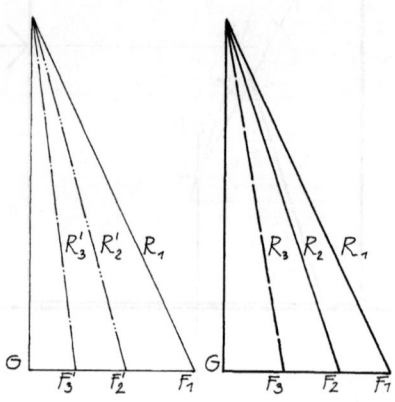

Bei der stat. Betrachtung des Kippens spielt die Höhenlage des Schwerpunktes keine Rolle. (Kippsicherheit bei Bauwerken). Bei Möbeln allerdings wird aus dem stat. ein mech. Stabilitätsproblem, da der Körper sich durch einen Stoss zur Seite neigen kann.

Würfel: $e = h/2 \Rightarrow \alpha = 45°$
α = Neigungswinkel unter dem der Körper gerade nochnicht kippt. S kommt senkrecht über der Kippkante zu liegen.
Es bestehen zwei grundsätzliche Möglichkeiten:
a. Die Kraft greift immer in derselben Höhe an
b. Der Angriffspunkt von F wandert durch die Drehbewegung nach oben.
In beiden Fällen ist die Kraft F_1, die den Körper zum Kippen bringt gleich gross.
$F_2 > F_2'$; $F_3 > F_3'$ hervorgerufen durch die unterschiedliche Schräglage von R.
F_2, F_2', F_3 und F_3' sind jene Kräfte, die den angekippten Körper im Gleichgewicht halten. Je weiter der Körper sich zur Seite neigt desto kleiner wird F_n, bis es in der Kipplage 0 wird.
Ein kleiner Stoss von ΔF reicht aus um den Körper zum Umfallen zu bringen. S liegt dann ausserhalb der Kippkante, die Schwerkraft bewirkt den Fall.

U-förmiger Tisch $e > h/2 \Rightarrow \alpha > 45°$
fällt infolge der hohen Schwerpunktslage leichter um als der Würfel.

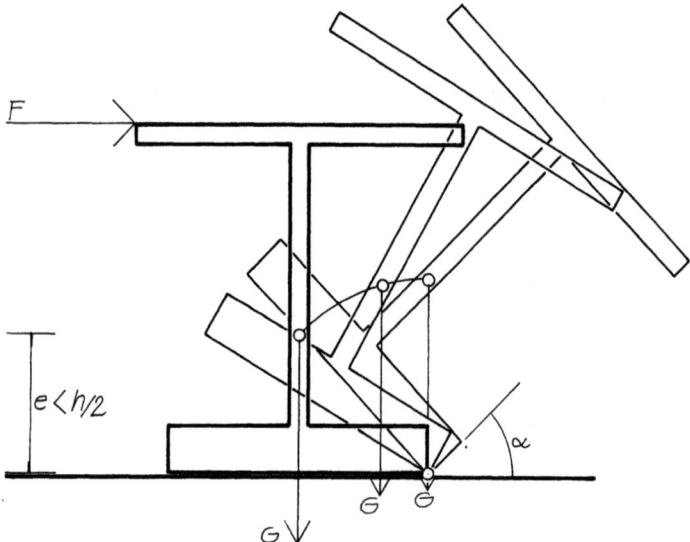

Kaffeehaustisch $e < h/2 \Rightarrow \alpha < 45°$
kann infolge der niedrigen Schwerpunktlage weit zur Seite geneigt werden, ehe er umfällt.

Druckbeanspruchte Bauglieder
Stabilitätsprobleme – Aussteifungsmechanismen

Für jeden hohlen Körper - egal ob es sich um ein Bauwerk handelt, oder um ein Möbelstück - ist die Aussteifung in drei zueinander senkrecht stehende Ebenen erforderlich. Dabei ist die Lage der Aussteifungsebene innerhalb des Körpers für die Stabilität von ausschlaggebender Bedeutung. Außermittig, bzw. asymmetrisch angeordnete Aussteifungsebenen führen zu zusätzlichen Drehmomenten, die alle weiteren Bauglieder beanspruchen.

Nur in Ausnahmefällen und bei kleinen Abmessungen ist es möglich, ein Tragwerk alleine durch Rahmenwirkung auszusteifen. In diesen Fällen muß man davon ausgehen, daß die vorhandene Biegesteifigkeit immer noch seitliche Verschiebungen zuläßt, auch wenn diese sehr gering sind. (Der Bauingenieur spricht dann von Rahmen mit verschieblichen Knoten.)

In welchen Bereichen Aussteifungssysteme in Bauwerken, aber auch in Möbeln, angeordnet werden können, zeigt das Blatt T-5.33. Sollte eine überschlägige Abschätzung der Kippsicherheit vorgenommen werden, so darf nicht das Gesamtgewicht des Bauwerkes in Ansatz gebracht werden. Lediglich das Eigengewicht von Decken und sonstigen Baugliedern, die auf der Aussteifungsscheibe aufliegen, darf für die Berechnung des Standmomentes herangezogen werden. Die Nutzlast darf bei der überschlägigen Abschätzung nicht berücksichtigt werden, da ein Bauwerk auch ohne eingebrachte Nutzlasten stabil sein muß.

T-5.31 Druckbeanspruchte Bauglieder
Stabilitätsprobleme – Aussteifungsmechanismen

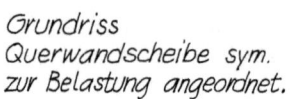

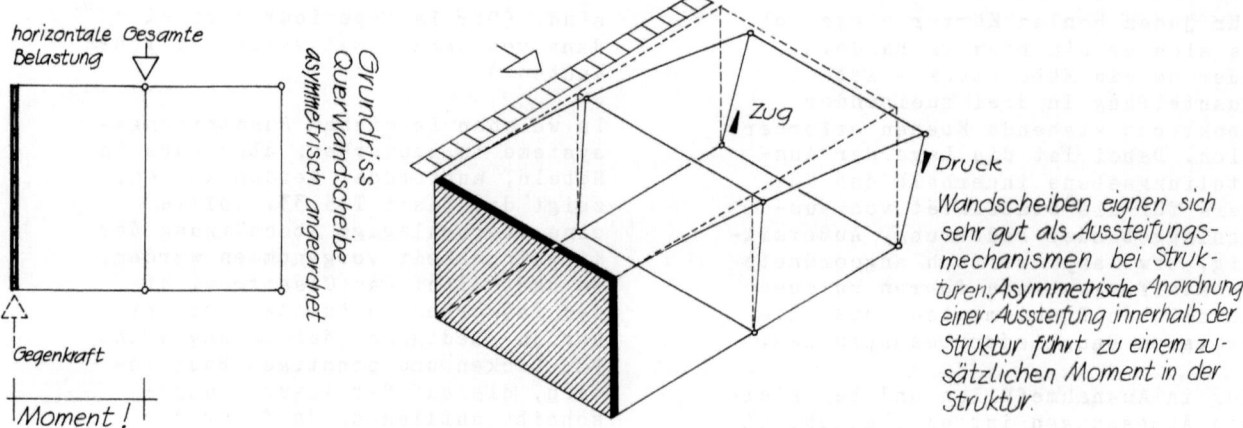

Wandscheiben eignen sich sehr gut als Aussteifungsmechanismen bei Strukturen. Asymmetrische Anordnung einer Aussteifung innerhalb der Struktur führt zu einem zusätzlichen Moment in der Struktur.

Die Wandscheiben können auch in ein Stabwerk aus zwei Stützen, Unterzug und Diagonalen aufgelöst werden!

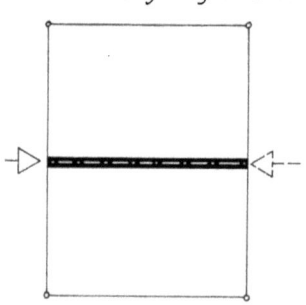

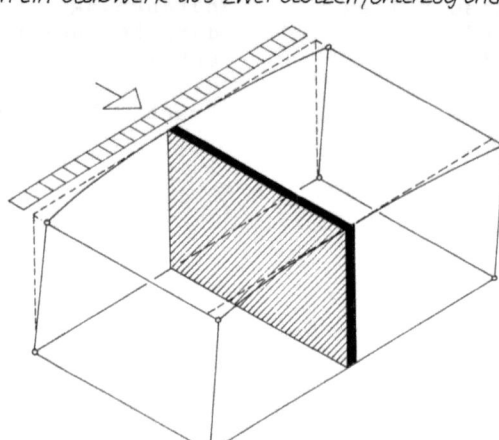

Die Wandscheibe ist innerhalb der Struktur symmetrisch zur Belastung angeordnet. Kein Moment!
Wie beim oberen Fall sind die angrenzenden Teile der Struktur jedoch der horizontalen Belastung nicht gewachsen; Verformungen mit zusätzlichen Normal- und Biegekräften sind die Folge

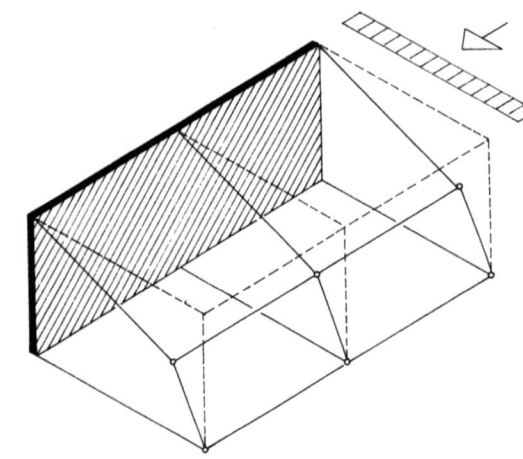

Dieselbe Anordnung wie beim obersten Fall. Für die angrenzenden Strukturteile ist die Aussteifung nicht gewährleistet. (Verformung!)

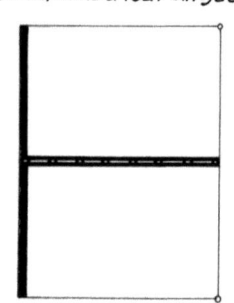

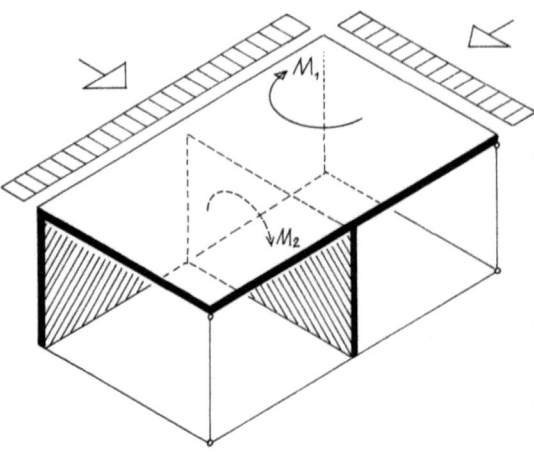

Das Moment M_1 aus der asymmetrischen Anordnung der Längswandscheibe wird über die Deckenscheibe in die Querwandscheibe eingeleitet und ruft hier ein zus. Moment M_2 hervor.
Durch die Anordnung von drei untereinander fest verbundener und ⊥ zueinander stehender Aussteifungsscheiben ausreichende Steifigk.

Druckbeanspruchte Bauglieder
Stabilitätsprobleme – Aussteifungsmechanismen
T-5.32

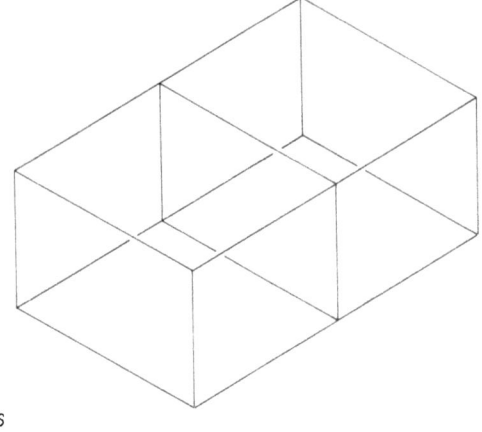

Grundsätzliches:
Gebaute Teile (Möbel bis Bauwerk) unterliegen vertikalen + horizontalen Belastungen, wobei selbst in einfachsten Strukturen durch inhomogenes Material, aussermittige Lasteinführung, Rahmenwirkung u.a.m auch bei rein vertikaler Belastung mit horizontalen Kräften gerechnet werden muss. Diese Horizontalkräfte müssen mittels des Eigengewichtes der Struktur in den Untergrund abgeleitet werden.

Dies bedeutet, dass alle gebauten Teile grundsätzlich in ihrer Struktur gegen Seitenkräfte zu sichern sind. Seitliche Verschiebungen der Struktur sind nur in sehr geringem Umfang zulässig.

Grundriss
Querrahmen
Längsunterzüge

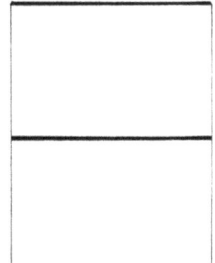

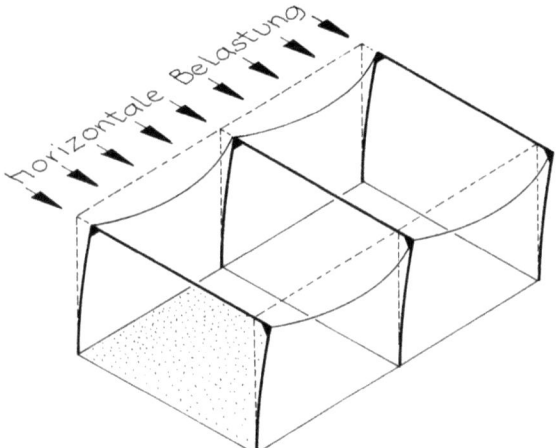

Alle Rahmensysteme sind in gewissem Grade biegeweich. Die Rahmenknoten verschieben sich geringfügig. Die Längsunterzüge biegen sich infolge der Last horiz. durch (Lastverteilung auf die Rahmen). Meist beidseitig wenn z.B. die horizontale Last durch Wind hervorgerufen wird (Winddruck und Windsog).

Grundriss
Längsrahmen
Querunterzüge

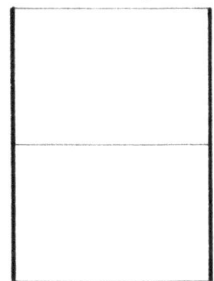

Mechanismus gleich wie beim Querrahmen. Die äusseren Querunterzüge biegen sich horizontal durch.

Mindestens drei Aussteifungsebenen sollen ⊥ zueinander stehen und müssen untereinander kraftschlüssig verbunden sein.

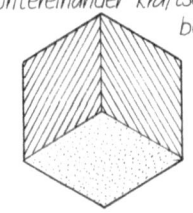

Grundriss
Längs- und Querrahmen
Deckenscheibe als horiz. Träger

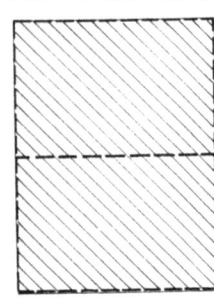

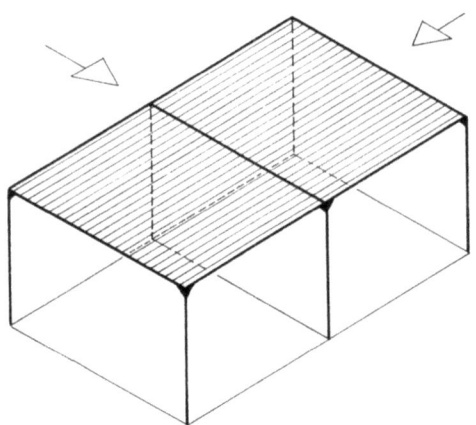

Erst wenn ein horiz. Träger (z.B. Deckenplatte) die horizontale Belastung in die senkrechten Aussteifungssysteme einleitet ist die Struktur allseitig ausgesteift.

T-5.33 Druckbeanspruchte Bauglieder
Stabilitätsprobleme – Aussteifungsmechanismen

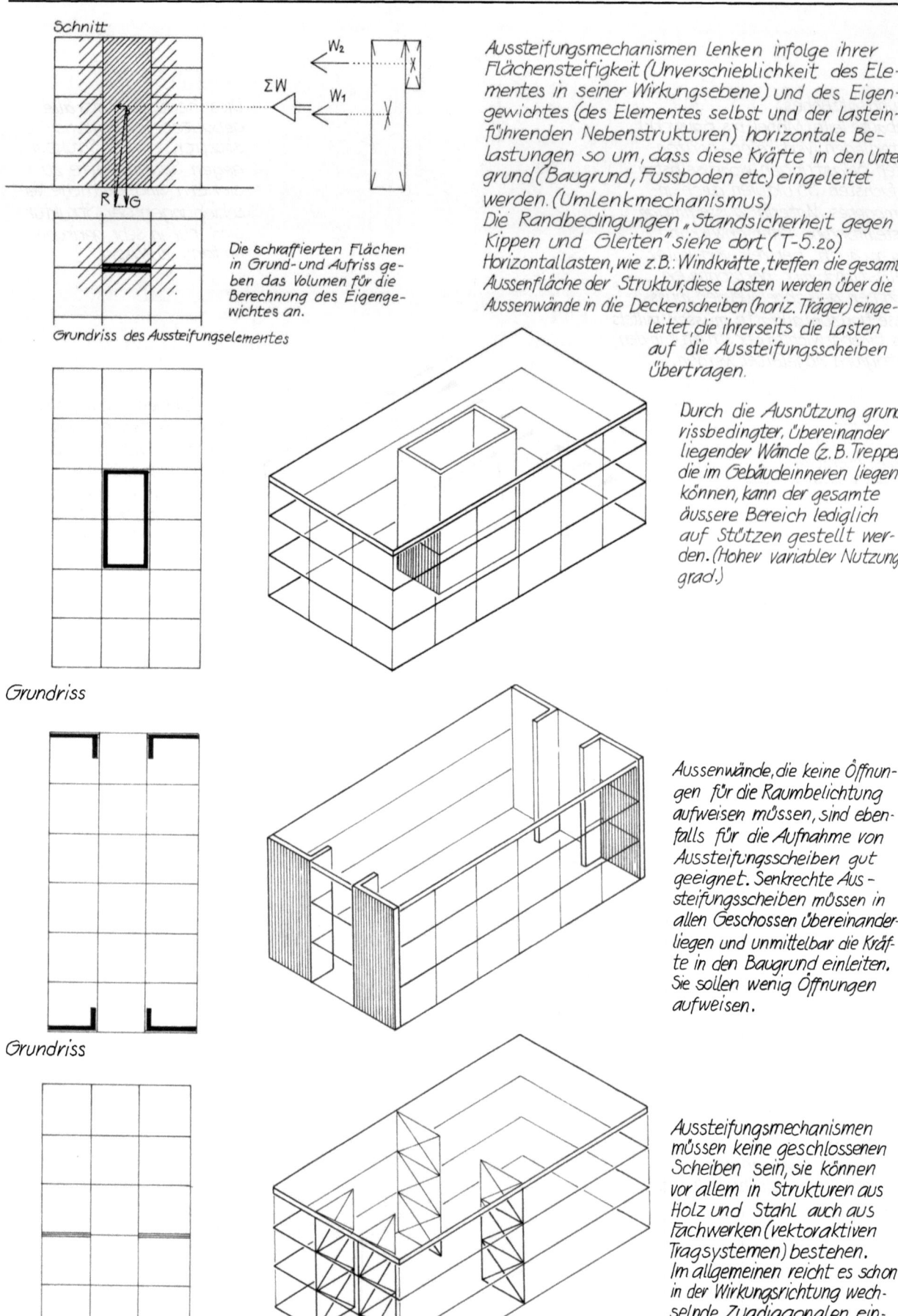

Die schraffierten Flächen in Grund- und Aufriss geben das Volumen für die Berechnung des Eigengewichtes an.

Grundriss des Aussteifungselementes

Grundriss

Grundriss

Grundriss

Aussteifungsmechanismen lenken infolge ihrer Flächensteifigkeit (Unverschieblichkeit des Elementes in seiner Wirkungsebene) und des Eigengewichtes (des Elementes selbst und der lasteinführenden Nebenstrukturen) horizontale Belastungen so um, dass diese Kräfte in den Untergrund (Baugrund, Fussboden etc.) eingeleitet werden. (Umlenkmechanismus)
Die Randbedingungen „Standsicherheit gegen Kippen und Gleiten" siehe dort (T-5.20)
Horizontallasten, wie z.B.: Windkräfte, treffen die gesamte Aussenfläche der Struktur, diese Lasten werden über die Aussenwände in die Deckenscheiben (horiz. Träger) eingeleitet, die ihrerseits die Lasten auf die Aussteifungsscheiben übertragen.

Durch die Ausnützung grundrissbedingter, übereinander liegender Wände (z.B. Treppen), die im Gebäudeinneren liegen können, kann der gesamte äussere Bereich lediglich auf Stützen gestellt werden. (Hoher variabler Nutzungsgrad.)

Aussenwände, die keine Öffnungen für die Raumbelichtung aufweisen müssen, sind ebenfalls für die Aufnahme von Aussteifungsscheiben gut geeignet. Senkrechte Aussteifungsscheiben müssen in allen Geschossen übereinander liegen und unmittelbar die Kräfte in den Baugrund einleiten. Sie sollen wenig Öffnungen aufweisen.

Aussteifungsmechanismen müssen keine geschlossenen Scheiben sein, sie können vor allem in Strukturen aus Holz und Stahl auch aus Fachwerken (vektoraktiven Tragsystemen) bestehen. Im allgemeinen reicht es schon in der Wirkungsrichtung wechselnde Zugdiagonalen einzuführen. Vorteil: höchste Transparenz der Struktur.

Formeln und Tabellen
Trägheits- und Widerstandsmomente **T-F 1.10**

Querschnittsbild	Fläche A / Schwerachsenabst. e	Trägheitsmoment J	Widerstandsmoment $W = J/e$
1, 2 (Rechteck / Hohlrechteck)	1) $A = B \cdot H$ 2) $A = B \cdot H - B \cdot h = B(H-h)$ 1) und 2) $e = H/2$	1) $J = \dfrac{B \cdot H^3}{12}$ 2) $J = \dfrac{B}{12}(H^3 - h^3)$	1) $W = \dfrac{B \cdot H^2}{6}$ 2) $W = \dfrac{B}{6H}(H^3 - h^3)$
3, 4 (Quadrat / gedrehtes Quadrat)	3) und 4) $A = a^2$ 3) $e = a/2$ 4) $e = \dfrac{a}{2}\sqrt{2}$	3) $J = \dfrac{a^4}{12}$ 4) $J = \dfrac{a^4}{12}$	3) $W = \dfrac{a^3}{6}$ 4) $W = 0{,}1179\, a^3$
5, 6 (Dreiecke)	5) $A = B \cdot H/2$ 6) $H = \dfrac{B}{2}\sqrt{3}$ $\Rightarrow$ $A = \dfrac{B^2}{4}\sqrt{3} = 0{,}433\, B^2$ 5) $e = H\,2/3$ 6) $e = 0{,}5774\, B$	5) $J_x = \dfrac{BH^3}{36}$ $J_y = \dfrac{HB^3}{48}$ 6) $J = 0{,}018\, B^4$	5) $W_x = \dfrac{BH^2}{24}$ $W_y = \dfrac{HB^2}{24}$ 6) $W = 0{,}0313\, B^3$
7, 8 (Kreis / Kreisring)	7) $A = R^2 \pi$ 8) $A = \pi \cdot (R^2 - r^2)$ 7) $e = D/2 = R$ 8) $e = D/2 = R$	7) $J = \dfrac{\pi \cdot D^4}{64} \approx 0{,}05\, D^4$ 8) $J = \dfrac{\pi}{64}(D^4 - d^4)$	7) $W = \dfrac{\pi D^3}{32} \approx 0{,}1\, D^3$ 8) $W = \dfrac{\pi}{32}\dfrac{D^4 - d^4}{D}$
9, 10 (Hohlkasten / I-Profil)	9) $A = B \cdot H - b \cdot h$ 10) $A = B \cdot H - b \cdot h$ 9) und 10) $e = \dfrac{H}{2}$	9) und 10) $J = \dfrac{1}{12}(BH^3 - bh^3)$	9) und 10) $W = \dfrac{1}{6H}(BH^3 - bh^3)$
11 (Viertelkreis)	11) $A = \dfrac{1}{4}\cdot r^2 \cdot \pi$ $e_1 = \dfrac{4r}{3\pi} = 0{,}4244\, r$ $e_2 = 0{,}5756\, r$	11) $J = 0{,}19635\, r^4$	11) $W_{s1} = 0{,}1296\, r^3$ $W_{s2} = 0{,}096\, r^3$

T-F1.21 Formeln und Tabellen — Einfeldträger

Systemskizze, Belastungsfall, Momentenlinie, Durchbiegung	Auflagerkräfte Momente M Durchbiegung f	für die überschlägige Bemessung, $f = \frac{1}{300}\ell$ M in Nm, ℓ in m, J in cm³ — Holz	Stahl $f = \frac{1}{500}\ell$, M in Nm, ℓ in m, J in cm³ — Stahl
1 Einfeldträger	$A = B = \dfrac{q \cdot \ell}{2} = Q_{max}$ $M_x = \dfrac{q \cdot x \cdot (\ell - x)}{2}$ $M_{max} = \dfrac{q \cdot \ell^2}{8}$ $f_{max} = \dfrac{5}{384} \dfrac{q \cdot \ell^4}{E \cdot J}$ f in m, wenn ℓ in m, q in MN/m, E in MN/m², J in m⁴ siehe dazu auch T-3.12	$W_{erf} = \dfrac{M}{\sigma_{zul}}$ führt meist zu zu kleinen Querschnitten daher erforderliches Trägheitsmoment J_{erf} $J_{erf} = 0{,}313 \, M_{max} \cdot \ell$ aus der zulässigen Durchbiegung	$W_{erf} = \dfrac{M}{\sigma_{zul}}$ wie bei Holz daher auch über die grösste zulässige Durchbiegung J_{erf} $J_{erf} = 0{,}025 \, M_{max} \times \ell$
2 Freiträger	$B = q \, \ell = Q_{max}$ $M_x = -\dfrac{q \, x^2}{2}$ M_B = maximales M $M_B = -\dfrac{q \, \ell^2}{2}$ $f_{max} = \dfrac{1}{8} \dfrac{q \, \ell^4}{E \, J}$ siehe dazu T-3.13, sonst wie bei dem Fall 1.	$W_{erf} = \dfrac{M}{\sigma_{zul}}$ oder aus der Durchbiegung $J_{erf} = 3 \cdot M \cdot \ell$	$W_{erf} = \dfrac{M}{\sigma_{zul}}$ oder aus der Durchbiegung $J_{erf} = 0{,}24 \, M \cdot \ell$
3 Kragträger	$A = \dfrac{q}{2\ell} \cdot (\ell^2 - c^2)$ $B = \dfrac{q}{2\ell} \cdot (\ell^2 + c^2)$ M_B = maximales M $M_B = -\dfrac{q \, c^2}{2}$ M_{max} im Feld $M_F = \dfrac{A^2}{2q}$, Abstand zu $A = y$, $y = A/q$ siehe dazu T-3.13	näherungsweise Bestimmung in Anlehnung an Fall 2 wenn $c \geq \ell/2$ dann: $J_{erf} \simeq 3 \cdot M_B \cdot \ell$ wenn $c = \ell/3$ dann $J_{erf} \simeq 0{,}313 \cdot M_F \cdot \ell$	$\Rightarrow J_{erf} \simeq 0{,}24 \, M_B \cdot \ell$ $\Rightarrow J_{erf} = 0{,}025 \cdot M_F \cdot \ell$

Formeln und Tabellen
Zweifeldträger, Fachwerkträger — T-F1.22

Systemskizze, Belastungsfall Momentenlinie Durchbiegung	Auflagerkräfte Momente M Durchbiegung f	Holz - überschlägige Bemessung M in Nm, ℓ in m W in cm³	Stahl
4 Mehrfeldträger	$\ell_1 = \ell_2$ $A = C = \frac{3}{8} \cdot q \cdot \ell$ $B = \frac{5}{4} \cdot q \cdot \ell$ $M_B = -\frac{q \ell^2}{8}$ $M_F = \frac{9\, q\, \ell^2}{128}$ $f = 0{,}0054 \cdot \frac{q\, \ell^4}{E\, J}$ f in m wenn: q in MN/m, ℓ in m E in MN/m² und J in m³	$W_{erf} = \frac{M_B}{10}$	$W_{erf} = \frac{M_B}{140}$
5 Fachwerk mit Paral.-Gurten	$A = B = \frac{q\,\ell}{2}$ Min Feldmitte = M_{max} (siehe auch 1) $M = \frac{q\,\ell^2}{8}$	erf h $\geq \frac{1}{10}\ell$ Kraft im Unter/Obergurt $U_{max} = -O_{max} \cong$ $\cong \frac{q\,\ell^2}{8} \cdot \frac{1}{h}$ daraus die Querschnittsfläche $\cong$ $\cong \frac{M_{max}}{h \cdot 10}$ Diagonale $\cong A - V / \sin\alpha$ Querschnittsfläche $\cong$ $\cong 0{,}1 \frac{A}{\sin\alpha}$	erf h $\geq \frac{1}{10}\ell$ $\Rightarrow$ gilt auch für Stahl $A_F \cong 0{,}007 \cdot \frac{M_{max}}{h}$ $\Rightarrow$ $A_D \cong 0{,}007 \frac{A}{\sin\alpha}$
6 Fachwerk mit geneigten Gurten	$A = B = \frac{q\,\ell}{2}$ M_{max} in Feldmitte $M_{max} = \frac{q\,\ell^2}{8}$	erf. h $\geq \frac{1}{8}\ell$ $O \cong \frac{q\,\ell}{2\sin\alpha}$ $U \cong \frac{q\,\ell^2}{4\,h}$ Querschnittsflächen $A_o \cong 0{,}05 \frac{q\,\ell}{\sin\alpha}$ $A_u \cong 0{,}2 \frac{M_{max}}{h}$	$\Rightarrow$ $A_o \cong 0{,}0035 \frac{q\,\ell}{\sin\alpha}$ $A_u \cong 0{,}028 \frac{M_{max}}{h}$
nur eine beschränkte Anzahl von Möglichkeiten		Nur für die überschlägige Bestimmung	

T-F 2.0 Formeln und Tabellen
Lastannahmen

Erfahrungsgemäß ist das halbwegs richtige Einschätzen von Lasten auf Bauteile die größte Schwierigkeit für den Unerfahrenen. Entweder geht er wie der Bauingenieur vor und addiert akribisch sämtliche ihm bekannten Lasten, um beispielsweise eine Decke zu dimensionieren. Die gesamte vorherige detaillierte Addition ihm bekannter Gewichte wird zunichte, wenn die Deckendichte selbst unbekannt ist und erst einmal grob geschätzt werden muß. Wie ich schon in der Einleitung deutlich gemacht habe, wendet sich dieses Buch an den Architekten, der mit wenigen Schritten, wahrscheinliche Dimensionen von Traggliedern schätzen können soll. Die genaue Berechnung möge der Bauingenieur vornehmen.

Also legen wir die exakte Rechenarbeit beiseite und benützen überschlägige Angaben, die in der Regel zu wahrseinlichen Querschnitten führen. Die Angaben sind so ausgelegt, daß die zu erwartenden Querschnitte eher etwas überdimensioniert sind - also auf der sicheren Seite liegen.

Aus der Vielzahl der lotrechten Verkehrslasten sind die drei wahrscheinlichsten herausgegriffen worden, die mit leicht, mittel und schwer bezeichnet werden. Um jene Nutzlasten zu tragen, erhalten Decken eine gewisse Dicke, die sich wiederum in ihrem Gewicht niederschlägt.

Unter der Beachtung von drei unterschiedlichen Nutzlasten und des Deckenmaterials aus Holz, Stahlbeton und Stahl (übliche Fußbodenkonstruktionen und Deckenuntersichten sind in dem Gewicht inbegriffen) wurden in den ersten beiden Tabellen des Blattes T-F2.0 die Deckengewichte je Quadratmeter ausgewiesen.

Noch schwieriger als die Abschätzung der Belastung einer Decke (Eigengewicht und Nutzlast) ist die Frage, was ein gesamtes Geschoß einschließlich aller Bauteile und der Nutzlast wiegt. Hier ist außerdem noch eine Differenzierung bei verschiedenen Geschoßhöhen erforderlich. Aus einer Untersuchung verschiedenster Gebäudetypen (große und kleine und unterschiedlichster Nutzungen) ergab sich ein ziemlich einheitliches Bild. Man kann vereinfacht sagen, ein Quadratmeter eines Geschosses, bezogen auf die Geschoßfläche, wiegt soviel. In der dritten Tabelle dieser Seite sind unter Berücksichtigung der drei Nutzlastannahmen vier verschiedene Bereiche von Geschoßhöhenlastangaben gemacht.

Die letzten beiden Tabellen befassen sich mit Lastangaben für Dachtragwerke in Holz und Stahl.

Decken
Eigengewicht
Deckengewicht in [kg/m²] in Abhängigkeit der zu tragenden Nutzlast

Nutzlast, die getragen wird / Deckenmaterial	leicht ca 200 kg/m²	mittel ca 350 kg/m²	schwer ca 500 kg/m²
Holzdecke	100	150	—
Stahlbetondecke	350	650	1000
Stahldecke	150	300	500

Gesamtgewicht (Eigengewicht + Nutzlast) in [kg/m²]

Holzdecke	300	500	—
Stahlbetondecke	550	1000	1500
Stahldecke	350	650	1000

Flächengewicht eines Geschosses als Mittelwert bezogen auf 1m² Geschossfläche in [kg/m²]

Geschosshöhe			
bis ~ 2,75	1200	1300	1400
~ 2,75 ÷ 3,25 m	1400	1500	1600
~ 3,25 ÷ 3,75 m	1600	1700	1800
~ 3,75 ÷ 4,25 m	1800	1900	2000

Dächer
Dachflächengewicht je m² schräge Dachfläche (horiz. Fläche → · 1/cos α) in [kg/m²] Holz

Stützweite	10 m	15 m	20 m	30 m	40 m
	15	20	25	40	50

Dachflächengewicht je m² schräge Dachfläche (horiz. Fläche → · 1/cos α) in [kg/m²] Stahl

Stützweite [m]		10	15	20	30
Binderabstand	3 m	12	16	23	35
	4,5 m	10	15	20	30
	6 m	—	14	19	30

Gewicht der Deckung einschliesslich der ev. erford. Unterkonstruktion in [kg/m²] schräge Dachfl.
70 ÷ 100 kg/m² je nach Deckungsart.

Schnee und Wind
Schnee- und Windlasten bezogen auf die horizontale Fläche in Abhängigkeit der Dachneigung in kg/m²

30°	35°	40°	45°
160	150	135	120

T-F 3.11 Formeln und Tabellen
Holzeinfeldträger

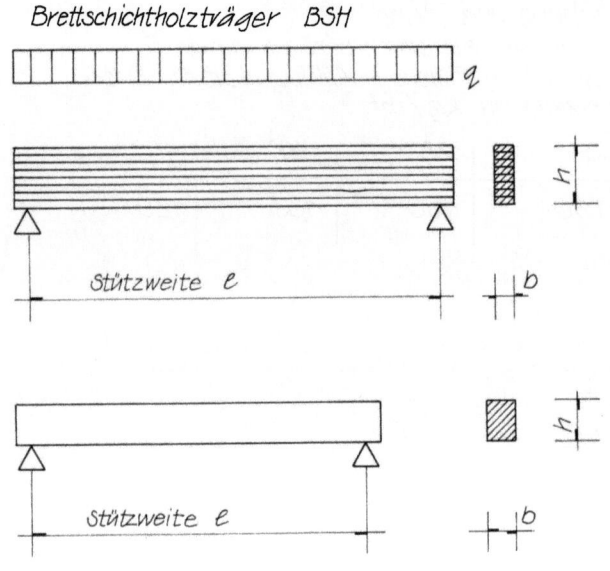

Brettschichtholzträger BSH

Stützweite ℓ

Stützweite ℓ

Die Blätter T-F3.11 und T-F.3.12 bieten die Möglichkeit einer überschlägigen Bemessung von Holzträgern. Wobei je nach Spannweite und Querschnittsart entweder das Moment oder die Durchbiegung für die Bemessung ausschlaggebend ist.

Bei Vollholzträgern bedeutet dies, daß bis zu dem Quotienten q/b = 50 die Durchbiegung ausschlaggebend ist. Wird der Quotient größer, so bestimmt den Querschnitt das Moment.

In der Tabelle der Brettschichtholzträger sind sowohl für Güteklasse 1 und Güteklasse 2 die Werte angegeben, wobei auch hier für kleinere Quotienten aus q/b die Durchbiegung maßgeblich ist und für größere das Moment.

Holzarten: Vollholz GKL.II Nadelholz
Brettschichtholz GKl I und II
Biegespannung σ_B = 10 MN/m² (NH.GKL.II)
σ_B = 11 MN/m² (BSH. GKL.II)
σ_B = 14 MN/m² (BSH. GKL.I)
Durchbiegung f = ℓ/200 mit Überhöhung (Stich)
f = ℓ/300 ohne Überhöhung
Stützweite ℓ
Trägerhöhe h ; Trägerbreite b
Gleichlast q
Elastizitätsmodul E = 10000 MN/m² für NH
E = 11000 MN/m² für NHS

$$\sigma = \frac{q\ell^2}{8} \cdot \frac{6}{bh^2} \leq 10; 11 \text{ oder } 14 \text{ MN/m}^2$$

$$f = \frac{5}{384} \cdot \frac{q \cdot \ell^4}{E} \cdot \frac{12}{bh^3} \leq \ell/200 \text{ oder } \ell/300$$

Nadelholz: ℓ 2m – b 0,1 m
3m – b 0,14 m
4m – b 0,16 m
Brettschichtholz: ℓ b
10 m   0,14 m
15 m   0,16 m
20 m   0,18 m
25 m   0,20 m

Beispiel NH, ℓ = 4m, q = 6 kN/m
gewählt b = 0,16m; q/b = 37,5 aus dem Diagramm
=> ℓ/h = 17,9 daraus h = 4/17,9 = 0,22 m
Querschnitt 16/22 cm – die Durchbiegung ist massgebend.

Beispiel BHS, ℓ = 10m, q = 7,5 kN/m, BHS GKl I
gewählt b = 0,14 ; q/b = 107,1 aus dem Diagramm
=> ℓ/h = 13,27 wenn Durchbiegung 1/300 ℓ massgebend daraus h = 10/13,27 = 0,758 m
=> ℓ/h = 14,9 wenn Überhöhung möglich, dann ist die Biegespannung massgebend, daraus h = 10/14,9 = 0,67 m
Das Verhältnis h/b (0,758/0,10 = 7,6 ; 0,67/0,14 = 4,78) ist grösser als 4, daher gegen seitl. Ausknicken sichern, oder b = 0,18 m => q/b = 83,3 ; => Diagramm
ℓ/h = 15,0 daraus h = 10/15 = 0,67 m;
h/b = 0,67/18 = 3,7 < 4 !

Formeln und Tabellen
Diagramme zur Vorbemessung — T-F 3.12

Vollholzträger NH GKL.II
Diagramm zur überschlägigen Bemessung von Vollholzbalken aus Nadelholz (NH) Güteklasse II unter Berücksichtigung der höchstzulässigen Durchbiegung von 1/300 der Stützweite

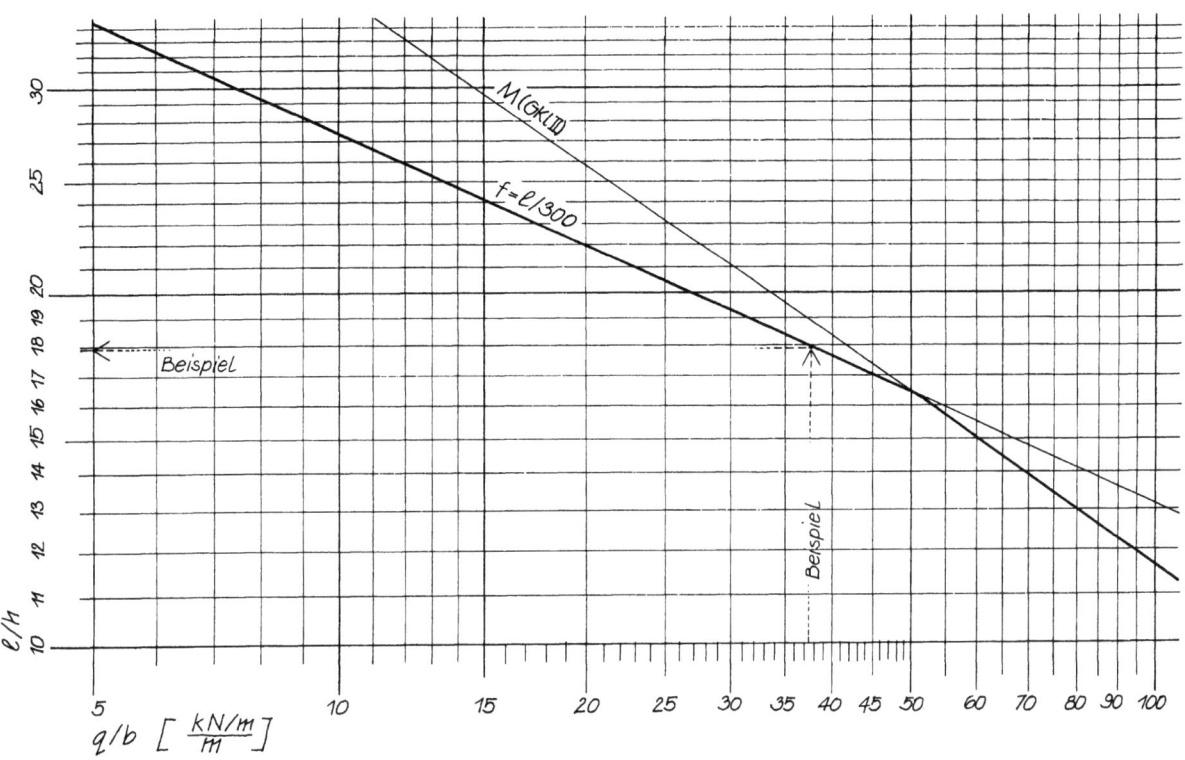

Brettschichtholz-Träger BSH GKL.I und GKL.II
Diagramm zur überschlägigen Bemessung von Trägern aus Brettschichtholz (BSH) Güteklasse I und II unter Berücksichtigung der höchstzulässigen Durchbiegung von 1/300 der Stützweite, bzw. 1/200 der Stützweite bei einer Überhöhung des Balkens.
nach Entwicklungsgemeinschaft für Holzbau München - Dr.Ing. H.Brünninghoff - Ulm.

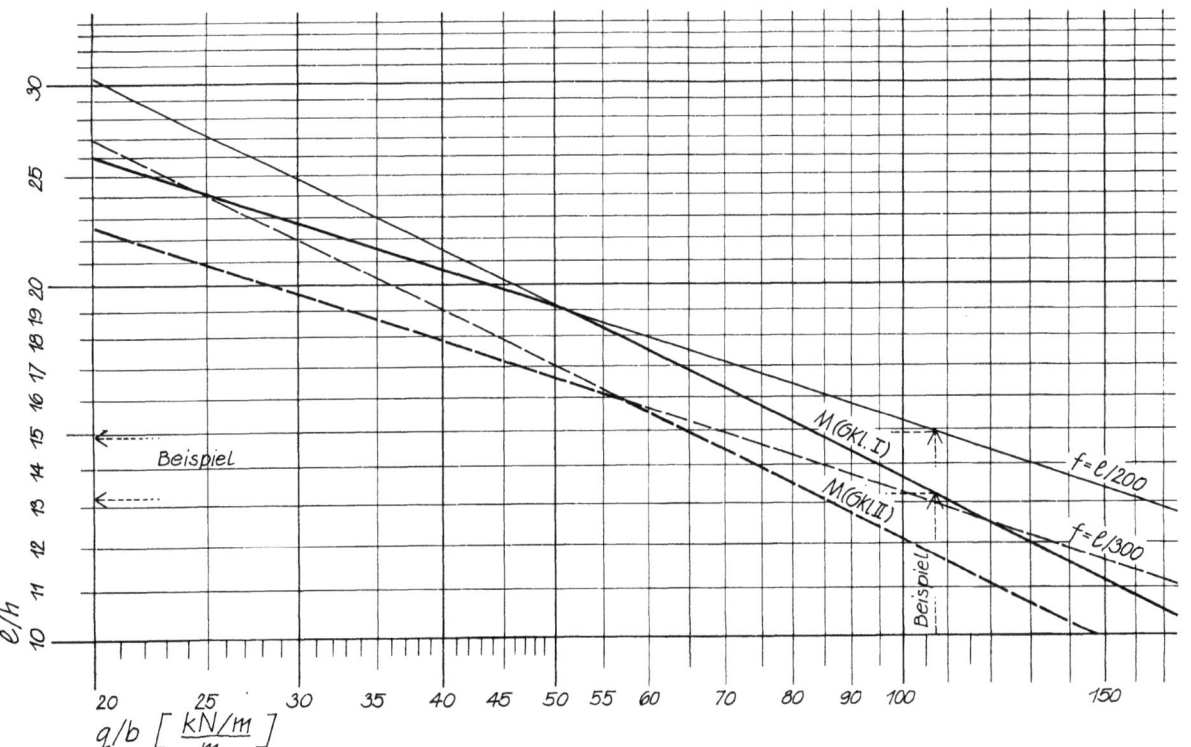

T-F 3.21 Formeln und Tabellen
Einfeldträger aus Stahlbeton und Stahl — W_{erf}

Stahlbetoneinfeldträger

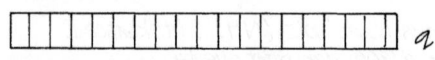

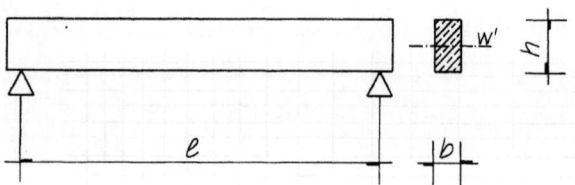

Beispiel: gegeben $\ell = 9{,}5\,m$, $q = 80\,kN/m$
aus dem Diagramm (T-F3.22) wird unter q und
ℓ das zugehörige w' abgelesen $w' \sim 110\,000\,cm^3$
(es kann zwischen den Kurven interpoliert werden)
aus dem Diagramm (T-F3.23) kann bei $70/97\,cm$,
bei idealem Seitenverhältnis, der Querschnitt abgelesen werden.

Beispiel: Stahlbetondecke $\ell = 5\,m$, $q = 10\,kN/m$
→ T-F3.22 → $w' \sim 4000\,cm^3$ → T-F3.23 → $h = 15\,cm$
bei der Breite von $100\,cm$

In so bestechend einfacher Art und Weise wie Holzbalken lassen sich Stahlbetonquerschnitte aber auch Stahlquerschnitte nicht in ihrer Größe abschätzen. Für die Stahlbetonquerschnitte wurde ein abgeleitetes Widerstandsmoment w' eingeführt. Dies ist erforderlich, da der Stahlbeton wie schon zuvor beschrieben, aus zwei verschiedenen Baustoffen besteht, die unterschiedliche Tragfunktionen zugewiesen bekommen. Bei einer gegebenen Streckenlast von q und einer Spannweite l gibt die Tabelle Werte für w' an. Aus Blatt T-F3.23 lassen sich dann zu den entsprechenden Widerstandsmomenten Balkenbreiten und Balkenhöhen ablesen.

In ähnlicher Weise kann mit den Stahlprofilen verfahren werden. Auch hier kann bei gegebener Trägerspannweite und gegebener Streckenlast in der Tabelle ein zugehöriges Widerstandsmoment abgelesen werden. Die entsprechenden Stahlprofile müssen dann einer Tabelle entnommen werden.

Stahlträger aus Normprofilen

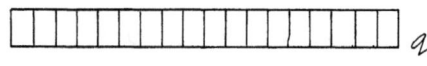

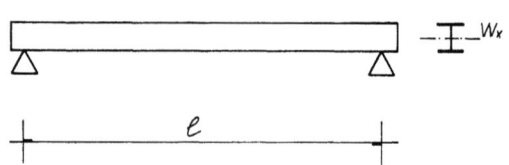

Biegespannung $\sigma_B = 140\,MN/m^2$ (St 37, Lastfall H)
Durchbiegung $f = \ell/500$

$\sigma = \dfrac{q \cdot \ell^2}{8} \cdot \dfrac{1}{W}$; W aus der Profiltabelle bzw

$W_{erf} = \dfrac{q \cdot \ell^2}{8} \cdot \dfrac{1}{\sigma}$, Elastiz. Mod. $E = 210\,000\,MN/m^2$

$f = \dfrac{5}{384} \cdot \dfrac{q \cdot \ell^4}{E} \cdot \dfrac{1}{J} \leq \ell/500$, J aus Profiltabelle

Beispiel: gegeben $\ell = 9{,}5\,m$, $q = 80\,kN/m$
aus dem Diagramm (T-F3.22) Stahl wird unter
q und l das zugehörige $w = 5500\,cm^3$ abgelesen.
Aus einer Profiltabelle können nun verschiedene
Profile ausgesucht werden z.B.: IPB 600 $W_x = 5700\,cm^3$
oder IPBv 450 $W_x = 5500\,cm^3$

Formeln und Tabellen
Einfeldträger aus Stahlbeton – Wer_f   T-F 3.22

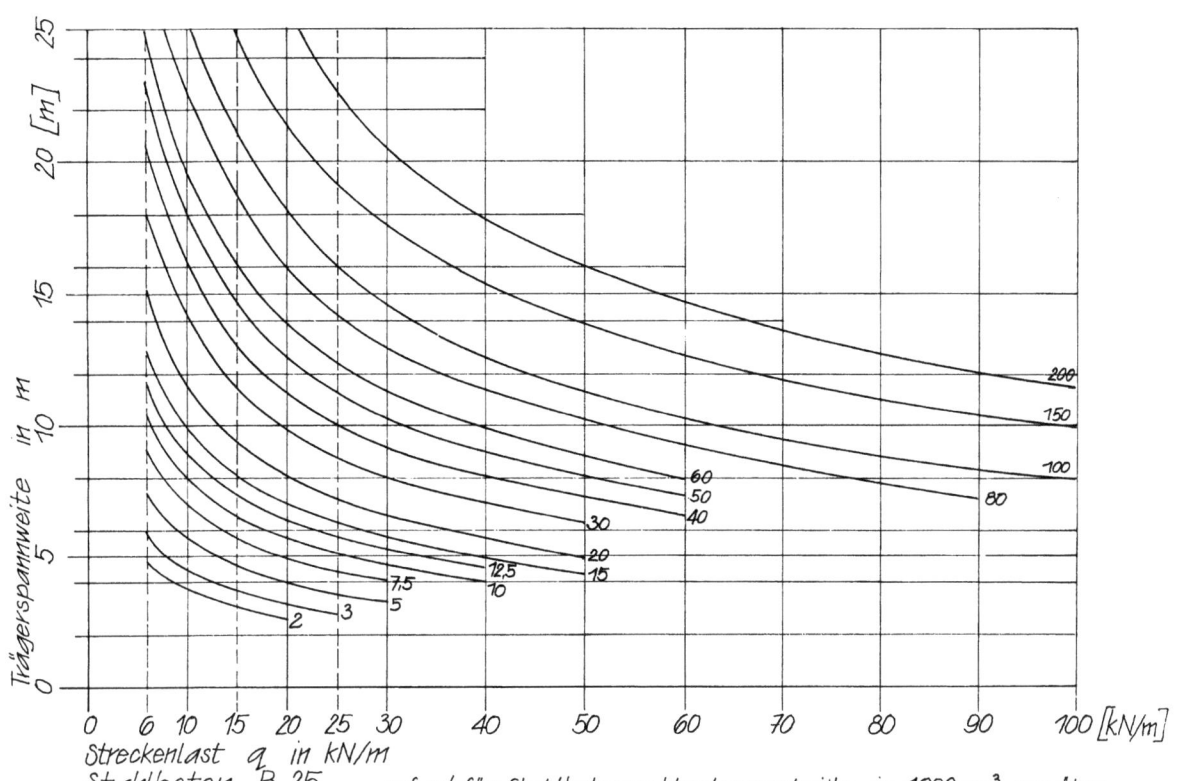

Stahlbeton B 25
W' von 2000 – 200 000 cm³

erf w' für Stahlbetonrechteckquerschnitte in 1000 cm³ zur überschlägigen Abschätzung der Trägerabmessungen bei geg. q und ℓ. Aus der Grafik T-F 3.23 kann bei ermitteltem w' h und b abgelesen werden.

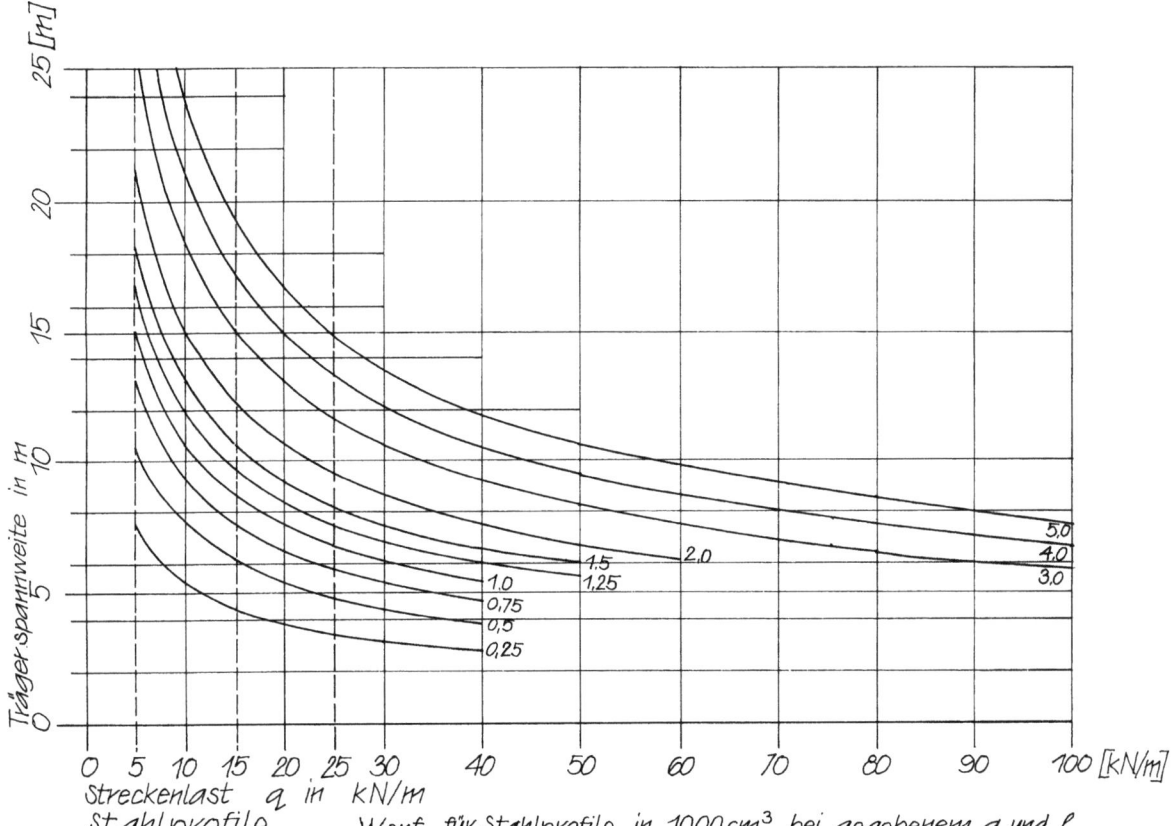

Stahlprofile
W von 250 – 5000 cm³

Werf für Stahlprofile in 1000 cm³ bei gegebenem q und ℓ die zugehörigen Profile sind aus entspr. Profiltabellen zu entnehmen.

T-F 3.23 Formeln und Tabellen
Widerstandsmomente von Rechteckquerschnitten

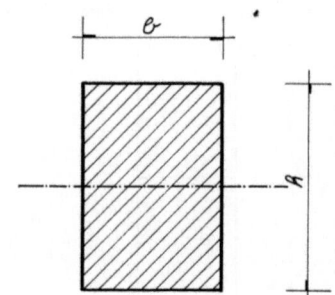

für Stahlbetonträger w'

Widerstandsmoment des Rechteckquerschnittes
$$W = \frac{bh^2}{6} \, [cm^3] \quad h \text{ in cm}, b \text{ in cm}$$

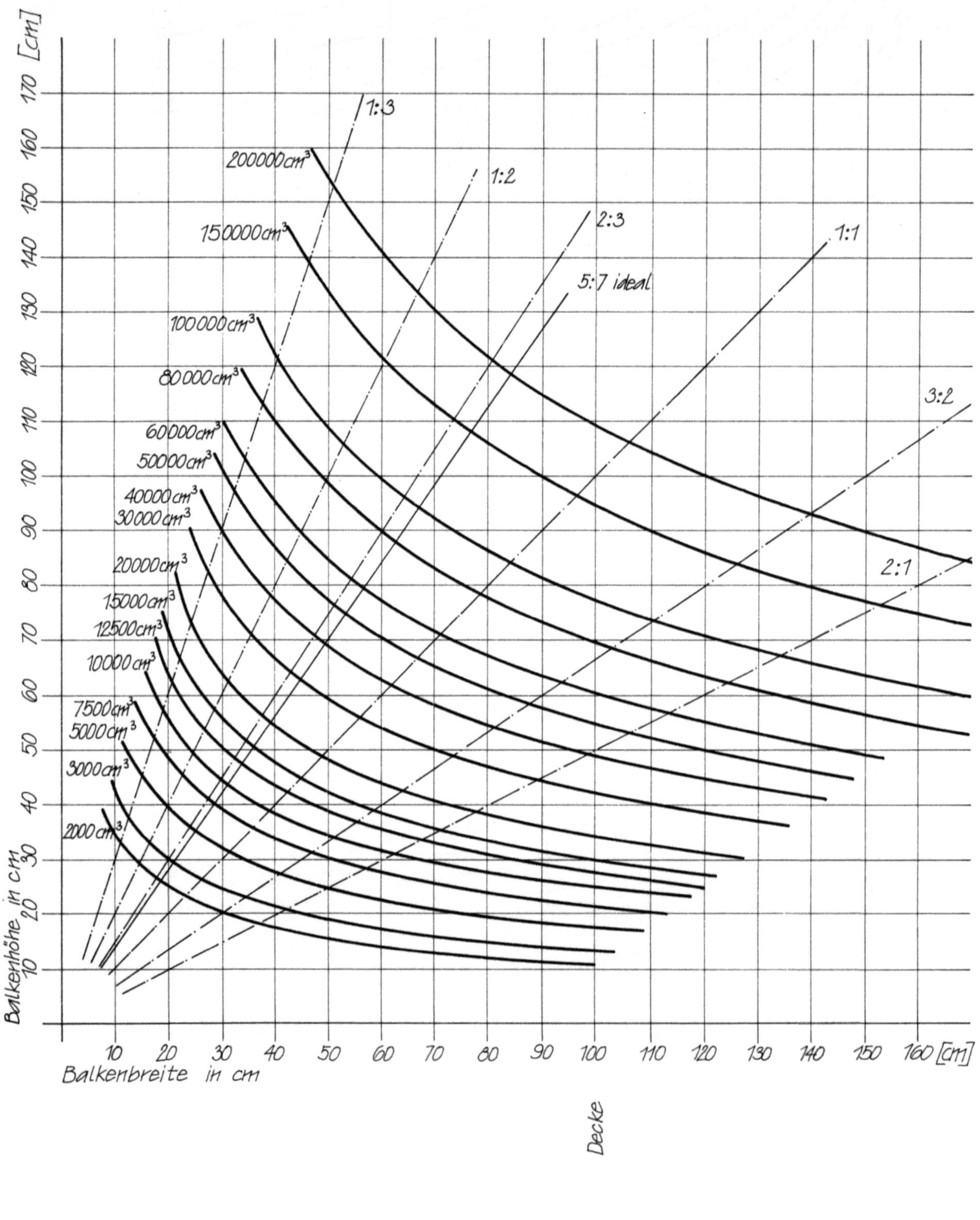

Druckbelasteter Stab - Knickstab
2. Eulerfall - Stablänge = Knicklänge s_k

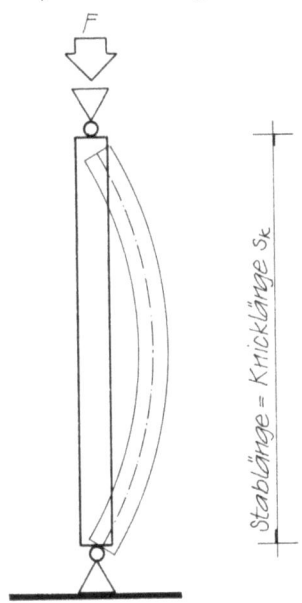

Stabquerschnitt - Quadrat / Rechteck

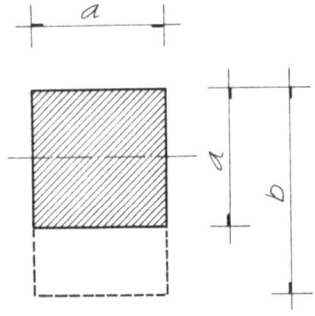

Fläche des Quadrates $A_1 = a^2$
Fläche des Rechteckes $A_2 = a \cdot b$
$A_1 : A_2 = a : b$, aus
$\sigma = \dfrac{F \cdot \omega}{A}$ bei gleichbleibendem ω und σ
$F_1 : F_2 = a : b$
$F_1 = $ Stabkraft im Quadrat
$F_2 = $ Stabkraft im Rechteck $= F_S$
$F_S' = $ Ersatzkraft $(= F_1) = F_S \cdot a/b$

Abschätzung des benötigten Querschnittes:
geg: $F = 0{,}45$ MN, $s_k = 3$ m, Holzstütze
$\rightarrow$ aus T-F 3.32 $\rightarrow A \approx 625$ cm² oder $25 \cdot 25$ cm
es wird jedoch ein Rechteckquerschnitt mit
20 cm $= a$ gewünscht, neuer Schritt:
Annahme $A_2 = 20 \cdot 40$ cm $\Rightarrow a:b = 0{,}5$
$F_S' = F_S \cdot 0{,}5 = 0{,}45$ MN $\cdot 0{,}5 = 0{,}225$ MN
aus T-F 3.32 $\rightarrow A \approx 400$ cm² oder $20 \cdot 20$ cm
bzw $a = b \cdot 0{,}5 \Rightarrow b = 40$ cm
Stahlbeton geg: $F = 1{,}3$ MN, $s_k = 3{,}5$ m, gewünscht
Rechtecksquerschnitt mit $a = 25$ cm
1. aus T-F 3.32 $\Rightarrow A \approx 1600$ cm² $(40 \cdot 40$ cm$)$
2. Querschnitt geschätzt $25 \cdot 75$ $(a:b)$ $F_S' = 1{,}3 / 3 \approx 0{,}43$
aus T-F 3.32 $\rightarrow A \approx 625$ cm² $(25 \cdot 25$ cm$)$
$a = b \cdot 0{,}33 \Rightarrow b = 3 \cdot a = 75$ cm

Formeln und Tabellen — Knickstäbe — T-F 3.31

Aus den vier verschiedenen Eulerfällen bei Knickstäben wurde Fall 2 herausgegriffen, der wohl der häufigste im Bauwesen ist. Unter Berücksichtigung sämtlicher Knickformeln entstanden die beiden Tabellen für Knickstäbe aus Holz und aus Stahlbeton.

Für die überschlägige Abschätzung ergeben sich folgende Schritte:

1. Die beiden Diagramme enthalten lediglich Angaben über quadratische Querschnitte.

2. Wird ein Rechtecksquerschnitt gewünscht, so ist die tatsächliche Stabkraft F1 auf eine Ersatzkraft F s zu reduzieren. Aus den Knickformeln ergibt sich, daß der Stab dahin ausknickt, wo er eine geringere Materialdicke aufweist. Dies bedeutet, daß ein Stab mit quadratischem Querschnitt mit einer Last 1 belastet werden kann. Nimmt der Querschnitt die Form von zwei nebeneinanderliegenden Quadraten derselben Größe an, so kann er zweimal die Last 1 tragen.

3. Die Ersatzkraft F s muß um das Verhältnis a/b reduziert werden.

4. Das Verhältnis a/b muß geschätzt werden, daraus ergibt sich F s und aus diesem wiederum die Quadratfläche.

Für Holz und Stahlbeton gelten die selben Schritte, und zwei Beispiele auf dieser Seite zeigen das Verfahren.

T-F 3.32 Formeln und Tabellen
Knickstäbe aus Holz und Stahlbeton (Stützen)

Knickstäbe aus Holz
Querschnittsflächen von Knickstäben bei gegebener Stablänge (Knicklänge s_k) und Ersatzstabkraft F'_s

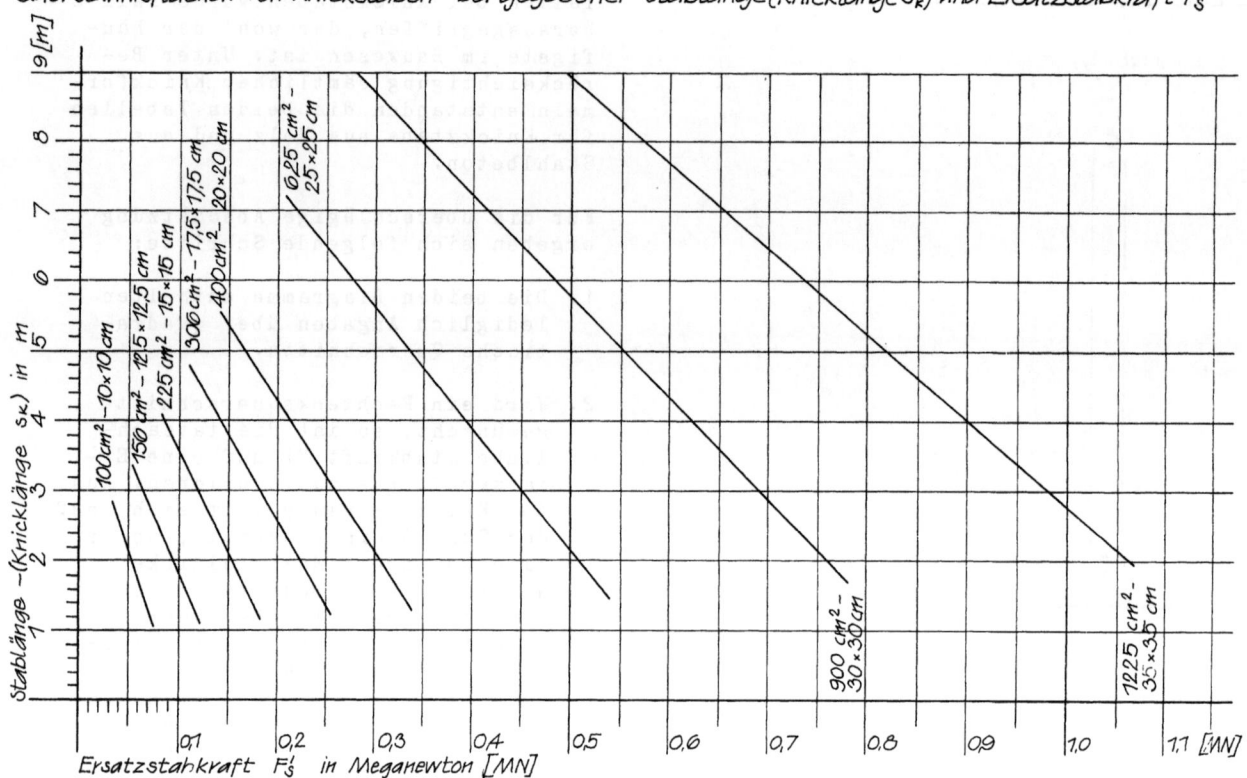

Knickstäbe aus Stahlbeton (B25)
sehr überschlägige Abschätzung der erforderlichen Querschnittsfläche bei gegebener Stablänge (Knicklänge s_k) und Ersatzkraft F'_s

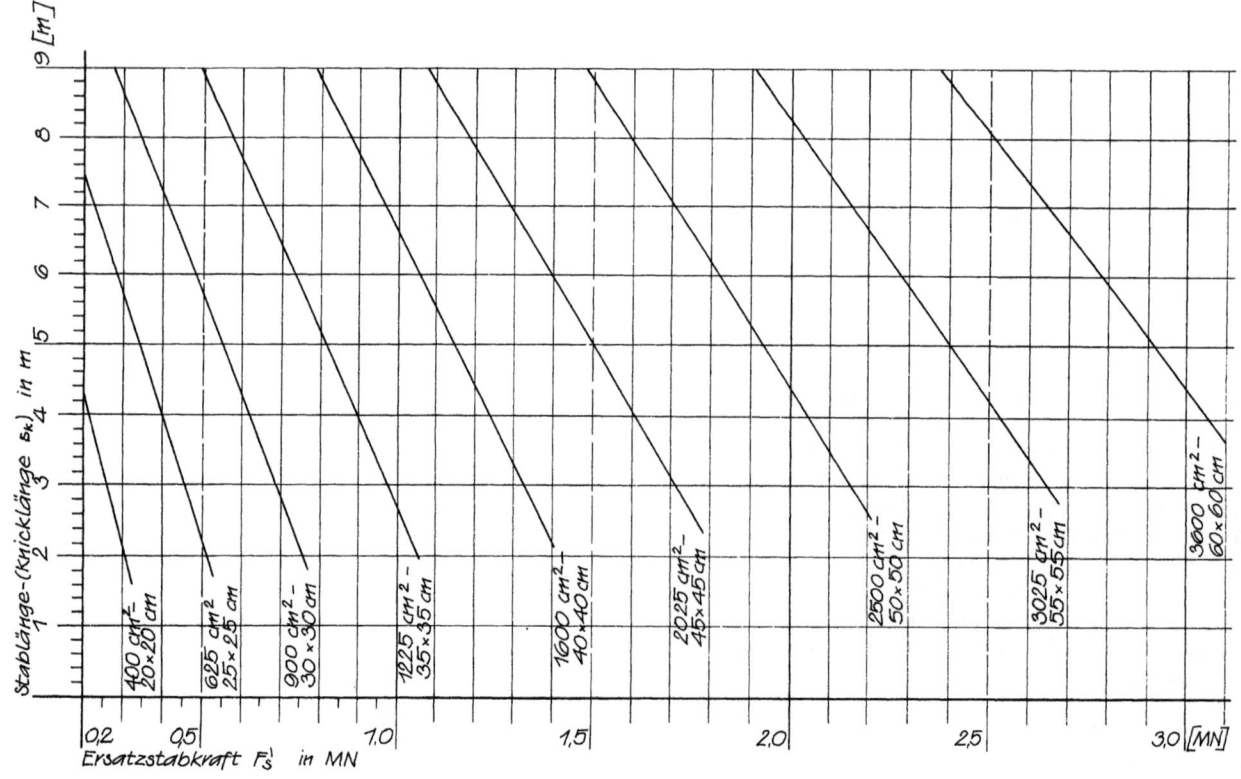

Beispiele – Auflagerkräfte und Momente
1. Aufgabe: Tür, Bücherregal

T-B1.11

Aufgabenstellung:
Gegeben ist eine Tür mit einer großen Öffnungsweite. Das Türblatt selbst hat eine Breite von 1,20 und eine Höhe von 2,0 m. Aus schalltechnischen Gründen wird ein sehr schweres Türblatt verwendet, das 90 kg wiegt. Es ist eine selbstverständliche Forderung, daß das Türblatt im Türstock verankert wird und daß die die Türbänder nicht überlastet werden.

Frage: Wie können Türbänder angeordnet werden, sodaß die zu erwartenden Kräfte aufgenommen werden können?

Die Aufgabe wird nun schrittweise gelöst.

1. Türbänder sind besonders empfindlich gegen Zugkräfte, die die Schrauben und Tragbolzen lockern.

2. Es sind mindestens zwei Türbänder erforderlich, aber auch drei Türbänder möglich.

3. Es kann nicht davon ausgegangen werden, daß sich die senkrechten Lasten gleichmäßig auf alle Türbänder verteilen. Es ist vielmehr anzunehmen, daß die senkrechten Lasten - also das gesamte Türgewicht - von einem Band alleine getragen werden muß.

4. Es ist für die weitere Betrachtung unerheblich, ob Übertragung des Gewichtes der Tür in einem oberen oder unteren Türband stattfindet.

5. Die erste wichtige Frage ist nun: wo treten Zugkräfte auf - bei den Bändern oben oder bei dem Band unten ? Dazu muß das Gewicht der Tür, das 900 N entspricht, in zwei Richtungen zerlegt werden. Wir nehmen nun an, daß die Vertikallasten im unteren Türband übernommen werden und das obere Türband (die beiden oberen Türbänder) nur durch Horizontalkräfte belastet werden.

6. Die Wirkungslinie des Türgewichtes verläuft lotrecht durch den Schwerpunkt des Türblattes, der sich in der Mitte des Rechteckes befindet. Unter der Annahme, daß oben lediglich ein Türband angeordnet wird, das 30 cm von der Oberkante entfernt ist, ist der Schnittpunkt für die Zerlegung der Kraft G in zwei Richtungen fixiert.
Er ergibt sich in dem Punkt 1 als Schnittpunkt der Wirkungslinie von G und der Wirkungslinie der Auflagerkraft A, die waagrecht verläuft.

7. Eine Kraft kann man nur dann in zwei Teilkräfte zerlegen, wenn sich ihre Wirkungslinien alle in einem Punkte schneiden. Daraus ergibt sich die Lage der Wirkungslinie der Auflagerkraft B als die Verbindung des Punktes 1 mit dem Auflager B.

8. Durch die Zeichnung des Krafteckes wird die Größe der Auflagerkraft A und B bestimmt.

In der Aufgabe sind insgesamt drei Kraftecke gezeichnet, die die drei Möglichkeiten, daß ein Band weit oben, ein Band weit unten oder zwei Bänder verwendet wurden.

Auch unter der Annahme, daß im oberen Band (in den oberen Bändern) die Vertikallast übernommen wird, ändert sich an der Tatsache nichts, daß die oberen Bänder auf Zug belastet werden und das untere Band auf Druck.

Es ist daher technisch richtig, bei einer solchen Türkonstruktion oben zwei Bänder anzuordnen.

T-B1.12 Beispiele – Auflagerkräfte und Momente
1. Aufgabe: Tür, Bücherregal

Gegeben ist eine einfache Wandregalkonstruktion, die aus zwei Brettern besteht, die mit Seilen an der Wand befestigt werden. Die Seile sind an den Brettern so befestigt, daß sie sich nicht verschieben können. Die beiden Bretter sind jeweils an ihren Enden durch solch eine Seilkonstruktion an der Wand befestigt. Jedes Brett wird insgesamt mit 10 kg belastet (Nutzlast und Eigengewicht).

Frage: Wie groß sind die Seilkräfte in den Seilen 1, 2, 3 und 4? Mit welcher Kraft ziehen die Seile an dem Haken, der in der Wand befestigt ist?

Lösung:

1. Es wird vereinfachend angenommen daß das Gewicht der Bretter (Nutzlast + Eigengewicht) sich gleichmäßig auf alle vier Seile verteilt.

2. Daher erhalten die Seile 3 und 4 jeweils ein Viertel der Gesamtlast von 100 N, also je Seil 25 N. (Unter der vereinfachten Annahme, daß 1 kg 10 N entspricht.)

3. Am Seil 1 zieht mit 25 N das das Seil 3 und das obere Regalbrett bringt wiederum 25 N in das Seil ein. Die Seilkraft in Seil 1 beträgt daher 50 N.

4. Das Seil 2 zieht schräg nach oben. Ebenso wie in Seil 1 würden bei einer senkrechten Anordnung des Seiles 50 N getragen werden müssen. Da das Seil schräg gerichtet ist, muß die Kraft von 50 N in die Seilkraft S 2 und in eine Horizontalkraft, mit der das Brett an den Punkt B hindrückt, zerlegt werden (siehe hierzu Seileck).

5. Im Auflagerpunkt A zieht eine Kraft sowohl in Richtung S 1 als auch in S 2. Die Resultierende aus diesen beiden Kräften wird aus dem Seileck gewonnen.

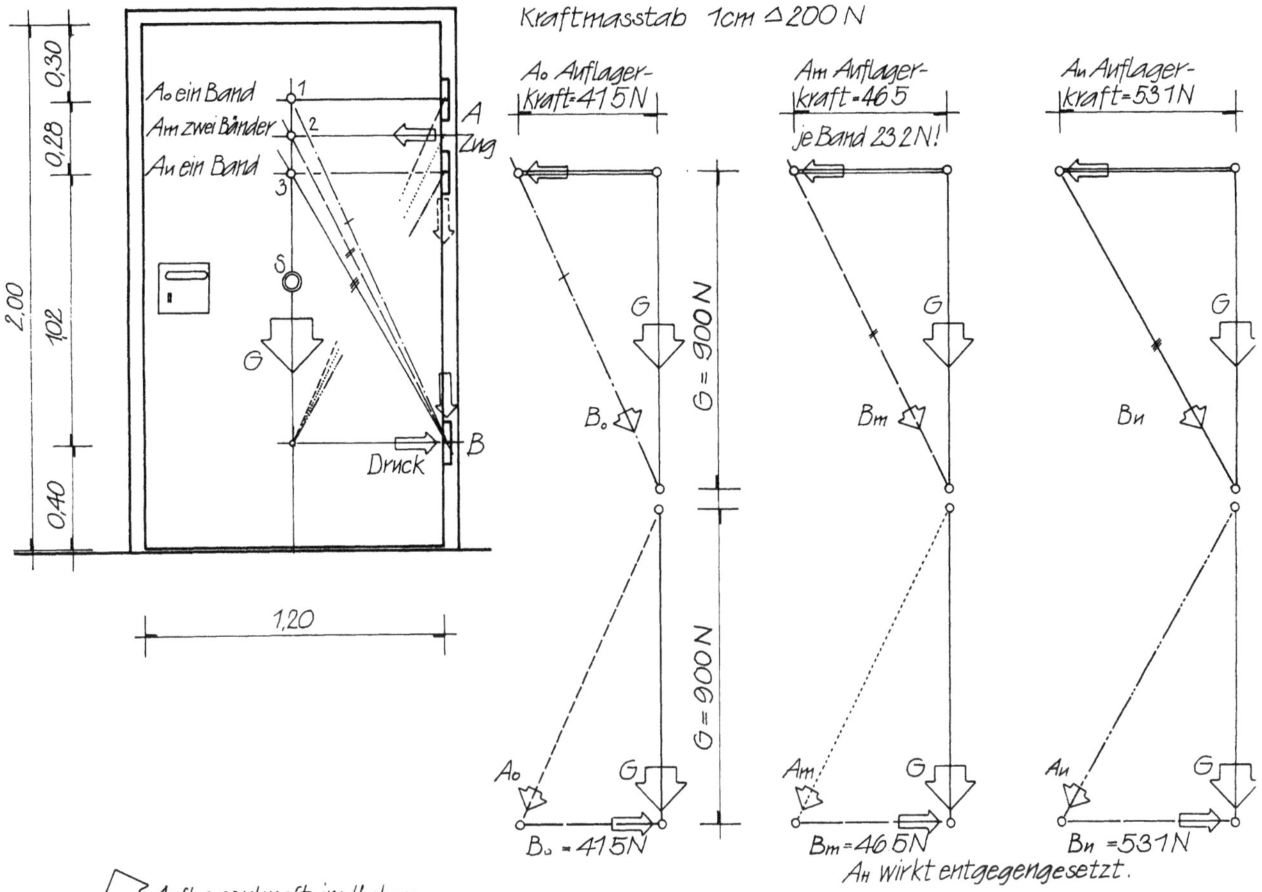

Beispiele – Auflagerkräfte und Momente
1. Aufgabe: Tür, Bücherregal

T-B1.13

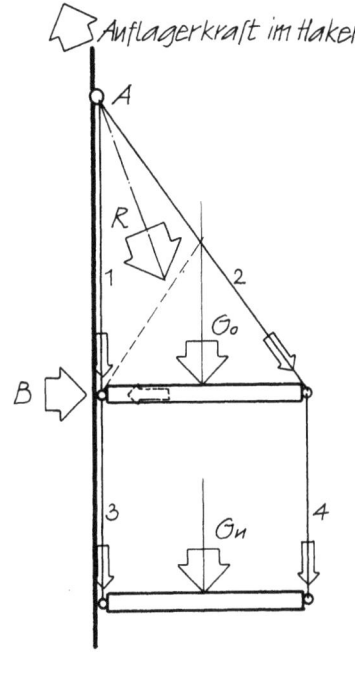

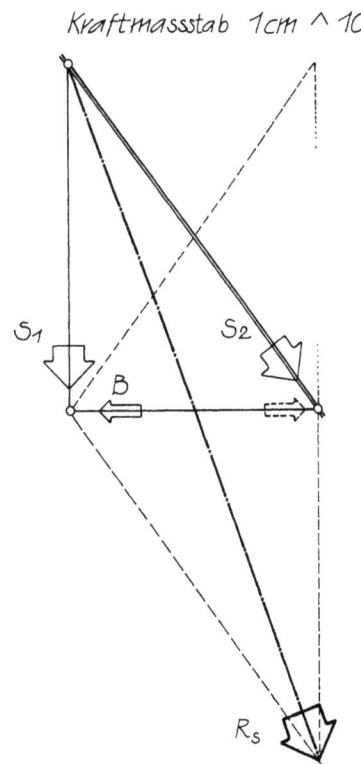

Beispiele – Auflagerkräfte und Momente
2. Aufgabe: Vordach

Gegeben ist ein Vordach, das an einer senkrechten Stütze befestigt ist. Das Vordach selbst ist im Punkt B an der Stütze gelenkig gelagert und an einem Seil, das sich zwischen den Punkten C und A spannt, an der senkrechten Stütze aufgehängt. Das Eigengewicht des Vordaches einschließlich der Nutzlast beträgt 3 kN/m = q.

Frage: Wie groß sind die Auflagerkräfte in A und B, welche Momente treten in den Schnitten 1-1, 2-2, 3-3 auf?

Lösung:

1. Zur Bestimmung der Auflagerdrücke ist es es notwendig, die Streckenlast durch eine Einzellast zu ersetzen. Die Einzellast G ergibt sich aus q · l; sie beträgt 16,5 kN.

2. Diese Einzellast G muß in zwei Kräfte zerlegt werden. (Dies ist nur möglich, wenn sich die drei Wirkungslinien der Kräfte in einem Punkte P schneiden.) Die Wirkungslinie von G ist bekannt. Sie liegt in der Mitte der Auskragung des Vordaches, also 2,75 m von der Stütze entfernt. Die Wirkungslinie von A ist ebenso bekannt, da in einem Seil nur in der Seilachse Kräfte übertragen werden können. Durch die Verlängerung der Geraden AC ergibt sich der Punkt P.

   Wenn das vorher Gesagte gelten soll, dann muß die Wirkungslinie der Kraft B durch den Punkt P und Punkt B verlaufen. Damit ist die Wirkungslinie der Kraft B bekannt.

   Nun ist die Kraft G in einem Kräfteplan in die zwei Teilkräfte B und A zu zerlegen. Aus der Tatsache, daß vom Anfangspunkt der Kraft G bis zu ihrem Endpunkt auch die Kräfte B und A verlaufen müssen, ergibt sich auch ihre Richtung. In dem Seil herrschen Zugkräfte und im Punkt B werden Druckkräfte übertragen.

3. Für die rechnerische Lösung müssen jeweils die Momente um B = 0 gesetzt werden, um A zu berechnen, bzw. die Momente um A = 0 gesetzt werden, um B zu berechnen. Die entsprechenden Hebelsarme sind in der Systemskizze dargestellt.

4. Momente im Punkt 1-1. Oberhalb der Schnittstelle greift lediglich die Auflagerkraft A an. Das Moment an dieser Schnittstelle ist daher die Kraft A mal dem Hebelsarm e 3.

5. Momente an der Schnittstelle 2-2. Wir betrachten den Balken links der Schnittstelle. Hier greift die Auflagerkraft A an und nur mehr ein Teil des Balkengewichtes - nämlich das, das links der Schnittstelle liegt. Hierzu ist es erforderlich, die Ersatzkraft G 1 zu bestimmen. Sie ergibt sich aus der Streckenlast q · 4,25 m. Die Wirkungslinie der neuen Kraft G 1 liegt in der Mitte von 4,25 m und ist demnach 2,125 m von der Schnittstelle 2-2 entfernt.

6. Moment in Punkt 3-3. Für die Bestimmung dieses Momentes kann die Formel des Maximalmomentes eines Kragträgers herangezogen werden.

7. Wenn es notwendig ist, kann man unter Einführung einer Kennfaser auch die Momentenverteilung in dem Vordach und der Stütze zeichnen.

Beispiele — Auflagerkräfte und Momente
2. Aufgabe: Vordach

T-B1.22

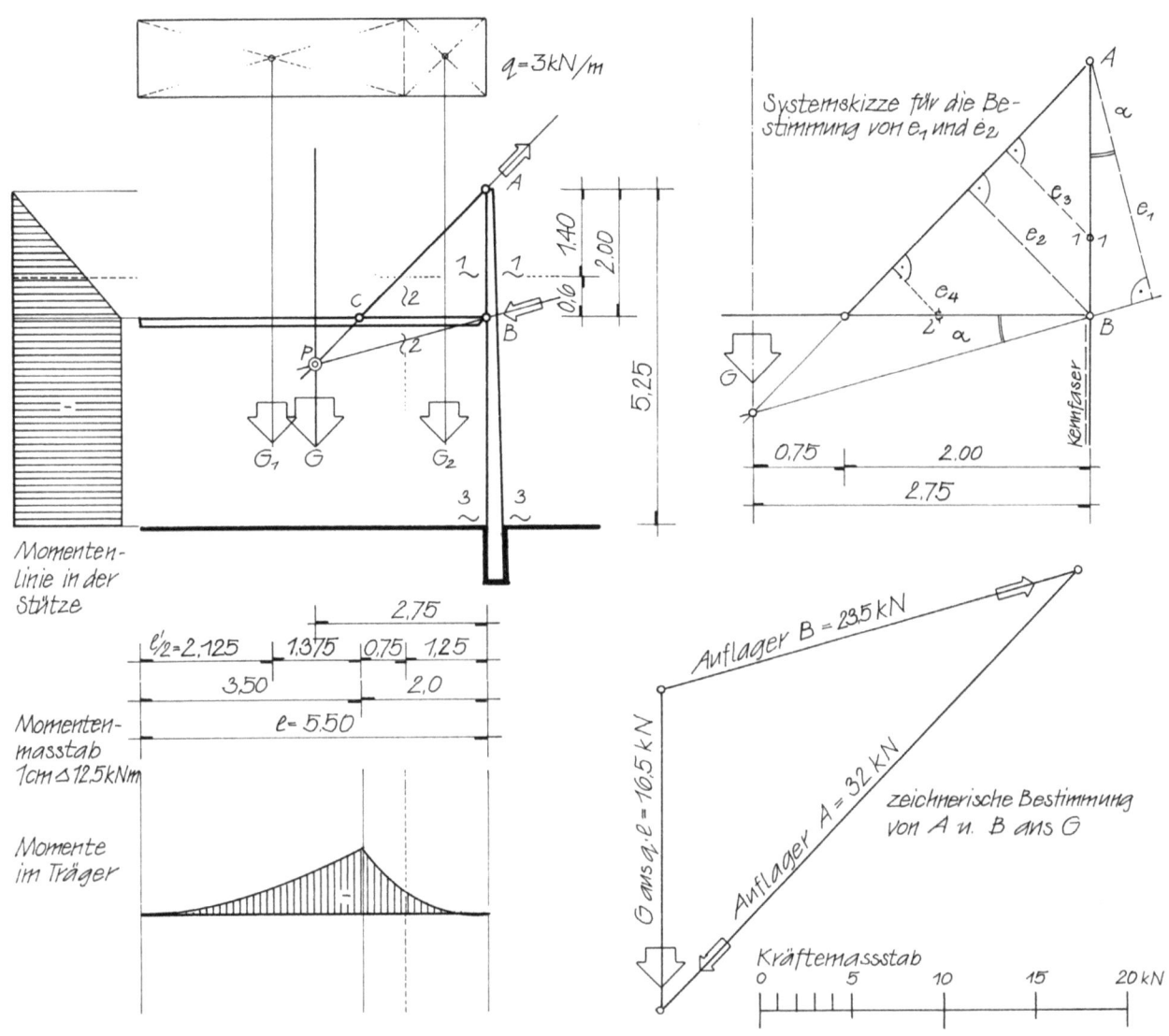

$e_1 = \cos\alpha \cdot 2{,}0\,m$, $\tan\alpha = \dfrac{0{,}75}{2{,}75} = 0{,}2727 \Rightarrow \alpha = 15{,}25° \Rightarrow \cos\alpha = 0{,}964$, $e_1 = 0{,}964 \cdot 2{,}0\,m = 1{,}93\,m$

$e_2 = 1/\sqrt{2} \cdot 2{,}0\,m = 1{,}0\,m \cdot \sqrt{2} = 1{,}414\,m$
$e_3 = 1/\sqrt{2} \cdot 1{,}4\,m = 0{,}989\,m \sim 1{,}0\,m$
$e_4 = 1/\sqrt{2} \cdot 0{,}7\,m = 0{,}495\,m \sim 0{,}5\,m$.

$G = q \cdot \ell = 3\,kN/m \cdot 5{,}5\,m = 16{,}5\,kN$;

$A \Rightarrow M_B = 0 = -G \cdot \ell/2 + A \cdot e_2$; $A = \dfrac{G \cdot \ell/2}{e_2} = \dfrac{16{,}5\,N \cdot 2{,}75\,m}{1{,}414} = 32{,}08 \sim 32\,kN$

$B \Rightarrow M_A = 0 = -G \cdot \ell/2 + B \cdot e_1$; $B = \dfrac{G \cdot \ell/2}{e_1} = 23{,}51 \sim 23{,}5\,kN$

$M_1 = A \cdot e_3 = A \cdot 1{,}0\,m = 32\,kNm$

$M_2 = -G_1 \cdot \ell'/2 + A \cdot e_4$; $G_1 = q \cdot \ell' = 3\,kN \cdot 4{,}25 = 12{,}75\,kN$ denn $\ell' = \ell - 1{,}25 = 5{,}50 = 4{,}25\,m$
$M_2 = -12{,}75\,kN \cdot 2{,}125\,m + 32\,N \cdot 0{,}5\,m = -27{,}09 + 16{,}0 = -11{,}09\,kNm \sim 11\,kNm$

$M_3 = G \cdot \ell/2 = q \cdot \ell^2/2 = 3\,kN/m \cdot \dfrac{5{,}5^2\,m}{2} = 45{,}375\,kNm \sim 45{,}5\,kNm$

T-B1.31 Beispiele – Auflagerkräfte und Momente
3. Aufgabe: Leiter

Aufgabe A

Gegeben ist eine Leiter, die, wie z. B. in Buchhandlungen üblich, oben in einer Rolle geführt ist. Gefragt ist, welche Auflagerkräfte in den Punkten A und B auftreten, wenn ein Mensch in der angegebenen Position auf der Leiter steht.

Lösung:

1. Durch die Rollenführung können in dem oberen Auflager (Auflager B) nur lotrechte Kräfte übertragen werden. Der auf der Leiter stehende Mensch bewirkt in Ruhe auch nur senkrechte Belastungen, so daß auch im Auflager A (unteres Auflager) nur lotrechte Kräfte übertragen werden.

2. Für diesen Fall der Belastung und der Leiter kann ein Ersatzsystem gewählt werden, das sich in Form eines einfachen Einfeldträgers ergibt (siehe dazu Zeichnung).

3. Die Bestimmung der Auflagerkräfte folgt entweder zeichnerisch mittels der Polfigur oder rechnerisch, indem jeweils um die Punkte A und B Momente gebildet werden, die gleich 0 gesetzt werden müssen.

4. Die größte Auflagerkraft in A ist dann zu erwarten, wenn der Mensch auf der untersten Sprosse steht, und die größte Auflagerkraft in B tritt dann auf, wenn er auf der obersten Sprosse steht.

Aufgabe B

Eine Leiter ist fest montiert und steht senkrecht (analog etwa einer schwedischen Sprossenwand). In der angegebenen Position hat ein Mensch die Leiter erklommen.

Gefragt: Wie groß sind die Auflagerreaktionen in Punkt A und B bei der angegebenen Position des Menschen?

Lösung:

1. Zur Vereinfachung wird angenommen, daß die Leiter im unteren Auflager (Auflager A) gelenkig gelagert ist und daß im Auflager B (oberes Auflager) nur horizontale Auflagerkräfte übertragen werden.

2. Auch hier geht es darum, eine gegebene Kraft (Gewicht des Menschen G) in zwei Teilkräfte, nämlich die Auflagerkräfte A und B zu zerlegen. Dies ist wiederum nur dann möglich, wenn sich die drei Wirkungslinien in einem Punkte schneiden.

3. Die Wirkungslinie von G ist bekannt und in der Zeichnung gegeben. Da in dem oberen Auflager lediglich Horizontalkräfte übertragen werden können, ergibt sich der Schnittpunkt 1 aus der senkrechten Wirkungslinie von G und der horizontalen Wirkungslinie von B. Somit ist die Wirkungslinie von A als Verbindungslinie von Punkt 1 und Punkt A bekannt.

4. Aus einem einfachen Krafteck sind nun die Auflagerkräfte A und B zeichnerisch zu ermitteln.

5. Für die rechnerische Ermittlung der Auflagerkräfte ist es wiederum erforderlich, Momente um die Auflagerpunkte zu bilden und diese gleich 0 zu setzen. Für die Auflagerkraft A kann auch angenommen werden, daß sie sich aus zwei Komponenten, nämlich der horizontalen und der vertikalen Komponente zusammensetzt. Nach dem Satz von Pythagoras kann A berechnet werden.

Beispiele – Auflagerkräfte und Momente
3. Aufgabe: Leiter — T-B1.32

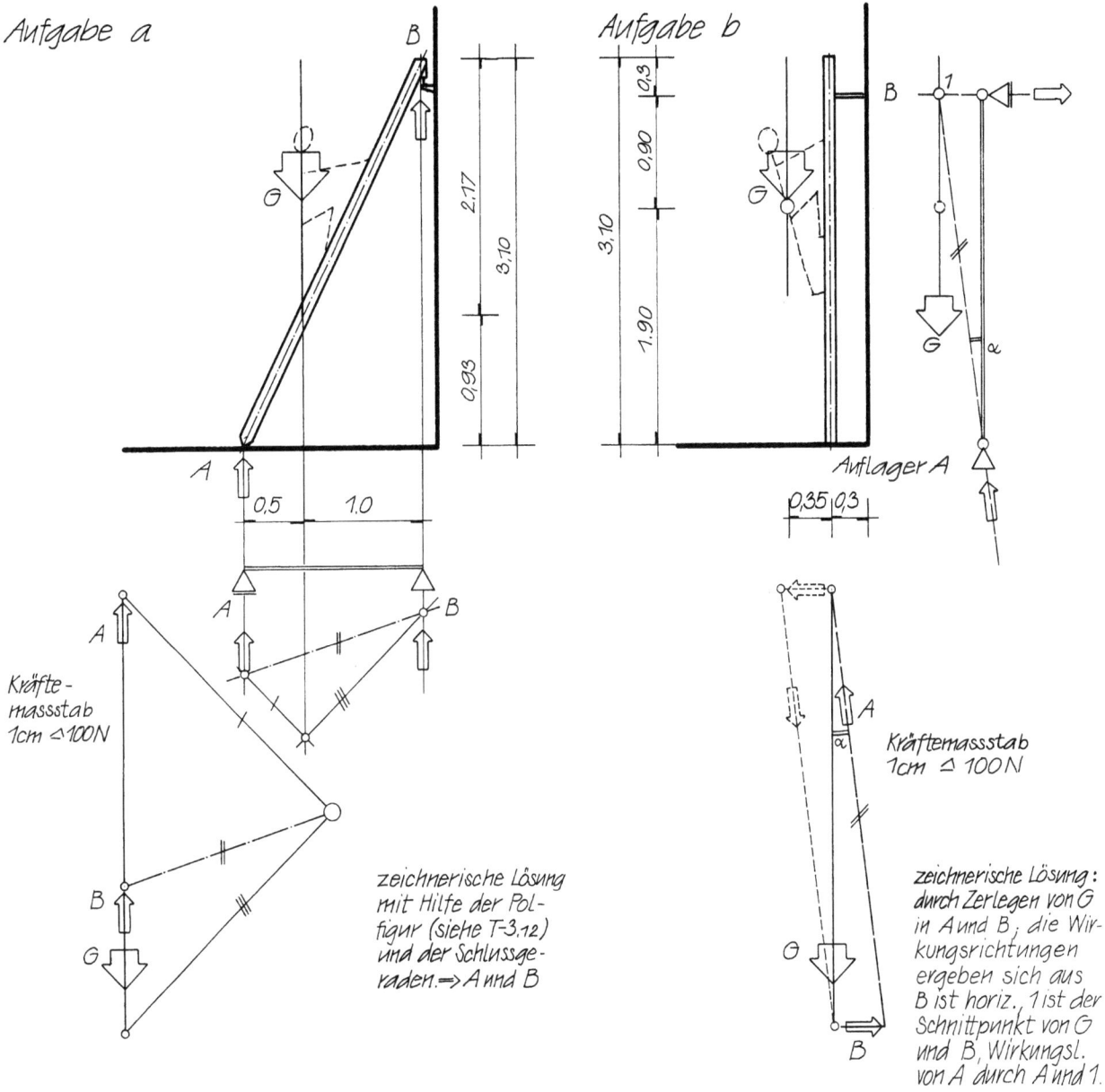

Aufgabe a

Ersatzträger als Einfeldträger, da es das obere Auflager nur gestattet senkrechte Kräfte zu übertragen
Auflager A aus $M_B = 0$ ($\Sigma M = 0$)
$M_B = +A \cdot 1,50 - G \cdot 1,0 = 0$ oder:

$$A = \frac{G \cdot 1,0}{1,50} = \frac{700\,N \cdot 1,0\,m}{1,50\,m} = 466,67\,N$$

B aus $\Sigma V = 0 \Rightarrow B = 700 - 466,67 = 233,33\,N$

Aufgabe b

Es ist kein Ersatzträger möglich wie vor. Die Kräfte G, A und B schneiden sich im Endlichen - im Punkt 1. (Bei der vereinfacht. Annahme, dass in B nur horizontale Kräfte übertragen werden können.)
B aus $M_A = 0$ ($\Sigma M = 0$)
$M_A = 0 = -G \cdot 0,35 + B \cdot 2,80$ oder:

$$B = \frac{G \cdot 0,35}{2,80} = \frac{700 \cdot 0,35}{2,80} = 87,5\,N$$

A_H aus $\Sigma H = 0 \Rightarrow A_H = B = 87,5\,N$
A_V aus $\Sigma V = 0 \Rightarrow A_V = G = 700\,N$
$A = \sqrt{700^2 + 87,5^2} = 705\,N$
$\tan\alpha = B/G = 87,5/700 = 0,125 \Rightarrow \alpha = 7,13°$

T-B1.41 Beispiele – Auflagerkräfte und Momente
4. Aufgabe: Stehleiter

Aufgabe A

Gegeben sei eine Stehleiter in Form einer Staffelei. Die Leiter ist in ihrem Obergelenk so ausgebildet, daß Momente übertragen werden können.

Gefragt: Auf welcher Sprosse muß ein Mensch stehen, damit die Auflagerkraft im Punkt A am größten wird; und auf welcher Sprosse muß ein Mensch stehen, damit das Moment im Gelenk am größten wird? Die Person, die die Leiter besteigt, wiegt 70 kg.

Lösung:

1. Auch diese Leiter kann wieder durch einen Träger, der an den beiden Auflagern frei aufliegt, ersetzt werden.

2. Daraus ergibt sich, daß die Auflagerkraft A dann am größten wird, wenn die Belastung des Trägers in unmittelbarer Nähe des Auflagers auftritt; in unserem Falle also, wenn der Mensch auf der untersten Sprosse steht.

3. Je weiter der Mensch auf die Leiter hinaufsteigt, desto mehr wird auch das Auflager B belastet.

4. Wie die Rechnung zeigt, und sich natürlich auch aus der Theorie der Einfeldträger ergibt, tritt das maximale Moment dann auf, wenn der Mensch auf der höchsten Sprosse steht. Es ist dies das Moment 2 (M 2).

Aufgabe B

Gegeben ist eine normale Hausleiter, bei der sich nur auf der einen Seite Sprossen befinden. Vereinfacht wird angenommen, daß Leiterholm und Abstützung nahe ihren unteren Auflagern durch eine Spreize gehalten werden.

Frage: Auf welcher Sprosse stehend wird die Auflagerkraft A am größten; auf welcher Sprosse stehend wird die Auflagerkraft B am größten; und auf welcher Sprosse muß der Mensch stehen, damit im Leiterholm das größte Moment auftritt?

Lösung:

1. Bei dieser Aufgabe ist es wesentlich einfacher, die Lösung zeichnerisch vorzunehmen.

2. Ein einfaches Ersatzsystem, wie bei der Aufgabe A ist nicht möglich.

3. Wieder muß angenommen werden, daß in der Strebe der Leiter nur Kräfte in der Längsachse der Strebe übertragen werden können. Also wieder eine Aufgabe, bei der die Zerlegung einer Kraft (des Gewichtes des Menschen) in zwei Teilkräfte (die Auflagerkräfte) vorzunehmen ist.

4. Aus dem Krafteck ergibt sich, das A dann am größten ist, wenn der Mensch auf der untersten Sprosse steht. Ebenso ergibt es sich, daß die Auflagerkraft B dann am größten ist, wenn er auf der obersten Sprosse der Leiter steht.

5. Bei den Momenten ist es wieder einfacher sie zu rechnen. Hier darf davon ausgegangen werden, daß der Leiterholm zwischen den Punkten A und 3 wie ein frei aufliegender Balken reagiert. Wie die Rechnung zeigt, ist in der Mitte des Trägers - also im Punkt 1 - das Moment am größten.

Beispiele – Auflagerkräfte und Momente
4. Aufgabe: Stehleiter

T-B1.42

Aufgabe a

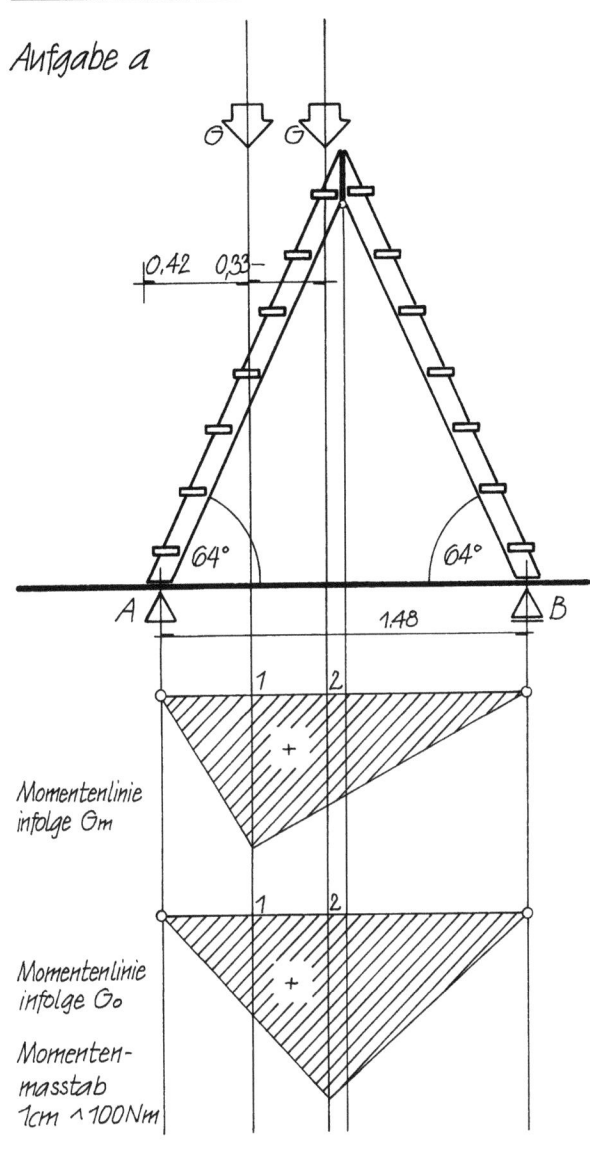

Momentenlinie infolge G_m

Momentenlinie infolge G_o

Momentenmassstab 1cm ≙ 100Nm

Aufgabe b

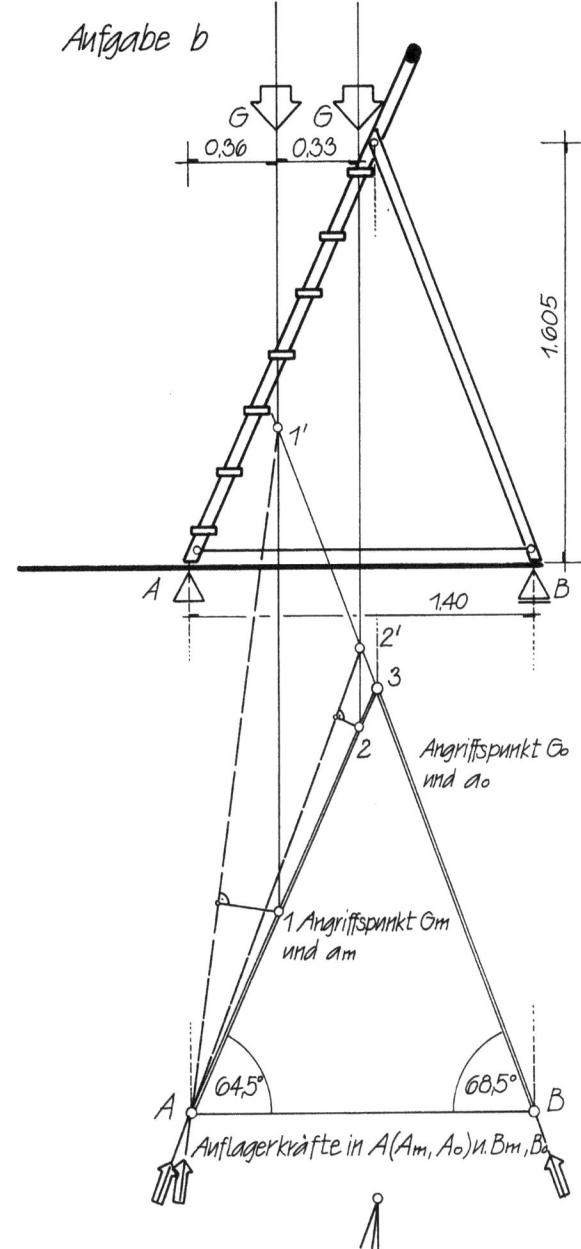

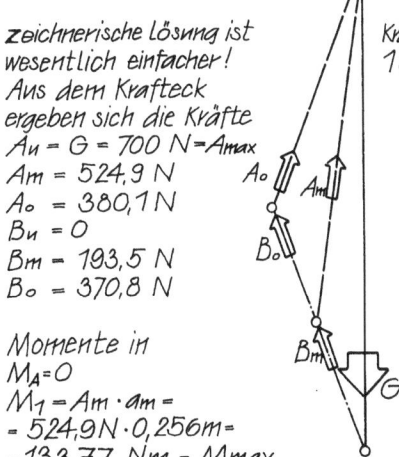

Kräftemassstab 1cm ≙ 100 N

Aufgabe a:

zeichnerische Lösung ist wesentlich komplizierter als die rechnerische.
Ersatzträger als frei aufliegender Einfeldträger daher A_{max} wenn G auf unterster Sprosse angreift.
Momente um $B = 0$ ($\Sigma M = 0$)
$A_u = G = A_{max}$
$A_m \Rightarrow M_B = 0 = A \cdot 1{,}48 - G \cdot 1{,}06$,
$A_m = \dfrac{700\,N \cdot 1{,}06\,m}{1{,}48\,m} = 501{,}35\,N$

B_m aus $\Sigma V = 0$ $B_m = G - A_m = 700 - 501{,}35 =$
$= 198{,}65\,N = B_m$

$A_o = M_B = 0$; $A_o = \dfrac{700\,N \cdot 0{,}73\,m}{1{,}48} = 345{,}27\,N$

$B_o = G - A_o = 700 - 345{,}27 = 354{,}73\,N$

$M_1 = A_m \cdot 0{,}42\,m = 501{,}35\,N \cdot 0{,}42\,m = 210{,}6\,Nm$

$M_2 = A_o \cdot 0{,}77\,m = 345{,}27\,N \cdot 0{,}77\,m = 265{,}9\,Nm$
$= M_{max}$

Aufgabe b:

zeichnerische Lösung ist wesentlich einfacher!
Aus dem Krafteck ergeben sich die Kräfte
$A_u = G = 700\,N = A_{max}$
$A_m = 524{,}9\,N$
$A_o = 380{,}1\,N$
$B_u = 0$
$B_m = 193{,}5\,N$
$B_o = 370{,}8\,N$

Momente in
$M_A = 0$
$M_1 = A_m \cdot a_m =$
$= 524{,}9\,N \cdot 0{,}256\,m =$
$= 133{,}77\,Nm = M_{max}$
$M_2 = A_o \cdot a_o =$
$= 380{,}1\,N \cdot 0{,}127\,m =$
$= 48{,}27\,Nm$
$M_3 = 0$

Beispiele – Auflagerkräfte und Momente
5. Aufgabe: Absperrung mit einer Kette

Aufgabe: Es ist eine Absperrung gegeben, die üblicherweise dazu dient, Passanten am Verlassen des Gehweges zu hindern. Dazu sind in einem Abstand von 2 m senkrechte Rohre eingelassen, zwischen die eine Kette gehängt ist. Die Aufhängungspunkte dieser Kette befinden sich 90 cm über dem Fußboden.

Frage: Ist es möglich, daß sich in Kettenmitte ein Kind daraufsetzt, das 25 kg wiegt, ohne daß die Kette reißt und ohne daß sich die Stahlrohre verbiegen? Die Kette kann mit 2 kN auf Zug belastet werden. Die Stahlrohre haben ein Widerstandsmoment von 4,64 cm³. Die Kette ist so gespannt, daß sie in der Mitte 15 cm gegenüber ihren Aufhängungspunkten durchhängt.

Lösung:

Hier ist die rechnerische Lösung einfacher als die zeichnerische.

1. Es muß der Winkel ermittelt werden, der zwischen der Horizontalen und der gestrafften Kette sich einstellt, damit das Gewicht G in die beiden Seilkräfte S1 und S1 zerlegt werden kann.

2. Die Seilkräfte S1 und S2 sind kleiner als die höchstzulässige Kraft, die die Kette aufnehmen kann, daher reißt die Kette nicht.

3. Das größte Moment für das Rohr tritt in den Punkten 1 oder 2 auf. Die Momente ergeben sich aus der Seilkraft mal dem zugehörigen Hebelarm a. Der Hebelarm a läßt sich mittels des Winkels berechnen.

4. Aus der Festigkeitslehre folgt, daß das erforderliche Widerstandsmoment 10,7 cm³ betragen muß. Dieser Betrag ist wesentlich größer, als der des angegebenen Rohres. Das Rohr hält also die Belastung nicht aus - es knickt.

5. Abhilfe kann dadurch geschaffen werden, daß bei einer gleichbleibenden Seilkraft S der Hebelarm verkürzt wird. Dazu ist es erforderlich, das maximal mögliche Moment, das sich aus dem vorhandenen Widerstandsmoment und der höchstzulässigen Spannung ergibt, zu kennen, um daraus eine Höhe a zu gewinnen.

6. Eine elegantere Lösung ist es, die Neigung (den Durchhang) der Kette so zu verstellen, daß sich die Seilkraft entsprechend reduziert. Es steht das maximal mögliche Moment mit 650 Nm aus Punkt 5 fest. Außerdem bleibt das Gewicht des Kindes mit 25 kg und die Aufhängehöhe mit 90 cm erhalten. Aus einfachen mathematischen Zusammenhängen ergibt sich der neue Winkel zwischen der Horizontalen und der gespannten Kette mit ca. 19°.

7. Wenn man es ganz genau nehmen will, so läßt sich nun noch die Verlängerung der Kette berechnen.

8. Wenn die Stablänge und die Aufhängung der Kette beibehalten werden soll, dann ist es notwendig dickere Rohre mit einem größeren Widerstandsmoment zu verwenden.

Beispiele – Auflagerkräfte und Momente
5. Aufgabe: Absperrung mit einer Kette
T-B1.52

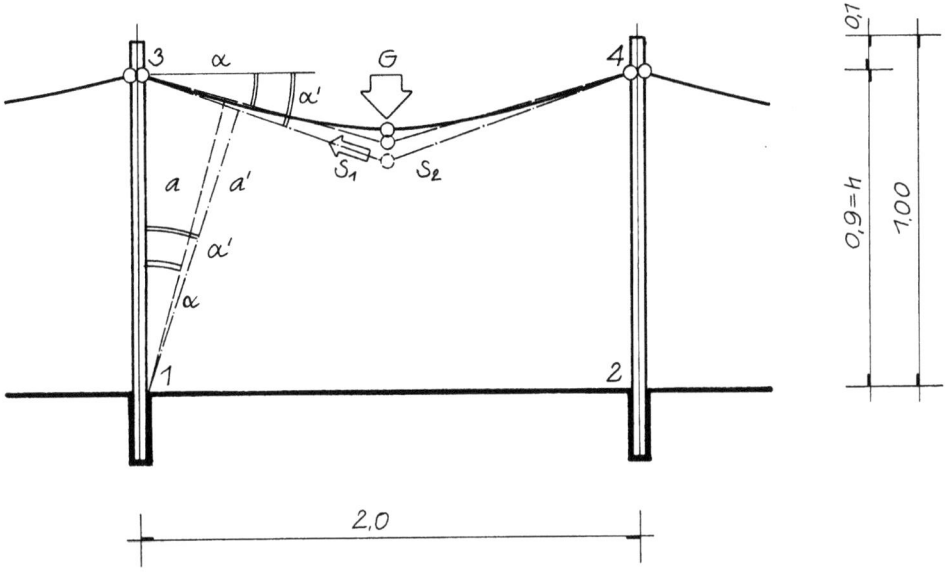

zeichnerische Lösung
nur teilweise möglich, nach derselben Weise wie bei der Kette zwischen den Betonblöcken. (T-B 3.1)

rechnerische Lösung

1. $\alpha = ?$, Dreieck mit den beiden Katheten 100 cm und 15 cm,
$\tan\alpha = \frac{15}{100} = 0{,}15$; $\alpha = 8{,}5°$

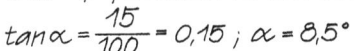

2. Zerlegung von G in S_1 und S_2
$S_1 = S_2 = \frac{250\,N}{\tan 8{,}5°} = \frac{250}{0{,}15} = 1666\,N$;
$S_1 = S_2 = 1{,}66\,kN \sim 1{,}7\,kN < 2{,}0\,kN \Rightarrow$ die Kette reisst nicht

3. Momente in den Punkten 1 und 2
$a = \cos 8{,}5° \cdot 0{,}9\,m = 0{,}89\,m$; $M_1 = M_2 = 1{,}7\,kN \cdot 0{,}89\,m = 1{,}5\,kNm$
($\sim 1500\,Nm$, $1\,500\,000\,Nmm$)
$W = \frac{M}{\sigma}$; $W_{erf} = \frac{1\,500\,000}{140} = 10\,700\,mm^3 \sim 10{,}7\,cm^3 > 4{,}64\,cm^3$
$\Rightarrow$ das Rohr knickt und hält nicht

4. Verkürzen von $h \Rightarrow h'$, $\max M_1' = W \cdot \sigma = 4{,}640\,mm^3 \cdot 140\,N/mm^2 =$
$= 649\,600\,Nmm \sim 0{,}65\,kNm = M_1'$; $F = 1700\,N$; $A' = \frac{650}{1700} = 0{,}38\,m$

5. Neigung der Kette so verstellen, dass $\overline{M_1} \Rightarrow \overline{S_1}$; $\overline{M_1} \leq M'$
$\overline{M} = \overline{S_1} \cdot a'$; $\overline{S_1} = \frac{250\,N}{\sin\alpha'}$; $a' = 0{,}9\,m \cdot \cos\alpha'$
$\overline{M} = \frac{250}{\sin\alpha'} \cdot 0{,}9\,m \cdot \cos\alpha' = 650\,Nm$

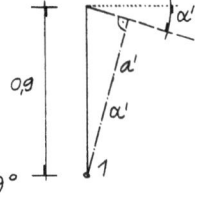

$\frac{\cos\alpha'}{\sin\alpha'} = \frac{650\,Nm}{250\,N \cdot 0{,}9\,m} = 2{,}88$; $\tan\alpha' = \frac{1}{2{,}88} = 0{,}346 \Rightarrow \alpha' = 19°$

6. Kettenlänge
Stich $s = \tan 19° \cdot 1{,}00 = 0{,}344\,m$; $l'/2 = \frac{100}{\cos\alpha'} = 1{,}05\,m$

alte Kettenlänge $l/2 = \frac{100}{\cos\alpha} = 1{,}01\,m$; dies bedeutet eine Verlängerung der Kette

T-B 2.11 Beispiele — Probleme der Standsicherheit
1. Aufgabe: Absperrung mit einer Kette

Gegeben ist in ähnlicher Weise wie bei der Aufgabe T-B 2.1 eine Absperrung, diesmal kann man sich jedoch vorstellen, daß sie dazu dient z.B. Autos davon abzuhalten, auf einer Freifläche zu parken. Sie besteht aus Betonprismen mit quadratischem Querschnitt, die in einem lichten Abstand von 1,50 m aufgestellt sind. Zwischen diesen Betonprismen ist wiederum eine Kette eingehängt. Der Angriffspunkt der Kette befindet sich 60 cm über dem Boden. Das spezifische Gewicht des Betons beträgt 25 kN/m^3. In die Kettenmitte kann sich ein Kind setzen, das 40 kg wiegt.

Frage: Kann der Betonblock unter dieser Belastung kippen oder auf der Unterlage gleiten ? Der Reibungswinkel zwischen Beton und Fußbodenbelag beträgt 30°.

Lösung:

Die Aufgabe kann sowohl zeichnerisch als auch rechnerisch gelöst werden.

Zeichnerische Lösung:

1. In der Zeichnung ist angegeben, daß die gespannte Kette zur Horizontalen einen Winkel von 30° annimmt. Daraus ergibt sich, daß die beiden Seilkräfte S1 und S2 gleichgroß sind wie die Kraft F. (F entspricht dem Gewicht des Kindes.)

2. Aus dem spezifischen Gewicht des Betons und Volumen des Betonkörpers ergibt sich das Gewicht mit 1.900 N.

3. In einem Krafteck kann nun die Resultierende aus G und der Seilkraft S gebildet werden. Sie schließt mit der senkrechten Kraft G den Winkel β ein.

4. Aus der vergrößerten Maßstabszeichnung des Betonquerschnittes geht hervor, daß der Schnittpunkt zwischen der Wirkungslinie von S2 und von G (diese verläuft durch den Schwerpunkt der Rechtecksfläche) der Punkt 3 ist. Durch den Punkt 3 verläuft die Wirkungslinie der Resultierenden im System.

5. Die Resultierende, bzw. ihre Wirkungslinie trifft im Punkt 4 auf die Bodenfuge. Diese ist nach der Zeichnung 5,5 cm von der Kippkante entfernt.

   Der Betonkörper kippt nicht !

6. Der Reibungswinkel ist wesentlich größer, als jener den die Resultierende mit der Lotrechten bildet. Ohne rechnerische Überprüfung läßt sich sagen, daß der Betonkörper auf dem Fußbodenbelag nicht gleitet.

Rechnerische Lösung:

1. Für die Standsicherheit ist sowohl das Kippmoment als auch das Standmoment zu bilden. Das Standmoment Ms ist gleich dem Gewicht des Betonkörpers G mal der halben Breite des Quadrates.

   Das Kippmoment Mk ist gleich der Seilkraft S mal dem Hebelsarm a. Der Hebelsarm ist aus dem Winkel und der Angriffshöhe der Kette zu berechnen.

2. Standsicherheit
   Das Standmoment ist größer als das Kippmoment; der Betonblock kann nicht kippen.

3. Kippsicherheit
   Die Kippsicherheit ist Quotient aus dem Standmoment geteilt durch das Kippmoment. Der ergibt sich im vorliegenden Fall mit 1,507 - dieser Wert ist größer als 1,5 - daher ist die Kippsicherheit gegeben. (In dem vorliegenden Falle wäre keine Kippsicherheit erforderlich, da es sich um keinen Hochbau im eigentlichen Sinne handelt.)

4. Gleitsicherheit
   Die Gleitsicherheit ergibt sich aus dem Quotienten des tan φ geteilt durch den tan β mit 3,52 - dieser Wert ist wesentlich größer als 1,5 - daher gleitet der Betonkörper nicht.

Am Schluß der Betrachtung sind noch zwei Zusatzfragen gestellt, deren Lösung nicht näher beschrieben ist. Der geneigte Leser möge dies als kleine Übungsaufgabe betrachten.

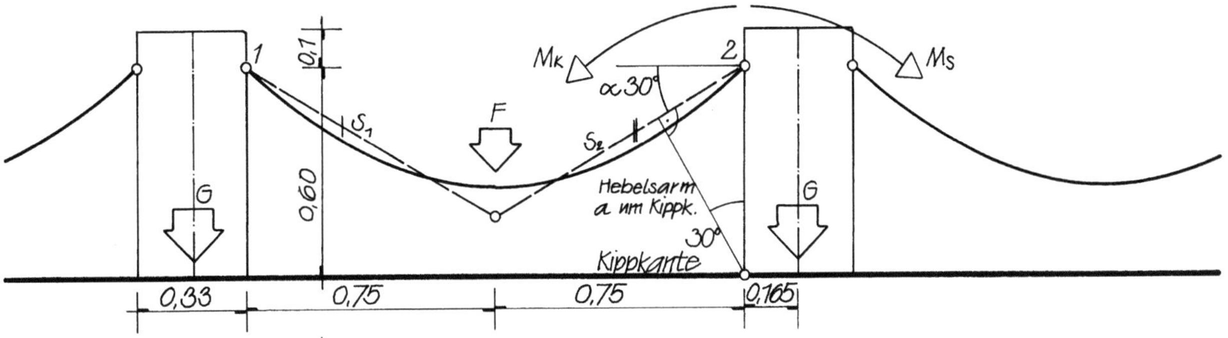

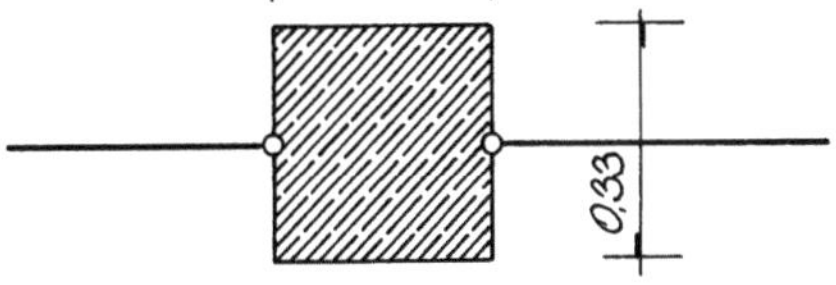

Beispiele – Probleme der Standsicherheit
1. Aufgabe: Absperrung mit einer Kette
T-B 2.12

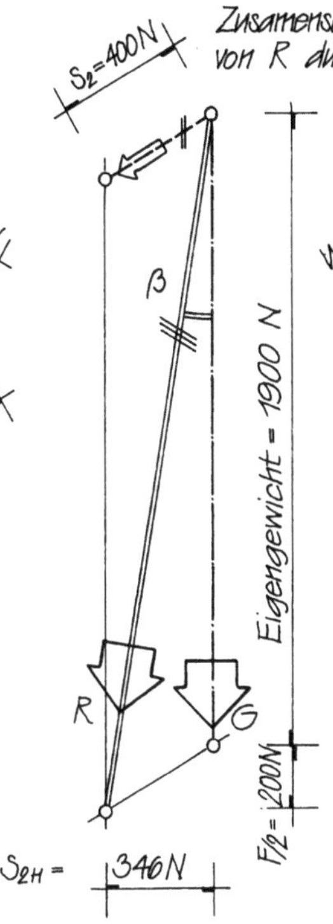

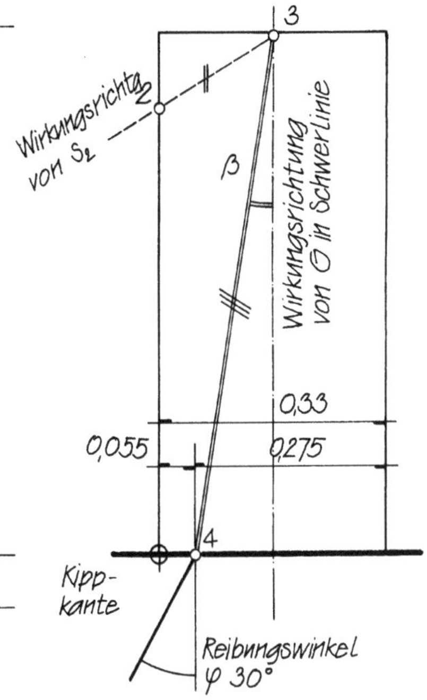

zeichnerische Lösung
Eigengewicht
$0{,}33 \cdot 0{,}33 \cdot 0{,}7 \cdot 25 \; [m \times m \times m \times kN/m^3] =$
$1{,}9 \, kN$ oder $1900 \, N$

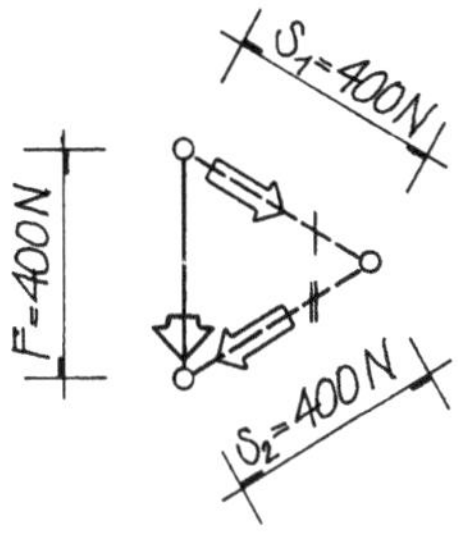

Zerlegung von F in S_1 und S_2
da $\alpha = 30° \Rightarrow 2\alpha = 60°$ gleichs. Dreieck
$\Rightarrow F = S_1 = S_2$

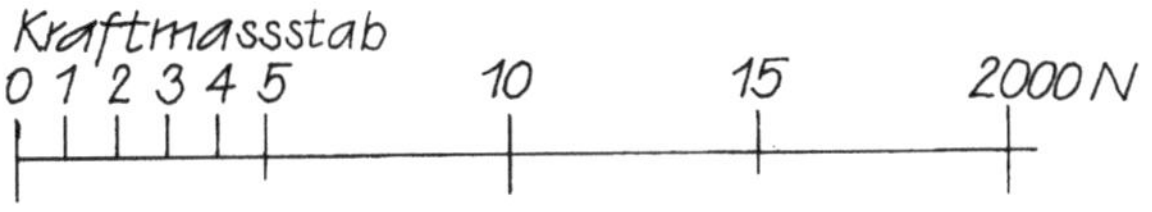

Kraftmassstab
0 1 2 3 4 5   10   15   2000 N

rechnerische Lösung

Eigengewicht $1{,}9 \, kN \Rightarrow$ verursacht Standmoment $M_S = 1{,}9 \, kN \cdot 0{,}165 \, m = 0{,}3135 \, kNm \sim 0{,}31 \, kNm$
S_2 in der Kette $= 0{,}4 \, kN \Rightarrow$ verursacht Kippmoment $M_K = S_2 \cdot a$
  Hebelsarm: $a = \tfrac{1}{2} \cdot 0{,}6 \, m \cdot \sqrt{3} = 0{,}52 \, m$ (aus der Höhe im gleichseitigen Dreieck)
  $M_K = S_2 \cdot a = 0{,}4 \, kN \cdot 0{,}52 \, m = 0{,}208 \, kNm \sim 0{,}2 \, kNm$

Standsicherheit $M_K < M_S$! $M_K = 0{,}2 \, kNm < M_S = 0{,}31 \, kNm \Rightarrow$ der Block kippt nicht!
Kippsicherheit $\Rightarrow$ Quotient aus M_S und M_K
Kippsicherheit $= \dfrac{M_S}{M_K} = \dfrac{0{,}31}{0{,}20} = 1{,}507 > 1{,}5$ Die Kippsicherheit ist gegeben.

in diesem Falle wäre die Kippsicherheit nicht erforderlich – kein Hochbau.

Gleitsicherheit: Quotient aus $\tan \varphi$ und $\tan \beta$ muss $> 1{,}5$ sein.
$\beta \Rightarrow \cot \beta = (1{,}9 + 0{,}2) : 0{,}346 = 8{,}8953 \Rightarrow \beta = 9{,}35° \Rightarrow \tan \beta = 0{,}164$
  $S_{2H} = 0{,}4 \, kN \cdot \tfrac{1}{2} \cdot \sqrt{3} = 0{,}346 \, kN$

Gleitsicherheit: $\dfrac{\tan 30°}{\tan 9{,}35°} = \dfrac{0{,}57735}{0{,}164} = 3{,}52 \gg 1{,}5$

Zusatzfrage
Kettenlänge $= 1{,}50 / \sqrt{3} \cdot 2 = \sqrt{3} = 1{,}732 \, m$
  $s/2 = 0{,}866 \, m$
F'' die Kraft, die beide Blöcke kippt $= 603 \, N$
F' die Kraft die den Block im angekippten Zustand hält $= 483 \, N$
$\alpha' = 42{,}84°$; $\gamma = 11°$; $e = 0{,}09547 \, m$.

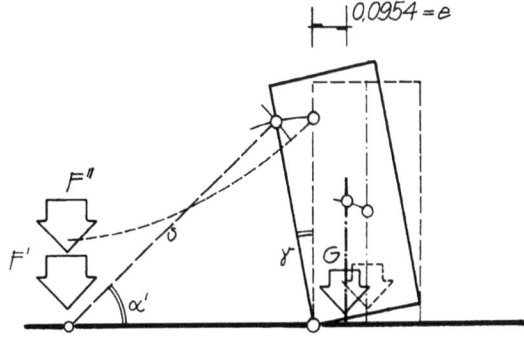

T-B 2.21 Beispiele – Probleme der Standsicherheit
2. Aufgabe: Leiter

Gegeben ist eine normale Leiter, die am Fußboden aufgestellt, sich unter einem Winkel von 60 Grad gegen die Wand lehnt. Die Leiter wird von einem Menschen bestiegen, der 75 kg wiegt. Der Reibungswinkel zwischen Leiterfuß und Fußboden beträgt 22°.

Frage: Auf welcher Leitersprosse stehend wird die Auflagerkraft A (unteres Auflager) am größten? Unter welcher Neigung darf die Leiter an die Wand gelehnt werden, sodaß auf der obersten Sprosse stehend noch die Gleitsicherheit von 1,5 gewährleistet ist?

Lösung:

1. Für die Leiter wird vereinfachend angenommen, daß an dem oberen Auflagerpunkt (Auflager B) keine Reibungskräfte übertragen werden. Das Auflager kann daher als beweglich angenommen werden und es treten nur Auflagerkräfte mit einer Wirkungslinie senkrecht auf die Wandfläche auf.

2. Die Aufgabe heißt wieder Zerlegung einer Kraft (Gewicht des Menschen G) in zwei Kraftrichtungen, wobei die eine durch die vorgegebene Wirkungslinie des Auflagers B gegeben ist.

3. Aus dem Krafteck wird ersichtlich, daß der Mensch, wenn er auf der untersten Sprosse steht, die geringste Auflagerkraft A und auch geringste Auflagerkraft B verursacht. Wenn der Mensch die höchste Sprosse, die er betreten kann, erreicht hat, bewirkt er die Auflagerkraft A5 und die Auflagerkraft B5.

4. Wenn der Mensch auf der obersten Sprosse steht, schließt die Auflagerkraft A5 mit der Vertikalen den Winkel γ_5 ein. Dieser Winkel beträgt, wenn man ihn aus der Zeichnung abliest, ca. 27°. Er ist größer als der angegebene Reibungswinkel, daher beginnt die Leiter in diesem Zustand zu gleiten.

5. Aus der Gleitsicherheit ergibt sich, daß der Winkel γ 15° nicht überschreiten darf.

6. Aus der Geometrie ergibt sich, daß der geometrische Ort aller Kräfteschnittpunkte bei einem variablen Winkel eine Ellypse ist.

7. Aus der Ellypsenfunktion und der Gleitsicherheit leitet sich ab, daß die Leiter höchstens unter einem Winkel von 73° an die Wand angelehnt werden darf, wenn die geforderte Gleitsicherheit erhalten sein soll.

Beispiele – Probleme der Standsicherheit
2. Aufgabe: Leiter
T-B 2.22

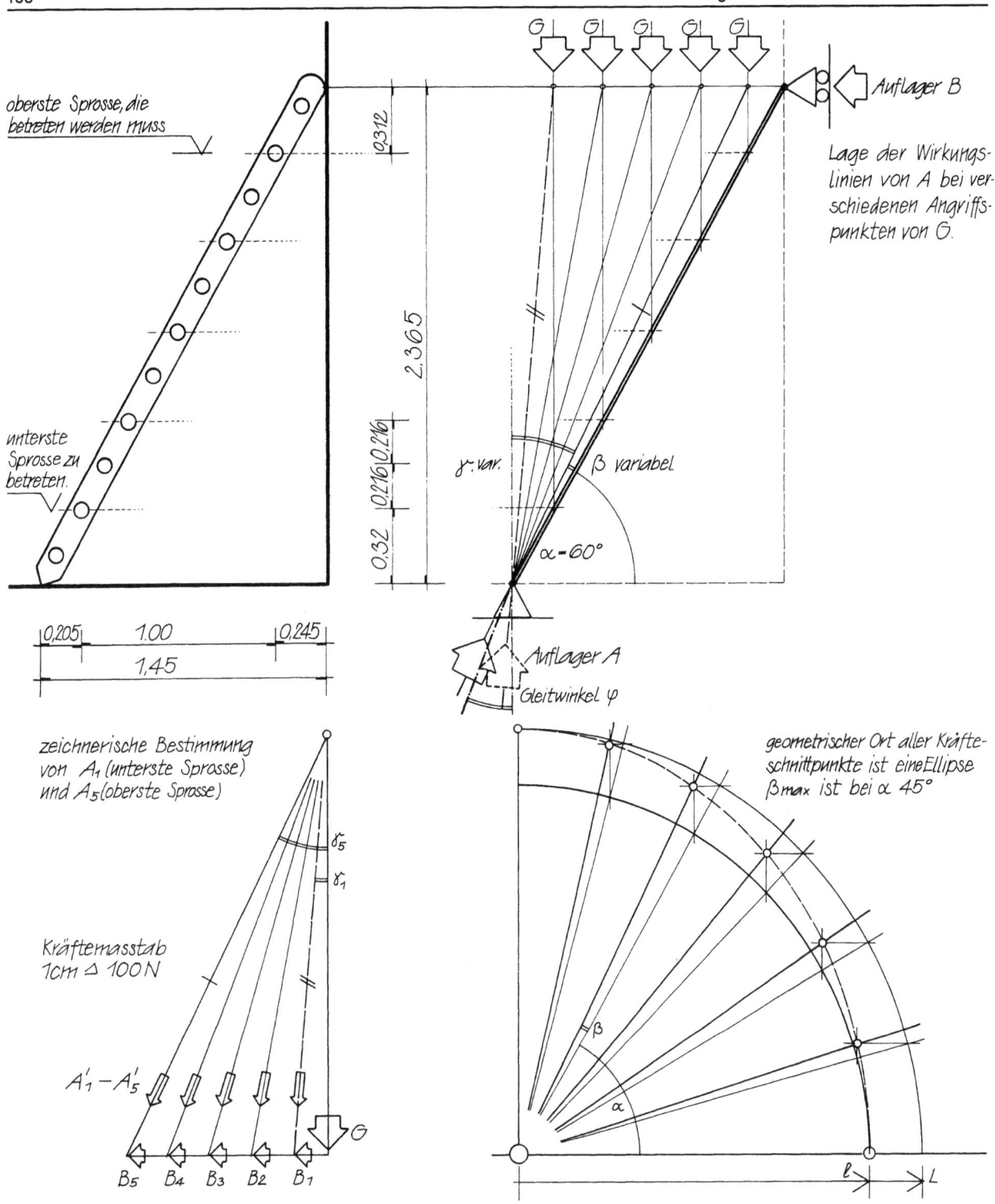

Auflagerkraft A_1 (unterste Sprosse) $\tan\gamma_1 = \dfrac{0{,}205}{2{,}365} = 0{,}0867 \rightarrow 4{,}95 \sim 5° = \gamma_1$; in gleicher Weise $\gamma_5 = 27°$

A_5 (oberste Sprosse)

$A = G/\cos\gamma$ $\quad A_1 = G/\cos\gamma_1 = 750\,N/0{,}9962 = 753\,N$, $A_5 = A_{max} = 750\,N/\cos\gamma_5 = 841{,}7 \sim 842\,N$

Gleitsicherheit, $\tan\varphi/\tan\gamma \leq 1{,}5$; $\varphi = 22° \Rightarrow \tan\varphi = 0{,}404$; $\tan\gamma = \tan\varphi/1{,}5 = 0{,}269 \Rightarrow \gamma = 15°$

aus der Ellipsenfunktion $\Rightarrow \tan\beta = \dfrac{\sin\alpha \cdot \cos\alpha \cdot (L-\ell)}{\ell + \sin^2\alpha \cdot (L-\ell)}$; $\Rightarrow \beta$; weiter $90° - (\alpha + \beta) = \gamma$

$\gamma = 15° \Rightarrow \alpha + \beta = 75°$; $\beta \sim 2°$ daher $\alpha = 75° - 2° = 73°$, die Leiter darf bei $\varphi = 22°$ und einer wünschenswerten Gleitsicherheit von 1,5 nur unter $73° = \alpha$ an die Wand angelehnt werden.

T-B 2.31 Beispiele – Probleme der Standsicherheit
3. Aufgabe: Stehlampe

Gegeben ist der Entwurf einer Stehlampe mit schwenkbarem Ausleger. Die Maße sind in der Zeichnung angegeben. Der Schwenkarm ist vertikal um ein Gelenk in jeder beliebigen Richtung verstellbar. Das Gewicht des Auslegers einschließlich des Lampenkopfes beträgt 1,5 kg und greift in dem Schwerpunkt S1 an. Das Gewicht des senkrechten Stabes beträgt 3 kg und greift in dem Schwerpunkt S2 an.

Frage: Der Lampenfuß soll aus einem Naturstein hergestellt werden, der eine quadratische Bodenfläche aufweist. Das spezifische Gewicht des Natursteins beträgt 18 kN/m. Welche Höhe muß der Natursteinfuß haben, sodaß eine zweifache Kippsicherheit gewährleistet ist? Wieweit kann sich die Lampe zur Seite neigen, bis sie den Zustand der Stabilitätsgrenze erreicht, wenn einmal der Lampenausleger in 1,70 m Höhe angebracht ist und einmal in 0,50 m Höhe?

Lösung:

1. Für das Standmoment (Ms) ist außer dem Gewicht des vertikalen Lampenstabes auch das des Natursteinfußes ausschlaggebend, das wir wegen der fehlenden Höhe noch nicht berechnen können.

2. Das größte Kippmoment ist aus dem Lampenausleger bestimmbar und ergibt sich aus G1 mal dem Hebelsarm von 0,5 m und ist 7,5 Nm.

3. Aus der zweifachen Kippsicherheit ergibt sich, daß das Standmoment (Ms) doppelt so groß wie das Kippmoment sein muß, also 15 Nm betragen muß.

4. Daraus läßt sich das Gewicht G3 (Gewicht des Natursteinfußes) rechnen. Aus dem spezifischen Gewicht ergibt sich das Volumen, aus dem sich bei einer vorgegebenen Grundfläche die Höhe berechnen läßt. Diese beträgt rund 17 cm.

5. Aus den Schwerpunktsbestimmungen (siehe Blatt T-06) kann die Lage der beiden Schwerpunkte (Ausleger oben und Ausleger unten) bestimmt werden.

6. In der Zeichnung läßt sich dann der Zustand feststellen, bei dem der Schwerpunkt gerade über der Kippkante liegt.

7. Aus einfachen geometrischen Zusammenhängen lassen sich auch die Winkel für die gefragte Lage der Stabilitätsgrenze berechnen.

Beispiele – Probleme der Standsicherheit
3. Aufgabe: Stehlampe

T-B 2.32

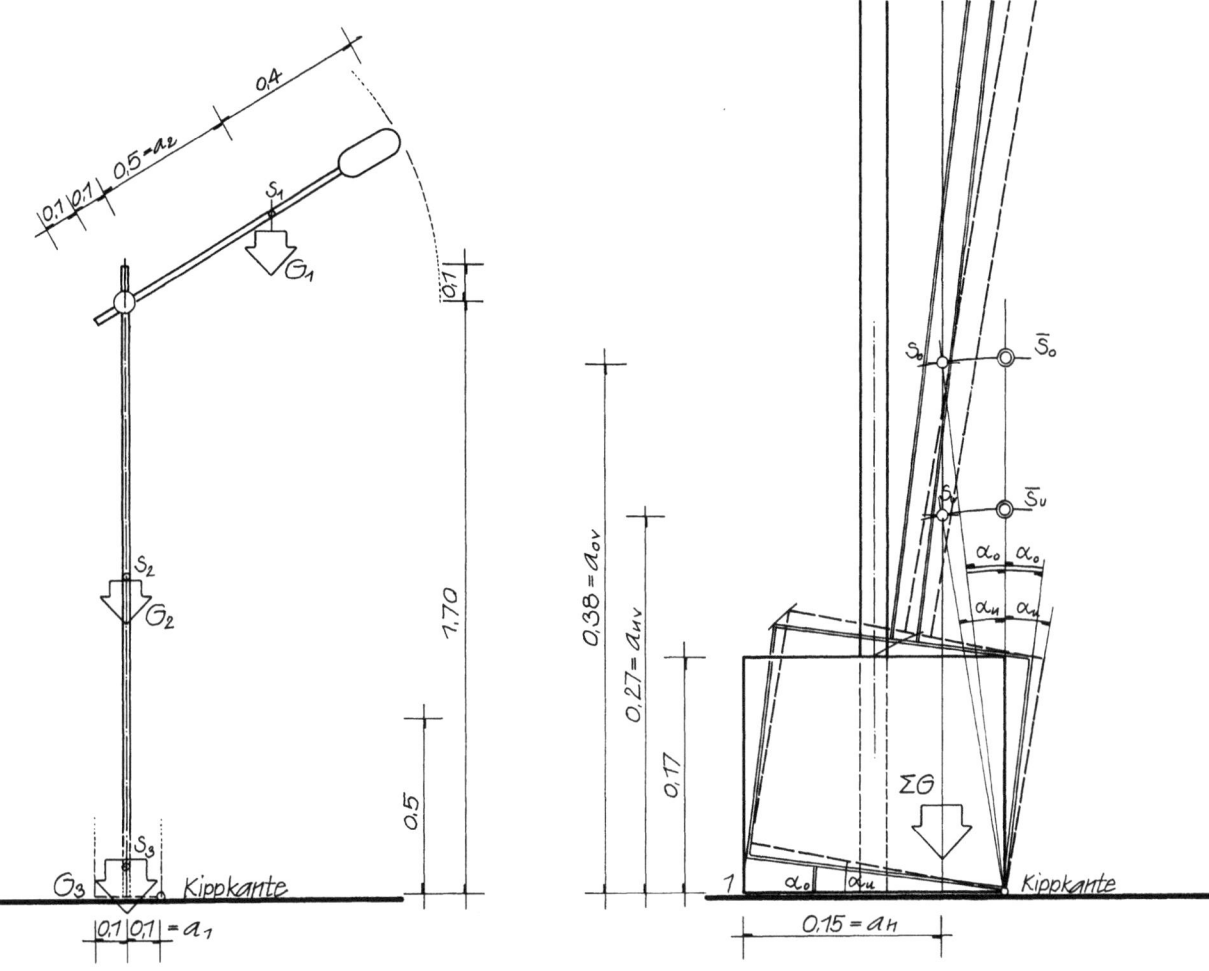

Kippsicherheit ≥ 2! dies bedeutet $\frac{M_S}{M_K} \geq 2$ oder $|M_S| = |2 M_K|$

Standmoment $M_S = -(G_2 + G_3) \cdot$ Hebelarm $a_1 = -(30N + G_3) \cdot 0,1m$
Kippmoment $M_K = G_1 \cdot$ Hebelarm $a_2 = 15N \cdot 0,5m = 7,5 Nm$; $|M_S| = |2 M_K| = 15 Nm$
$M_S = 15 Nm = (30N + G_3) \cdot 0,1$; $3 Nm + 0,1m \cdot G_3 = 15 Nm$; $0,1m \cdot G_3 = 12 Nm$; $G_3 = 120 N$
$G_3 = \gamma \cdot V$; Volumen $V = 0,2m \cdot 0,2m \cdot h$; $G_3 = 18000 N/m^3 \cdot 0,2m \cdot 0,2m \cdot h$
oder aus $G_3 = 120 N = 720 N/m \cdot h \Rightarrow h = 120N : 720 N/m = 0,1667m \sim 0,17m$

Lage von S_o und S_u Abstand horizontal zu 1 aus der Beziehung $\frac{G_1 \cdot (a_2 + 0,2) + G_2 \cdot 0,1 + G_3 \cdot 0,1}{\Sigma G}$
(siehe T-O.6)

$a_h = \dfrac{15N \cdot 0,7m + 30N \cdot 0,1m + 120N \cdot 0,1m}{15N + 30N + 120N} = \dfrac{10,5 Nm + 15 Nm}{165 N} = \dfrac{25,5 Nm}{165 N} = 0,154 \sim 0,15m$

$a_{ov} = \dfrac{120N \cdot 0,08m + 30N \cdot 0,9m + 15N \cdot 1,7m}{165 N} = 0,370 \sim 0,38 m$

$a_{uv} = \dfrac{120N \cdot 0,08m + 30N \cdot 0,9m + 15N \cdot 0,5m}{165 N} = 0,267 \sim 0,27 m$

Neigungswinkel α_o und α_u

$\tan \alpha_o = \dfrac{0,2 - a_h}{a_{ov}} = \dfrac{0,05}{0,38} = 0,1315 \Rightarrow \alpha_o = 7,5°$; $\tan \alpha_u = \dfrac{0,2 - a_h}{a_{uv}} = \dfrac{0,05}{0,27} = 0,1852 \Rightarrow \alpha_u = 10,5°$

T-B 2.41 Beispiele – Probleme der Standsicherheit
4. Aufgabe: Kaffeehaustisch

Gegeben sind zwei Kaffeehaustische. Beide haben eine runde Marmortischplatte des gleichen Druchmessers. Der "Alt-Wiener"-Kaffeehaustisch hat einen massiven Gußeisenfuß; das nachgemachte Produkt unserer Zeit ein Kreuzbein. Der alte Tisch wiegt 30 kg; der Neue 20 kg.

Frage: In der Zeichnung ist die Wirkungslinie einer Kraft angegeben, die den Tisch vertikal in der Nähe seines Randes belastet. Wie groß kann diese Kraft sein, sodaß der Tisch gerade zu kippen beginnt?

Lösung
für den alten Tisch:

1. Die zeichnerische Lösung ist in ähnlicher Weise vorzunehmen, wie parallel gerichtete Kräfte zu einer Resultierenden zusammengefaßt werden. Die Lage der Resultierenden ist bekannt. Sie muß durch die Kippkante verlaufen. Das Gewicht G wird nun in zwei Teilkräfte, nämlich 1 und 2, zerlegt, deren Wirkungslinien von dem Punkt 1 aus angetragen werden. Dabei schneidet die Wirkungslinie der Teilkraft 1 auf der Wirkungslinie der Resultierenden den Punkt 3 und die Wirkungslinie Teilkraft 2 auf der Wirkungslinie der unbekannten Kraft F den Punkt 2. Soll nun die Kraft G und F eine Resultierende in der vorgegebenen Lage der Kippkante ergeben, so muß die Schlußlinie die Verbindung der Punkte 2 und 3 sein. Diese Schlußlinie in die Polfigur übertragen, ergibt die Größe der Kraft F.

2. Aus der Tatsache, daß an der Stabilitätsgrenze des Tisches das Kippmoment gleich dem Standmoment sein muß, ist auf rechnerischem Wege die Größe der Kraft F leicht zu bestimmen.

Lösung
für den neuen Tisch:

1. Der Fuß ist nicht kreisrund und aus Gußeisen, sondern besteht aus vier Tragarmen, die an der Mittelsäule des Tisches befestigt sind. Daher liegt die Kippkante auf der Verbindungslinie zwischen den beiden Fußarmenden. Der Abstand e der Kippkante von der Mittelachse ist daher die Höhe eines gleichschenkeligen rechtwinkligen Dreieckes, dessen Schenkellänge 30 cm beträgt.

2. Die zeichnerische Lösung wird analog zu der durchgeführt, wie sie für den alten Tisch beschrieben wurde.

3. Auch für die rechnerische Lösung gilt, daß das Standmoment gleich dem Kippmoment sein muß - und daraus folgt auf einfache Art und Weise die Berechnung der Größe der Kraft F.

4. Es kann nun gefragt werden, welche Form das Fußgestell annehmen muß, wenn das Standmoment gleich groß sein soll wie bei dem alten Kaffeehaustisch. Aus der Rechnung folgt, daß dann das Fußgestell über die Tischkante vorstehen würde. Die damit weit nach außen verlagerte Kippkante würde eine sehr große Kraft bedingen, die dann den Tisch an die Stabilitätsgrenze bringt.

Beispiele – Probleme der Standsicherheit
4. Aufgabe: Kaffeehaustisch
T-B 2.42

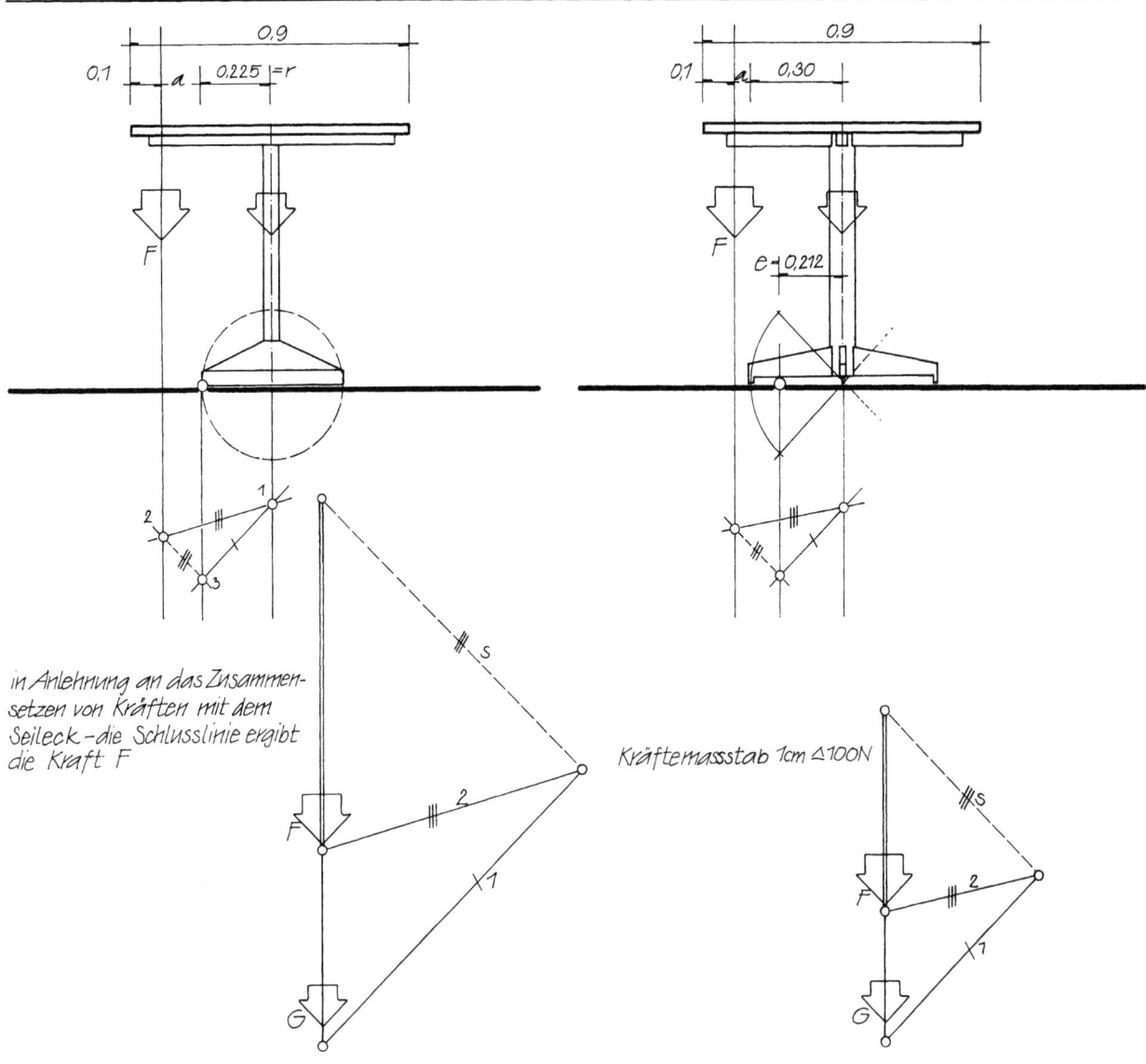

in Anlehnung an das Zusammensetzen von Kräften mit dem Seileck - die Schlusslinie ergibt die Kraft F

Kräftemassstab 1cm ≙ 100N

Kippmoment = Standmoment, $M_k = M_s$

alter Tisch: $G = 300\ N$

$M_s = G \cdot r = 300\,N \cdot 0{,}225\,m = 67{,}5\ Nm$
$a = 0{,}9\,m \cdot \frac{1}{2} - 0{,}225\,m - 0{,}1\,m = 0{,}125\,m$
$M_k = M_s = 67{,}5\ Nm = F \times a$
$ = F \cdot 0{,}125\,m$
$F = \dfrac{67{,}5\ Nm}{0{,}125\ m} = 540\ N$

neuer Tisch: $G = 200\ N$

Fussgestell ist ein Quadrat, daher e ≠ 0,30 m!
$e = 0{,}30 \cdot 1/\sqrt{2} = 0{,}212\ m$
$M_s = G \cdot e = 200\,N \cdot 0{,}212\,m = 42{,}4\ Nm$
$a = 0{,}9\,m \cdot \frac{1}{2} - 0{,}212\,m - 0{,}1\,m = 0{,}138\ m$
$M_k = M_s = 42{,}4\ Nm = F \cdot a = F \cdot 0{,}138\,m$
$F = \dfrac{42{,}4\ Nm}{0{,}138\ m} = 307{,}2 \sim 307\ N$

wenn M_s gleich gross sein sollte wie beim alten Tisch:
$M_s = G \cdot e' = 67{,}5\ Nm \Rightarrow e' = 67{,}5 : 200 = 0{,}337\,m$
$a' = e' \cdot \sqrt{2} = 0{,}337 \cdot \sqrt{2} = 0{,}477 \sim 0{,}48\,m$
der Fussteil würde über die Kante des Tisches vorstehen; kann der Tisch immer noch kippen?
$\bar{a} = 0{,}9\,m \cdot \frac{1}{2} - e' - 0{,}1\,m = 0{,}0125\,m$
daraus lässt sich ein F' berechnen zu:
$F' = \dfrac{67{,}5\ Nm}{0{,}0125\ m} = 5400\ N$,
man könnte also, ohne den Tisch zu kippen, sein gesamtes Körpergewicht an der Stelle abstützen.

T-B 2.51

Beispiele – Probleme der Standsicherheit
5. Aufgabe: Stühle

Auf diesem Blatt sind insgesamt sechs verschiedene Stühle in ihrer Seitenansicht dargestellt. Die Stühle a, b, c und e sind normale Stühle, wie sie zum alltäglichen Gebrauche immer wieder vorkommen. Die beiden Stühle d und f sind Schaukelstühle. Die erste Gruppe der Stühle wird immer an derselben Stelle durch ein Vertikalgewicht belastet, wobei der Mensch, der auf ihm sitzt, sich der Bequemlichkeit des Stuhles entsprechend auch an der Lehne abstützt.

Frage: Kann der Mensch, ohne daß er mit den Beinen sich gegen den Boden abstützt, alleine durch Gewichtsverlagerung auf die Rückenlehne hin, den Stuhl zum kippen bringen? Welcher der vier gezeichneten Stühle kippt am leichtesten rückwärts?

Lösung:

Alleine durch die Gewichtsverlagerung (stärkeres oder geringeres Anlehnen an die Rückenlehne), ohne daß die Füße eine zusätzliche Horizontalkraft auf das System (Stuhl) einbringen, ist ein Kippen nicht möglich. Ein verstärktes Anlehnen an den Rückenteil des Stuhles bewirkt lediglich Verformungskräfte innerhalb des Systemes (Der Winkel zwischen Sitzebene und Rückenlehne will sich vergrößern, was wohl aus dem Beispiel e am deutlichsten zu erkennen sein müßte.).
Erst durch ein Abstemmen der Füße gegen den Fußbodenbelag oder der Hände gegen ein anderes Möbelstück wird eine zusätzliche Horizontalkraft eingebracht, die den Stuhl zum Kippen nach rückwärts bringen kann. (In diesem Zusammenhang sei ausdrücklich vermerkt, daß es sich bei diesen Überlegungen ausschließlich um statisch wirkende Kräfte handelt und nicht um dynamische, die möglicherweise auch noch mit einem Kraftwechsel verbunden sein können.) Unter dieser Voraussetzung ist die Konstruktion des Stuhles für seine Kippfestigkeit maßgeblich. Der Abstand zwischen der Wirkungslinie der auf die Sitzfläche eingebrachten Kraft und den beiden hinteren Stuhlbeinen (Kippkante) bestimmt das Standmoment. Die Größe des Standmomentes ist bei gleichbleibender Kraft davon abhängig, wie groß der Hebelarm ist – je größer der Hebelarm, desto größer ist auch das Standmoment. Unter dieser Voraussetzung ist der Stuhl e der stabilste (obwohl er infolge der Elastizität des Stahlrohrgestelles bei der Benützung sehr deutlich spürbare Formänderungen aufweist.); danach folgt der Stuhl c, der durch seine ausgeschwungenen Stuhlbeine eine große Standfestigkeit aufweist; der Stuhl a hat durch seine gerade Form im Verhältnis dazu eine geringe Standfestigkeit; der Stuhl b, der zwar durch schräggestellte Stuhlbeine scheinbar relativ standfest aussieht, ist in der betrachteten Reihe der schlechteste.

Bei den Schaukelstühlen d und f wird eine dynamische Bewegung vorausgesetzt. Bei diesen Stühlen ist wegen der dynamischen Belastung ihre stabile Gebrauchsfähigkeit von besonderer Bedeutung. In beiden Fällen kann nun gefragt werden, wieweit der Benützer sowohl nach vorne als nach rückwärts schaukeln kann ohne daß der Stuhl die Stabilitätsgrenze erreicht. Dazu ist zusätzlich zu der Lage des Gewichtes die Lage des Schwerpunktes erforderlich, in dem dieses Gewicht angreift. Außerdem sind die Mittelpunkte O der Krümmungsradien bei den beiden Stühlen angegeben.

d Shaker-Stuhl
Bei diesem Stuhl liegt der Krümmungskreismittelpunkt der Schaukelkufe weit über dem Schwerpunkt. Dies ist grundsätzlich für einen sicheren Gebrauch des Schaukelstuhles erforderlich. Zwischen den Punkten 1 und 2 kann gefahrlos gependelt werden, ohne daß der Schaukelstuhl zu kippen beginnt. Erst dann, wenn die Verbindungsgerade zwischen S und 1' oder zwischen S und 2 in eine lotrechte Position gebracht würde, wäre die Stabilitätsgrenze erreicht. Es zeugt für die hohe Kunst des Möbelbaues der Shaker, daß der Zustand der Stabilitätsgrenze beim Rückwärtspendeln viel schwerer erreicht werden kann, als beim Pendeln nach vor.

Stuhl f
Dies ist ein Schaukelstuhl, aus den Wiener Werkstätten von Josef Hoffmann Schaukelkufe und Armlehne sind aus einem gleichförmigen Oval (Korbbogen aus acht Mittelpunkten) gebildet. Zwischen den Punkten 2 und 3 gilt das schon für den Stuhl d Gesagte, daß der Mittelpunkt des Kreisbogens über dem Schwerpunkt zu liegen kommt. Ein völlig stabiles Pendeln ist daher möglich. Aber auch die Bereiche zwischen den Punkten 1 und 2 sowie 3 und 4 sind noch stabil, da hier der Schwerpunkt nie über der Kippkante zu liegen kommt. Eine Schaukelhemmung in der Nähe der Punkte 1 und 4 wäre also für diesen Stuhl angebracht.

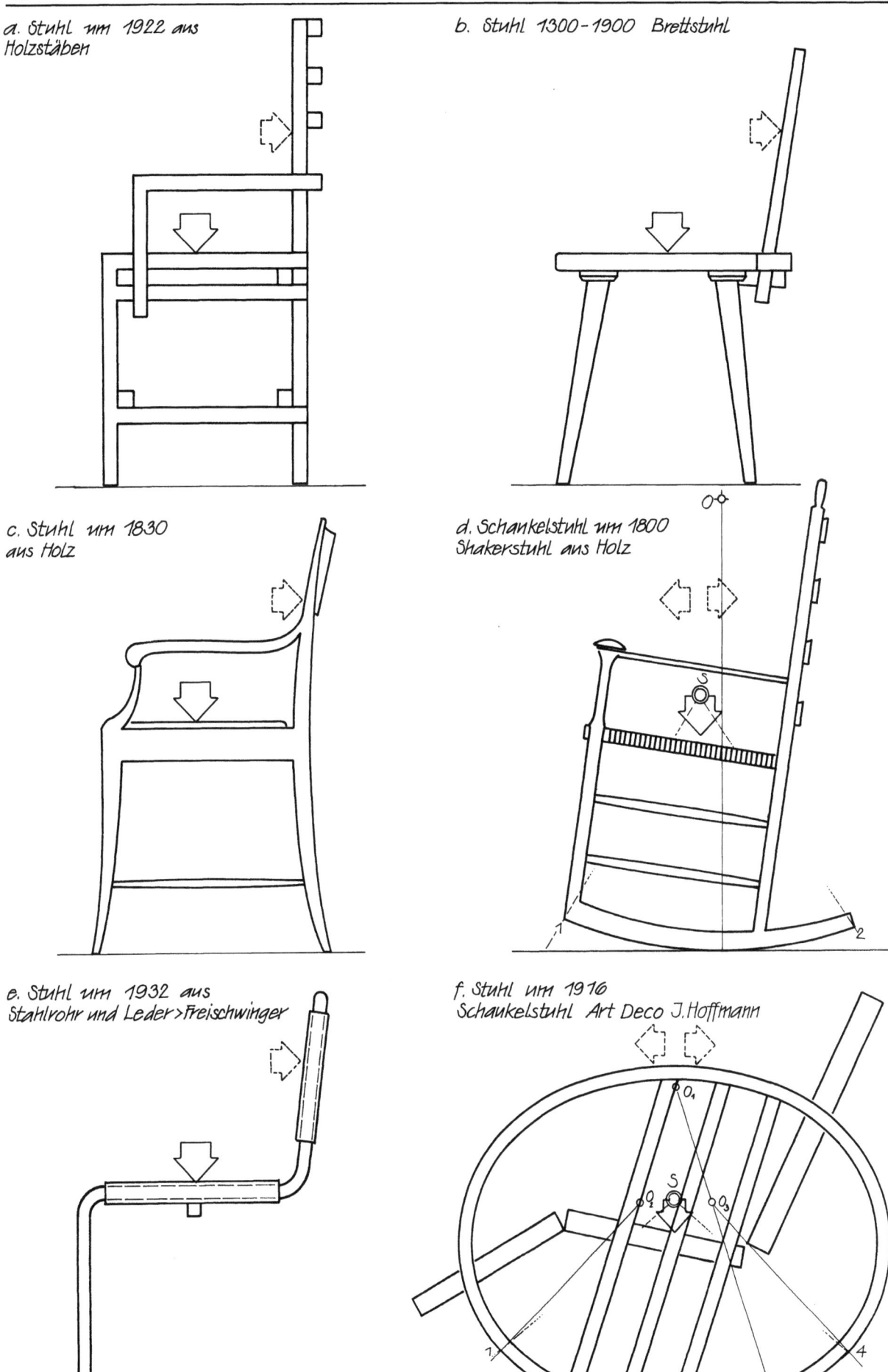

T-B 3.11 Beispiele – Aussteifungsprobleme
1. Aufgabe: Bettgestelle

Auf diesem Blatt sind zwei grundlegend unterschiedliche Konstruktionen dargestellt, wie Betten aus vier Teilen zusammengebaut werden können.

Aufgabe 1

In dieser Aufgabe stehen die beiden Betthäupter mit ihren Füßen am Fußboden und die beiden seitlichen Wangen sind in die Betthäupter eingehängt. Der Lattenrost (Träger der Matratze) liegt seitlich an den Wangen auf. Das Gewicht des Schläfers wird über den Lattenrost auf die beiden seitlichen Wangen übertragen, die wiederum die Betthäupter belasten.

Frage: Welche Beanspruchung muß der Beschlag aufnehmen, der die Seitenteile mit den Betthäuptern verbindet?

1. Der Beschlag muß die Vertikalkräfte aus dem Gewicht von der Wange in das Betthaupt einleiten (Scherkräfte).

2. Durch die Benützung treten an der Verbindungsstelle Momente auf, die sowohl nach links als auch nach rechts drehen können. Dies bedeutet, daß sowohl an der Ober- als auch an der Unterseite der Verbindung wechselweise Zug- und Druckkräfte aufzunehmen sind.

3. In den Wangen können Beulungen und Verdrehungen auftreten (Träger mit sehr großer Schlankheit), die durch den Beschlag unterbunden werden müssen. Es sind also nicht nur vertikale Scherkräfte zu erwarten, sondern auch horizontale.

4. Die Querversteifung des Bettes wird durch die steife Scheibe der Betthäupter gewährleistet.

Aufgabe 2

Hier ist das Bettgestell auf ganz andere Weise konstruiert; die Füße befinden sich unter den seitlichen Wangen und die Betthäupter sind in die Wangen eingehängt. Der Vorteil dieser Konstruktion liegt wohl darin, daß der Lattenrost direkt auf den Füßen aufliegt und so die Vertikalkräfte aus dem Gewicht das Bettgestell nicht weiter belasten.

Frage: Welche Beanspruchungen muß der Beschlag aufnehmen, der die Seitenteile mit Kopf- und Fußteil verbindet?

1. Der Beschlag wird durch das Gewicht des Kopfteiles auf Abscherung belastet. Die Einleitung der Kräfte erfolgt jedoch in umgekehrter Weise wie bei Aufgabe 1.

2. Auch in diesem Fall werden durch die Benutzung des Bettes Momente zu übertragen sein, die sowohl im Sinne als auch gegen den Sinn des Uhrzeigers drehen. Wie bei Aufgabe 1 muß der Beschlag an der Ober- und Unterseite der Verbindung wechselweise Zug- und Druckkräfte aufzunehmen in der Lage sein.

3. Die Längsstabilität, die in Aufgabe 1 durch die Übertragung der Momente im Beschlag gewährleistet war, wird in diesem Fall durch die festen Rahmen (mit Wangen und Füßen) übernommen.

4. Die Seitenstabilität übernimmt auch in diesem Fall die steife Scheibe der Betthäupter. Da diese aber nicht auf dem Fußboden steht, müssen die Stabilisierungskräfte durch den Beschlag aufgenommen werden. In viel stärkerem Maße als bei Aufgabe 1 muß der Beschlag auch horizontale Scherkräfte aufnehmen.

Beispiele – Aussteifungsprobleme
1. Aufgabe: Bettgestelle — T-B 3.12

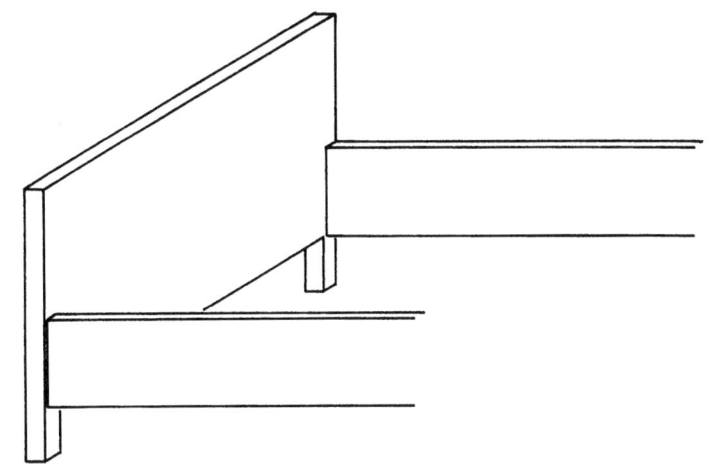

Aufgabe 1

Bettgestell aus zwei Betthäuptern, die mit Füssen auf dem Fussboden stehen. An diesen Kopf- bzw Fussteilen sind die seitlichen Wangen befestigt.
Welche Beanspruchungen muss der Beschlag aufnehmen, der die Seitenteile mit den Betthäuptern verbindet?

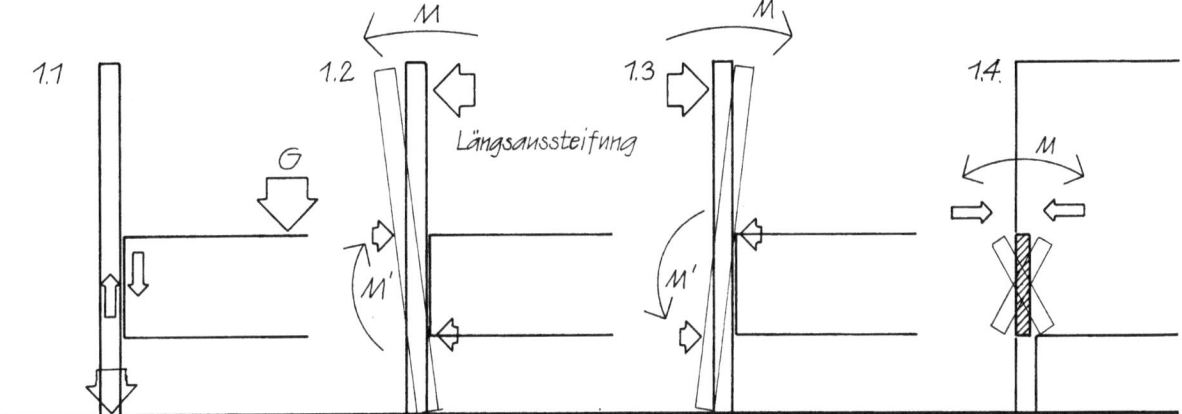

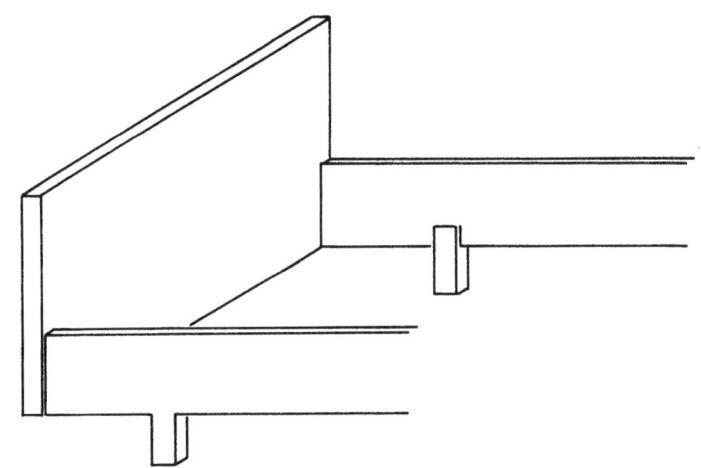

Aufgabe 2

Bettgestell aus zwei Betthäuptern die an seitlichen Wangen befestigt sind. Die Seitenteile haben Füsse über die die Nutzlast abgeleitet wird.
Welche Beanspruchungen muss der Beschlag aufnehmen, der die Seitenteile mit Kopf- und Fussteil verbindet?

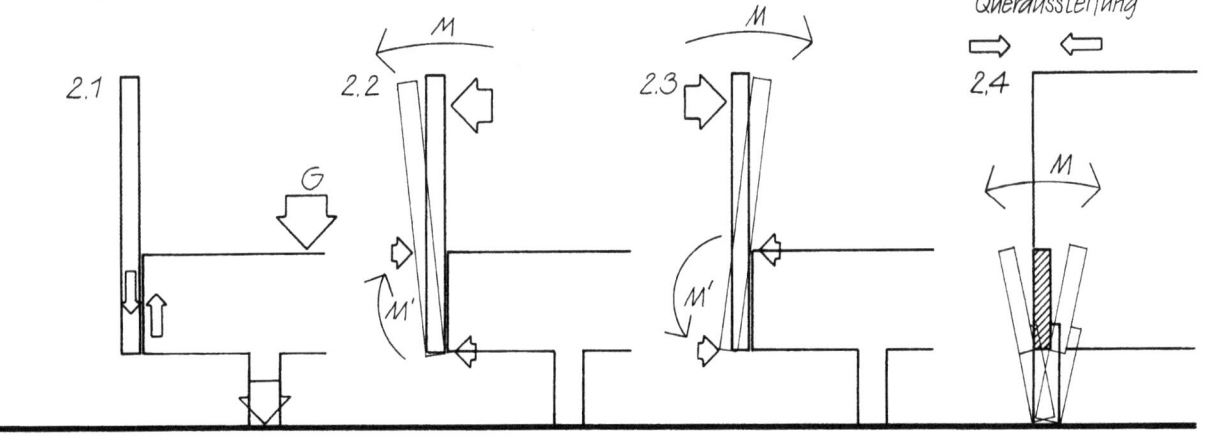

T-B 4.10 Beispiele – Überschlägige Bemessungen
1., 2. und 3. Aufgabe

Diese drei Aufgaben sind Nutzanwendungen der überschlägigen Bemessungshinweise am Schluß dieses Buches. Es sind dies Aufgaben, wie sie dem praktizierenden Architekten während des Entwurfes immer wieder begegnen. Für diese Beispiele sei nochmals ausdrücklich darauf hingewiesen, daß es sich dabei um keinen Ersatz für die Bauingenieurleistung handeln kann. Der Architekt soll damit vielmehr schnell in die Lage versetzt werden, überschlägige Dimensionen für seine weitere Planung zu gewinnen, ohne damit den Bauingenier zu belasten. Die tatsächliche Dimensionierung bleibt jedoch immer Aufgabe des dafür verantwortlichen Ingenieurs. Die einzelnen Schritte sind auf den drei Blättern so ausführlich dargelegt, daß eine zusätzliche Wiederholung nicht notwendig erscheint.

Beispiele – überschlägige Bemessungen
1. Aufgabe: Balken und Stütze
T-B 4.11

Schnitt $\overline{AA}$ Schnitt $\overline{BB}$

1. Pfette
Spannweite $0{,}12 + 4{,}90 + 0{,}10 = 5{,}12\,m$
Streckenlast q ? Dachlast aus T-F 2.0 $100\,kg/m^2 + 15\,kg/m^2 = 115\,kg/m^2 \cdot 1/\cos 30° = 132{,}8\,kg/m^2$
  Schnee + Windlast aus T-F 2.0 horizontale Fläche (30°) $= 160{,}0\,kg/m^2$
  $\Sigma \cong 293\,kg/m^2$
  Verteilung auf die Pfette aus T-F 1.22 $\frac{5}{4} \cdot 293 \cdot 3{,}0 = 1098{,}8 \sim 1100\,kg/m \triangleq 11\,kN/m$
aus T-F 3.12 $q \sim 11\,kN/m$, $\ell \cong 5{,}10\,m$, b gewählt $0{,}18\,m$; $q/b = 11/0{,}18 = 61 \Rightarrow$ T-F 3.12 $\ell/h = 15{,}5$
$h = \ell/15{,}5 = 0{,}329\,m$ $\Rightarrow$ gewählter Querschnitt $0{,}18/0{,}34\,m$ ($0{,}18/0{,}32\,m$), die Durchlaufwirkung wurde aus Gründen der Vereinfachung nicht berücksichtigt, daher ist auch $0{,}18/0{,}32\,m$ möglich.

2. Balkon (Galerie) aus Holz
2.1 Deckenbalken Spannweite $3{,}0\,m$, Balkenabstand $0{,}8\,m$ $q_1 = 300\,kg/m^2 \cdot 0{,}8\,m = 240\,kg/m \triangleq 2{,}4\,kN/m$
aus T-F 3.12 $q_1 \sim 2{,}4\,kN/m$, $\ell = 3\,m$, b gewählt $0{,}10\,m$; $q_1/b = 24 \Rightarrow$ T-F 3.12 $\ell/h = 21{,}8 \Rightarrow h = 3/21{,}8 = 0{,}14$
Deckenbalken $10/14\,cm$ aus NH GKl II Durchbiegung ist massgebend.

2.2 Unterzug Spannweite $0{,}12 + 4{,}90 + 0 = 5{,}02 \sim 5\,m$,
  Streckenlast $q_2 = 3\,m \cdot 300\,kg/m^2 \cdot 0{,}5 = 450\,kg/m \triangleq 4{,}5\,kN/m = q_2$
aus T-F 3.12 $q_2 \sim 4{,}5\,kN/m$, $\ell = 5\,m$, b gewählt $0{,}18\,m$; $q_2/b = 25 \Rightarrow$ T-F 3.12 $\ell/h = 21 \Rightarrow h = 5/21 = 0{,}238$
Unterzug $18/24\,cm$ aus BSH GKl II Durchbiegung ist massgebend.

2a Balkon (Galerie) Beton, alternativ
Die Decke: Spannweite $3\,m$, q aus T-F 2.0 $1000\,kg/m^2 \cdot 1\,m = 1000\,kg/m \triangleq 10\,kN/m$
aus T-F 3.22 $w' \sim 1800\,cm^3 \Rightarrow$ T-F 3.23 $h \sim 10\,cm$
Unterzug Spannweite $5{,}2\,m$; $q = 1000\,kg/m^2 \cdot 3{,}00\,m \cdot 0{,}5 = 3500\,kg/m \triangleq 35\,kN/m$
aus T $w' \sim 15000\,cm^3 \Rightarrow$ T $h \sim 50$ bei $b \sim 35\,cm$.

3. Holzstütze auf der Galerie
Belastung ? q der Pfette $= 11\,kN/m$; $F_3 = 11\,kN/m \cdot (5{,}0 + 3{,}10) \cdot 0{,}5 = 44{,}55\,kN \sim 45\,kN$
aus T-F 3.32 $F_3' = 0{,}045\,MN$, $S_k = 2{,}5\,m$, $\Rightarrow A = 100\,cm^3$ Stütze $10 \cdot 10\,cm$.

Alternative: würde die Stütze auch noch die Lasten aus der Empore aufnehmen und in das darunter liegende Geschoss hinunterführen:
Belastung OG $= 45\,kN +$ Belastung aus der Galeriedecke, $F = 2{,}4\,kN/m$ des Balkones $4{,}05\,m =$
$= 9{,}6\,kN$ $45\,kN + 9{,}6\,kN = 54{,}6\,kN \sim 55\,kN$,
T-F 3.32 $F_3' = 0{,}055\,MN$, S_k angenommen $4\,m \Rightarrow$ auf dem Diagramm nicht enthalten, denn der errechnete Querschnitt wäre kleiner als $20 \cdot 20\,cm$; $20 \cdot 20 = 400\,cm^2$ ist jedoch der kleinste zul. Stützenquerschnitt. Selbst bei der altern. Lösung - Galerie aus Beton wird der Querschnitt $20 \cdot 20\,cm$ noch nicht ausgenützt.

T-B 4.21 Beispiele – Überschlägige Bemessungen
2. Aufgabe: Stahlbetonskelettbau

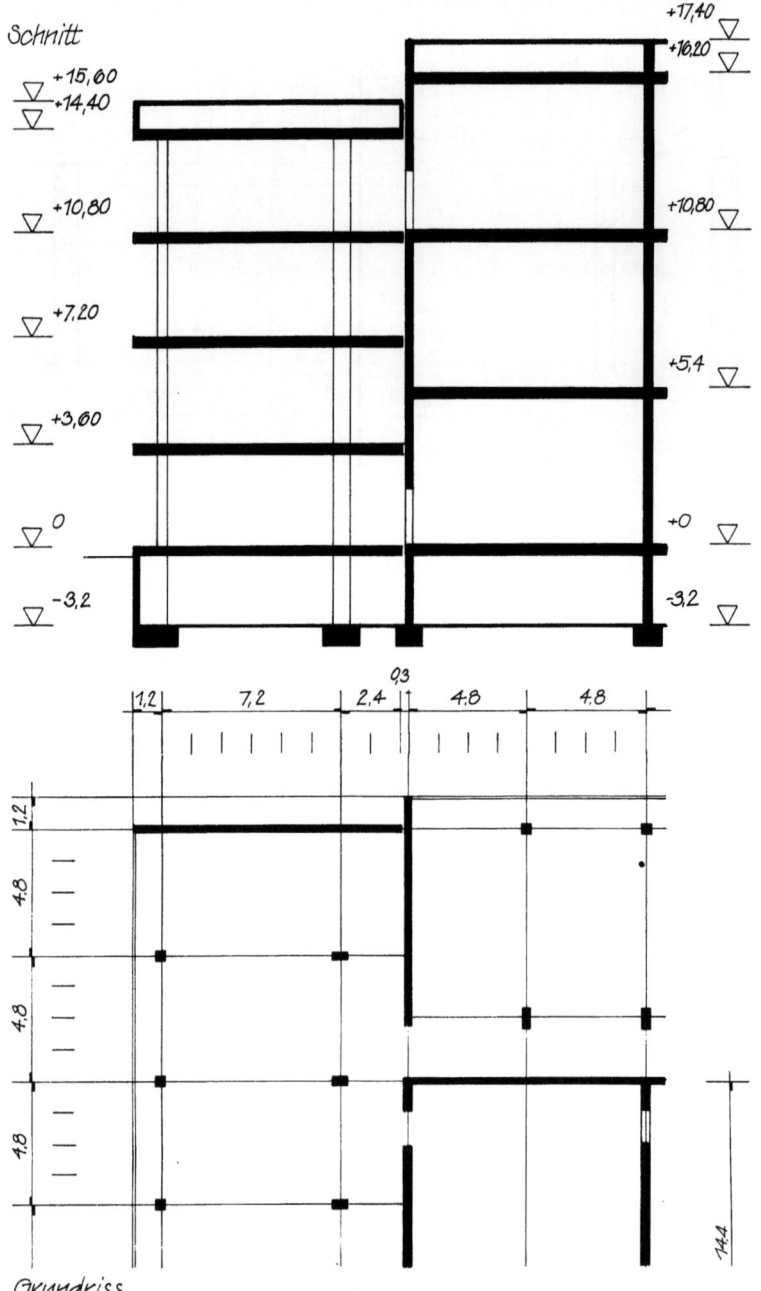

Schnitt

Grundriss

Überschlägige Bemessung

1. Aussenstütze, kritischer Querschnitt im EG, zu tragen sind:
3 Geschosse – 3 · 1700 kg/m² = 5100
1   "   1 · 1200 " = 1200
zusammen 6300
Belastungsfeld 4,80 · 3,6 = 17,28 m²
Stabkraft in der Aussen-Stütze
6300 kg/m² · 17,3 m² = 108.990 kg
~ 110 000 kg ≙ ~ 1,1 MN.
Stablänge = 3,60 m
T-F 3,32 => ~ 1400 cm² oder
38 · 38 cm, Stütze mit rechteckigem Querschnitt daher neue Annahme:
Stütze 30 · 50 cm (A = 1500 cm² > 1400)
$F_s' = F_s \cdot a/b$ (T-F 3.31); a:b = 0,6
$F_s' = 1,1$ MN · 0,6 = 0,66 MN
T-F 3,32 => A ~ 900 cm² – a = 30 cm
Annahme richtig, denn a = 30 cm.

2. Innenstütze, kritischer Querschnitt im EG, der Stützenquerschnitt im Keller wird noch untersucht.
von der Aussenstütze 6300 kg/m²
Belastungsfeld 4,8(3,6 + 2,4) = 28,8 m²
~ 29 m², Stabkraft in der Innenstütze
6300 kg/m² · 29 m² = 182.700 kg
~ 180 000 oder ≙ 1,8 MN
Stablänge = 3,60 m
T-F 3,32 => ~ A = 2200 cm² oder
47 · 47 cm, entspricht in a nicht der Aussenstütze, daher neue Annahme
a = 30 cm, b = 80 cm, daraus F_s'
$F_s' = 1,8$ MN · 30/80 = 0,675
T-F 3,32 => ~ A = 1000 cm² > 900 daher neue Annahme: a = 30 cm, b = 85 cm
$F_s' = 1,8$ MN · 30/85 = 0,63
T-F 3,32 => ~ A = 900 => Annahme war richtig, Innenstütze 30 · 85 cm

2.a. Innenstütze im Keller, zu tragen sind 4 Geschosse (3,60 m) – 4 · 1700 kg + 1 Geschoss (1,20 m) – 1200 kg =
= 6800 kg/m² + 1200 kg/m² = 8000 kg/m², Belastungsfeld = 29 m² => Stabkraft F_s = 8000 kg/m² · 29 m² = 232.000 kg
F_s ~ 2,3 MN, Stablänge 3,2 m, T-F 3,32 => ~ A = 2650 => a = 51,5 cm – stimmt nicht mit der darüberliegenden Stütze überein, daher neue Annahme: a = 35 cm, b = 85 cm, F_s' = 2,3 MN · 35/85 = 0,947 MN
T-F 3,32 => ~ A = 1225 cm² daraus a = 35 – entspricht der Annahme – Stütze Keller 35 cm × 85 cm

3. Decke im äusseren Bereich als Flachdecke – T-4.13 => h ≅ ℓ/20 ~ 7,2 : 20 ~ 0,36 – ca. 36 cm dick

4. Decke im inneren Bereich (das Seitenverhältnis des Raumes ist grösser als 1,5 : 1 daher keine allseitig aufliegende Platte möglich – siehe auch T 4.13)
Spannweite ℓ = 9,0 m, q aus TF 2.0 = 1500 kg/m² · 1,0 m (Deckstreifenbreite) = 1500 kg/m oder
≙ 15 kN/m aus T-F 3,22 => W' = 20000 cm² aus T-F 3,23 folgt bei b = 100 cm abgelesen eine Deckendicke von 34 cm

Beispiele – überschlägige Bemessungen
3. Aufgabe: Holzbalkendecke
T-B 4.31

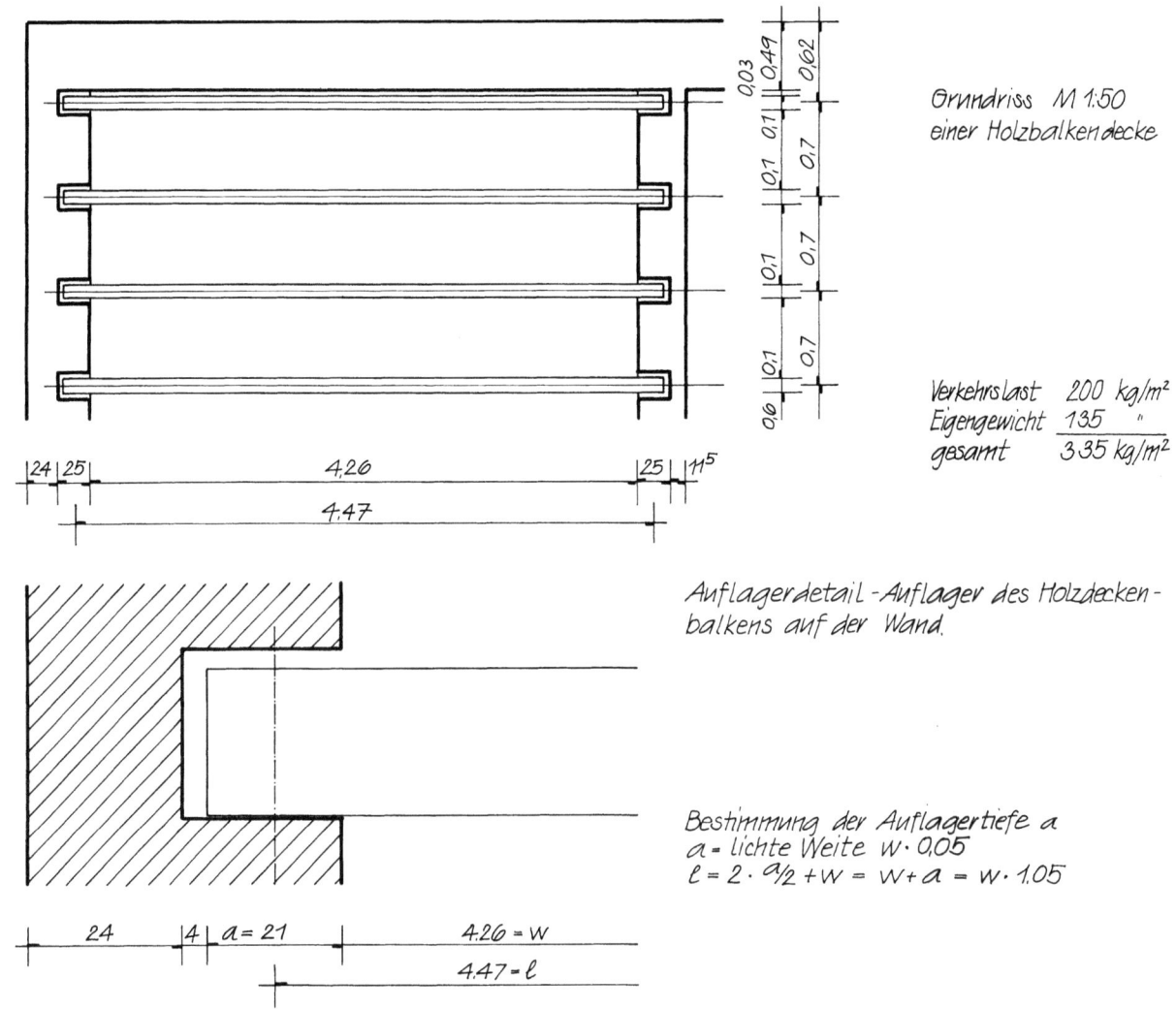

Grundriss M 1:50 einer Holzbalkendecke

Verkehrslast 200 kg/m²
Eigengewicht 135 "
gesamt 335 kg/m²

Auflagerdetail - Auflager des Holzdeckenbalkens auf der Wand.

Bestimmung der Auflagertiefe a
a = lichte Weite w · 0,05
$\ell = 2 \cdot a/2 + w = w + a = w \cdot 1,05$

Raumlichte $w = 4,26$; ℓ (Spannweite) $= w + w \cdot 0,05$ oder $= w \cdot 1,05 = 4,26 m \cdot 1,05 = 4,47 m = \ell$

Streckenlast q, die auf einen Balken fällt $\rightarrow q = 335 kg/m^2 \cdot 0,7 m = 234,5 kg/m \triangleq 2,345 kN/m$

$A = B = \dfrac{q \cdot \ell}{2} = \dfrac{2,345 \cdot 4,47}{2} = 5,245 \; kN \left[\dfrac{kN \cdot m}{m} = kN \right]$

maximales Moment $= \dfrac{q \cdot \ell^2}{8} = \dfrac{2,345 \cdot 4,47^2}{8} = 5,857 \; kNm \left[\dfrac{kN \cdot m^2}{m} = kNm \right] = 5857000 \; Nmm$

bei $\sigma_{zul} = 10 \; N/mm^2 \Rightarrow W_{erf} = \dfrac{M}{\sigma_{zul}} = \dfrac{5857000}{10} = 585700 \; mm^3 \left[\dfrac{kNmm \cdot mm^2}{kN} = mm^3 \right] = 585,7 \; cm^3$

Durchbiegung: $f_{max} = \dfrac{\ell}{300} = \dfrac{5 \cdot q \cdot \ell^4}{384 \cdot E \cdot J}$ oder $J_{erf} = 313 \cdot M_{max} \cdot \ell = 313 \cdot 5,857 \cdot 4,47 = 8194,6 \; cm^4$

Querschnitt 10/22 $\Rightarrow J_x = 8873 \; cm^4 > 8194,6 \; cm^4$; $W_x = 807 cm^3 > 585,7 \; cm^3$
daher wird σ_{zul} weit unterschritten
$\sigma_{vorh} = \dfrac{M}{W} = \dfrac{5857000}{807000} = 7,26 \; N/mm^2 < \sigma_{zul} = 10,0 \; N/mm^2$

oder aus der Grafik T-F3.12: $q = 2,345 \; kN/m$; b geschätzt 0,1m ; $q/b = 23,45 \sim 23,5$, Durchb.massgeb.
$\rightarrow \ell/h = 20,6$ daraus $h = \ell/20,6 = 4,47 : 20,6 = 0,217 m$ $h = 22 cm$ siehe oben.
oder ganz vereinfacht T-3.17 $h \sim \ell/20 \sim 22 cm$, jedoch ohne Breitenangabe.

Literaturverzeichnis

(1) Logik der Baukunst, Christian Norberg Schulz
    Bauwelt Fundamente 15, Verlag Ullstein GmbH,
    Frankfurt/M - Berlin 1965

(2) Der Modulor, Le Corbusier, I. G. Cottasche
    Buchhandlung, Stuttgart 1953

(3) Logik der Form, E. Torroja, Verlag Calwey,
    München 1961

(4) Tragsysteme, Heinrich Engel, Deutsche Verlags-
    Anstalt, Stuttgart 1967

(5) Geschichte der Bauingenieurkunst, Hans Straub
    Birkhäuser Verlag, Basel und Stuttgart 1964

(6) Praktische Baustatik, Schreyer, Ramm, Wagner,
    B.G. Teubner - Stuttgart 1967

(7) Bautechnische Zahlentafeln, Wendehorst/Muth,
    B.G. Teubner - Stuttgart 1983

(8) Informationsdienst Holz, Vorbemessung, Brünning-
    hoff, Rampf, EGH München 1983

Sachverzeichnis

Ableitung der Kettenlinie	25
Allgemeine Biegegleichung	22
Allgemeine Gleichgewichtsbedingungen	15
Auflagerkraft	69
Äußeres Moment	75
Aussteifungsmechanismen	123
Balken	68
Balken-äußere Kräfte	68
Balken-innere Kräfte	68
Beispiele	139
Bestimmungsstücke einer Kraft	11
Biegegleichung, allgemeine	22
Biegemoment	68,71
Biegung	22
Bildung eines Seilnetzes	29
Bogen	41
Cremonaplan	45
Dachlasten	131
Deckengewichte	131
Dreigelenksbogen	42
Druck	9,75
Druckbeanspruchte Bauglieder	108
Druckgewölbe	43
Durchbiegung	75,128,129
Durchlaufträger	74
Ebene Fachwerke	44
Echtes Gewölbe	100
Eigengewicht	8,9,131
Einfeldträger	70,71,128,134
Ellipsoide	102
Endscheibe	93,98
Eulerfälle, Knicken	108
Fachwerke	44,129
Falsches Gewölbe	100
Faltwerke	92
Flächenaktive Tragsysteme	7,86
Flächenlast	9
Formaktive Tragsysteme	7,41
Formeln und Tabellen	127
Freibalken	72
Gekrümmte Fachwerksysteme	47,55
Gleichgewicht an Kräftepaaren	14
Gleichgewichtsbedingungen, allgemeine	14,15
Gleichgewichtszustände	14
Gleichlast	69
Gleiten	111
Gleitsicherheit	111
Geodetische Kuppeln	50
Größe der Kraft	11
Hauptspannungen an Balken	75
Holzträger	76,78,132
Holzträgerroste	88,89
Holzstützen	137
Hp-Flächen	96,105
Hyperbolisches Paraboloid	31,105
Hyperboloid	30,103
Innendrucksysteme	35
Inneres Moment	75
Kippen	111
Kippkante	111,113
Kippmoment	111,113
Kippsicherheit	111
Kippvorgang	119,120
Kissenpneu	39
Klaffende Fuge, Kippen bei	114
Knicken	108
Knickstäbe aus Holz und Stahlbeton	
Stützen aus Holz und Stahlbeton	137
Kraft und ihre Wirkungen	8
Kräfte und Lasten im Bauwesen	8
Krafteck	13,15
Kräftemaßstab	11
Kräftepaar	16
Kragträger	72
Kugelsysteme	56
Kuppel	96,99
Kuppelschale	96,99
Lage einer Kraft	11
Längs- und Queraussteifungen	123
Lastannahmen	130,131
Lasten und Kräfte im Bauwesen	8,130
Massenaktive Tragsysteme	7,68
Mehrfeldträger	74,129
Membransysteme	34
Momente	9,16
Momente an Trägern	68
Momentenlinie	70
Normalkraft	68

Ordnung	2
Ordnungssymbolik	3
Paraboloide	102
Parallelträgersystem, Platte- massenaktives	83
Pilzdecke	87
Platte- Flächenelement	86,87
Platte- massenaktives Parallelträgersystem	83
Pneusysteme	35
Polfigur	12
Polyeder	48
Polyederdurchdringungen	53
Prismatische Faltwerke	93
Pyramidale Faltwerke	94
Querkraft	68,75
Rahmen	84
Rahmenriegel	85
Rahmenstiel	85
Raumfachwerke	47,48,57
Reibung	111
Reibungswinkel	111
Resultierende	11
Richtung einer Kraft	11
Ringkraft	99,100
Rotationsflächen	96,101
Rotationsschalen	99,100
Schalen	96
Schneelast	131
Schnittgrößen	68,75
Schwerlinie	18
Schwerpunkt	18
Schwerpunktsbestimmungen von Linien und Flächen	19,20
Schwerpunkt, Einfluß der Höhe des	122
Seilnetze	29
Seilsysteme	23
Spannung	21,22,113
Spannungszustände beim Kippen	113
Sphärische Körper	50
Stabilisierung des Tragseiles	27
Stabilitätsprobleme	108
Standmoment	113
Stahlbetonträger	79,80,134
Stahlbetonplatten	88,90
Stahlbetonstützen	137
Stahlträger	81,82,134
Stahlträgerroste	88,91
Stiel (Rahmenstiel)	85
Stützen, Knicken	108,137
Stützlinie	43
Tabellen und Formeln	127
Tonnenschalen	96,97
Torus	40,102
Trägerformen	77
Trägerrost	87
Trägerroste aus Holz	88,89
Trägerroste aus Stahl	88,91
Trägheitsmoment	21,22,127
Türme aus Stäben	60
Unterspannter Balken	46,77
Vektoraktive Tragsysteme	7,44
Verkehrslasten	8
Verschieben von Kräften	11,17
Vertikale Verkehrslasten	8,130,131
Vierendelträger	80
Widerstandsmoment	21,22,127
Widerstandsmomente von Rechtecksquerschnitten	136
Widerstandsmomente von verschiedenen Querschnitten	127
Windkräfte	9,131
Windscheibe	124,126
Zeltkonstruktionen	24
Zug	9,75
Zuggewölbe	25
Zusammensetzen von Kräften	11,13
Zweifeldträger	74,129
Zylinder	103

If you have any concerns about our products,
you can contact us on
ProductSafety@springernature.com

In case Publisher is established outside the EU,
the EU authorized representative is:
**Springer Nature Customer Service Center GmbH
Europaplatz 3, 69115 Heidelberg, Germany**

Printed by Libri Plureos GmbH
in Hamburg, Germany